贵金属珠宝

评鉴与营销

姚　雪
刘艳伟　编著
姚锁柱

云南出版集团

云南科技出版社

·昆明·

图书在版编目（ＣＩＰ）数据

贵金属珠宝评鉴与营销 / 姚雪 , 刘艳伟 , 姚锁柱编
著 . -- 昆明 : 云南科技出版社 , 2021.11
　ISBN 978-7-5587-3230-0

　Ⅰ . ①贵… Ⅱ . ①姚… ②刘… ③姚… Ⅲ . ①贵金属
—首饰—鉴赏②宝石—首饰—鉴赏③贵金属—首饰—市场
营销④宝石—首饰—市场营销 Ⅳ . ① TS934.3 ② F768.7

中国版本图书馆 CIP 数据核字 (2021) 第 049885 号

贵金属珠宝评鉴与营销
GUIJINSHU ZHUBAO PINGJIAN YU YINGXIAO

姚　雪　刘艳伟　姚锁柱　编著

出 版 人：温　翔
策　　划：刘　康
责任编辑：邓玉婷　汤丽鋆　张　磊
整体设计：长策文化
封面设计：李　鲲
责任校对：张舒园
责任印制：蒋丽芬
插画绘制：普欣尧　谢君呈　邹志鹏
摄　　影：李宜涧

书　　号：ISBN 978-7-5587-3230-0
印　　刷：昆明亮彩印务有限公司
开　　本：787mm×1092mm　1/16
印　　张：33.5
字　　数：773 千字
版　　次：2021 年 11 月第 1 版
印　　次：2021 年 11 月第 1 次印刷
定　　价：280.00 元
出版发行：云南出版集团　云南科技出版社
地　　址：昆明市环城西路 609 号
电　　话：0871-64190889

前言

Preface

金、银、珠宝首饰

自人类产生以来，就被人们用于装扮自己

成为美化人类生活的一种必备品

在人类历史进程中，金银、珠宝首饰都占有很重要的地位金银、珠宝首饰的发展是各个历史阶段中的科学技术、文化艺术、工业制造的一种结晶。同时也是当时的政治体制、经济文化、精神文明的一种产物和历史见证。从常用的珠宝首饰上可以看出，在物质丰富的现代，社会文明程度的提高，工艺水平的改进，金银、珠宝首饰也从简单到复杂，从粗糙到精细。在物质丰富的，金银珠宝正成为人民物质文化生活和精神文明生活中必不可少的一种消费品。

从历史的角度上来讲，大多数人认为金银珠宝是财富和权力的象征。不少人对金银珠宝不仅喜爱，甚至到了崇拜的地步，有少数人甚至不惜自己的生命，从而产生出"拜金主义"的说法，古代童话《点金术》中就描述了一位国王，希望能"点石成金"而差点饿死。围绕金银珠宝产生过很多成语，如"金碧辉煌""珠光宝气""金科玉桌""金相玉质""金枝玉叶""珠围翠绕""珠圆玉润""宝山空回""金无足赤人无完人"等等。同时也产生了许多具有古典色彩的典故，如"合浦还珠""完璧归赵""石王斗富""金口玉言"等等，使人难以忘怀。

在《西游记》中，曾记述了如来佛祖认为念一遍真经只讨得三斗三升米粒黄金是"忒卖贱了"。可见《西游记》作者吴承恩眼中的佛祖也视金银为财富。神都是这样，何况是人呢？

中华民族是世界上佩戴金银首饰历史悠久的民族之一，很多少数民族以金银作为装饰物布满衣服，显示自己的高雅和富贵。中国是一个文明古国，一般在太平盛世，百姓安居乐业的时期，金银珠宝饰物也会随之兴旺起来。从这一点来看，华夏儿女对金银珠宝也是非常的钟爱。

自1984年以来，封闭多年的中国市场上珠宝首饰是"忽如一夜春风来，千树万树梨花开"，人们从未见过品种如此丰富、款式如此精美的金银珠宝饰品，不惜用多年来省吃俭用的钱纷纷抢购。他们一是用于装扮自己，二是用于财富收藏，这是凝聚中华儿女智慧的象征，是华夏传统文化财富的新的汇集。

为了帮助消费者挑选满意的饰品，各家珠宝企业不断地提高经营水平，不断地总结经验，以良好的信誉搞好销售，创名牌，销名牌，以积极的心态迎接挑战。

前言

人们常说：

「玉盛太平时，印施善广缘；狮吼八方震，祥云报平安」。

人类，是大自然艺术细胞创造的结果，

也是老天爷赐给大自然最具有艺术性的杰出代表作品。

但是，人类也是大自然最具有破坏力的杀手。

玉是东方人最珍爱的珍宝，也是祖先们遗留下来的文化瑰宝，由于玉的发展历史比较悠久，加之玉的颜色非常多、透明度又好，而且在地球上的储量少。从历史的观点看，它是历代帝王将相们的奢侈物和珍藏品，对一般老百姓而言则蒙上一层厚厚的神秘面纱。人们经常把玉收藏和其主人的地位联系在一起。好玉自然成为那些有钱人的奢侈品。

有些人把自己喜爱的玉说成是缘，并说："用眼观玉人陶冶，用心观玉人心静之。"把玉推向神秘深处，从而导致人们为玉而倾倒，甚至到了崇拜的地步。所以发展到玉是神的产物，玉能保佑人们平安富贵。玉养人、人养玉的说法也就产生了。

但是，有时候在人们日常生活中也会存在一些与玉有关的巧合。人们为躲过灾难而感到庆幸，都归功于玉，玉也自然成为避祸消灾的神物，而玉也当之无愧被说成是人们的保护神、是灾难的预告者。

玉在历史上早已成为人们生活中的一种精神寄托。人们拥有它是一种享受，占有它是一种精神的满足。玉往往和才子佳人结合在一起，如曹植在《洛神赋》中写道："披罗衣之璀璨兮，珥瑶碧之华琚；戴金翠之首饰，缀明珠以耀躯；践远游之文履，曳雾绡之轻裾。"把美女和玉描写得淋漓尽致。

玉是天地孕育的奇石，它为人类增添了璀璨炫丽。玉也是历史的见证，是民族文化的精髓，是老祖宗留下的宝贵财富。它书写着人类的进步史和发展史，同时也记载着掠夺者们的滔天罪行。

回顾中国的历史，从 1840 年的鸦片战争到 1860 年的英法联军攻陷天津，1900 年的八国联军侵华战争，1928 年军阀孙殿英炸开东陵慈禧的墓穴，从火烧圆明园到清朝的灭亡，军阀和买办资产阶级盗抢都离不开玉。玉也是一部血泪史。

很多人因为玉而发家致富，有的人为玉而一贫如洗，甚至命丧黄泉。它的价格和质量相差很大，可比性小。所以，"黄金有价玉无价""神仙难断寸玉"的民间俗语才不断流传下来。

玉是一个大类，它分为软玉和硬玉两大类。软玉是除硬玉（翡翠）以外的其他玉石的总称，很多人把翡翠叫作玉石，把其他的玉石分别用它的矿物名称来命名。在历史上记载软玉比记载翡翠（硬玉）的历史长得多。软玉从新石器时代的玉斧和夏、商、周发现的玉跪人来看，我们的祖先用玉的历史比古希腊人要早 200 多年。

玉是炎黄子孙的一颗璀璨明珠，不再是帝王将相们的奢侈品了；它走近人民，走向生活，得到越来越多人的欣赏。玉特别是硬玉（翡翠），已经成了人们生活中不可缺少的一部分，翡翠市场也日益繁荣起来。

但是，事物的发展都是辩证的，由于市场的繁荣，很多人对玉不了解，特别是对翡翠的品质、价格了解得不多，市场上就有人用不正当的手段以次充好、以假乱真，欺骗顾客，从而也影响了消费者的利益。因此我们只有提高认识，加强学习，提高我们的业务素质，才能搞好销售。

目录

C O N T E N T S

第一章　贵金属饰品　001

第一节　首饰的起源　002

第二节　黄金首饰　006

第三节　铂金首饰　030

第四节　钯白金首饰　039

第五节　银首饰　044

第六节　黄金案例分析　051

第二章　贵重宝石　068

第一节　钻石的特性　069

第二节　世界名钻简介　076

第三节　钻石的简易鉴别　083

第四节　钻石首饰与营销　091

第五节　钻石常见的错误认识　095

第六节　实例分析　098

第七节　红宝石　103

第八节　红宝石首饰的营销　111

第九节　蓝宝石　112

第十节　蓝宝石首饰的营销　116

第十一节　红宝石和蓝宝石常见的错误认识　117

第十二节　容易误会的名词解释　120

第十三节　红宝石和蓝宝石案例分析　123

第十四节　祖母绿的概述　124

第十五节　祖母绿的传说　126

第十六节　祖母绿的产地　127

第十七节　云南祖母绿　129

第十八节　祖母绿的推销　135

第十九节　祖母绿常见的错误认识　136

第三章　高档宝石　138

第一节　碧　玺　139

第二节　海蓝宝石　143

第三节　尖晶石　146

第四节　坦桑石　150

第五节　金绿宝石　154

第四章　中档宝石　156

第一节　石榴石　157

第二节　橄榄石　161

第三节　黄　玉　164

第五章　低档宝石　167

第一节　水　晶　169

第二节　玛瑙　177

第三节　青金石　178

第四节　玉髓　181

第五节　黑曜石　182

第六节　夜明珠——萤石　184

第六章　有机宝石　188

第一节　欧　泊　189

第二节　珊　瑚　190

第三节　珍珠物理化学性质　194

第四节　珍珠的传说　195

第五节　珍珠与健康　197

第六节　世界名珠　199

第七节　珍珠简易鉴别方法　201

第八节　珍珠常见的错误认识　205

第九节　琥　珀　207

第十节　砗　磲——贝壳　215

附　宝石比重的测试方法　218

第八章　软　玉　261

第一节　和田玉（软玉）　265

第二节　独山玉　267

第三节　云南黄龙玉　269

第四节　青海翠玉、绿松石玉、东陵石、孔雀石　277

第五节　岫玉、萤石、煤玉　281

第七章　翡翠（硬玉）　223

第一节　翡翠的物理化学性质　225

第二节　翡翠地质简介　232

第三节　翡翠的A货、B货、C货　239

第四节　常与翡翠混淆的水沫子玉、铁龙生、不倒翁玉、碧玉、澳玉、葡萄石简介　243

第五节　翡翠中的奇闻　250

第九章 玉雕件常见图案的解释 285

第一节 玉雕件一般的解释方法 287

第二节 人物类吉祥物 291

第三节 动物类吉祥物 312

第四节 植物类吉祥物 352

第五节 果实类吉祥物 375

第六节 物品用具类吉祥物 387

第七节 其他类吉祥物 406

第八节 词语类吉祥物 415

第十章 翡翠的营销方法与案例 439

第十一章 营业员岗位培训规程 448

第一节 总 则 449

第二节 营业员礼仪及心理培训 449

第三节 新营业员岗位培训工作规程 466

第十二章
中华人民共和国国家质量标准
468

第一节　首饰、贵金属纯度的规定及命名方法
469

第二节　钻石分级
488

第十三章
珠宝首饰营业员国家职业标准
505

第一节　珠宝首饰初级营业员国家行业标准
506

第二节　珠宝首饰中级营业员国家行业标准
513

第一章

贵金属饰品

黄金是贵金属的一种，从矿物的角度上看是一种单矿物，从商品交易上看又是一种流通货币。

金子！黄黄的，光闪闪的；只要有一点，就可以使黑的变成白的，丑的变成美的，错的变成对的，卑贱者变成尊贵者，老年变成少年，懦夫变成勇士。

……

——威廉·莎士比亚

第一节
首饰的起源

在人类发展历史进程中，当母系社会发展到了父系社会后，父权制度建立，部落之间开始实行抢婚制度。部落时常组织一批男子把另外一个部落的姑娘抢到自己部落成婚，为了防止姑娘逃跑，就用绳子或链子捆住姑娘的手或脖子。历史在发展，人类在进步，抢婚习俗早已被淘汰，可是为了防止自己心爱的姑娘离开的锁心链却被文明社会流传下来了。人们为了向女子表达自己内心深处的感情，用纯金做成项链和手链送给自己所喜爱的姑娘，表示自己非常喜欢她，希望她能接受和理解男人对她的一片痴情，从而也表达不愿她从自己身边跑掉的愿望。

我们衷心地祝愿天下有情人终成眷属，也希望你在经济许可的条件下买一条手链或项链送给你的妻子，拴住她的心吧！使你、我、他的家庭天长地久，幸福美满，白头偕老！

戒指的来历

　　戒指起源于2000多年以前的中国宫廷生活，据说女性佩戴戒指是用于记事，戒指是一种"禁戒"的标志。当时皇帝都有三宫、六院、七十二嫔妃，后宫内被皇帝看上者，下面的大臣就把她陪伴皇帝的日期记下来。由于当时的文字书写相当落后，宦官怕时隔久远错乱记不清楚，于是就想了一个办法，用纯银制成戒指，把她陪伴君王的日期标注在戒指上作为记号，给她戴在右手上。

　　当后妃妊娠的时候，宦官又用纯金制作一枚戒指，并在戒指上标明妊娠时间，给后妃戴在左手上。这样皇帝看到后妃所佩戴的戒指就知道嫔妃们的大致情况，以示戒身，告知皇帝不要再选其人。古书《王经安义》记载："古者后妃群妾，进御于君，以银环进之，娠则以金环退之。进者右手，退者左手。"

　　到了14世纪后期，女性中普遍兴起戴戒指的风气。随着时间的推移，慢慢地演变为婚姻的信物。由于黄金是贵金属又是世界的硬通货，逐渐在人们心目中成为一种富有高贵的象征。

黄金首饰与生活

很多朋友问我，当前黄金价格变化很大，还能保值吗？我给他讲述了一个丹麦铁匠的故事。

据说丹麦有个铁匠，家里非常贫困，他经常想：如果我病倒了不能工作，那这个家怎么办？如果孩子们生了病，看病吃药缺钱怎么办？如果……那么多的如果怎么办，像一个沉重的包袱压得铁匠喘不过气来。铁匠整天唉声叹气，愁眉苦脸。一天他昏倒在路旁，被一位医学博士救起，博士十分同情铁匠，慷慨地送给他一条金项链，并叮嘱他："不到万不得已的时候，千万不要卖掉这条金项链。"铁匠得到金项链，高兴地回家了。

从此，每当他害怕家中钱不够用时，便想起这条金项链。他还时常安慰自己，实在没钱就卖掉这条金项链。无形中金项链居然成了铁匠的强大经济后盾。十年过去了，铁匠的孩子们长大成人，家里经济也好转了。铁匠非常感谢博士救了他们一家，同时他又想知道这条项链到底值多少钱，于是便拿项链到首饰店里，店老板仔细查看了这条项链后，告诉铁匠，项链是假的，只值一元钱。铁匠听了如梦初醒，原来博士给我的是一种精神支柱啊！

在市场经济发展的今天，较多的家庭面临着下岗分流再就业等困难，不可能拿很多钱投入房地产，而电器又不能升值和保值，我建议不妨投资点钱在金银饰品上，说不定哪一天对您的家庭也能起到一种特殊作用。

珠宝首饰对古代四大美女的装饰作用

饰物佩戴得当，不仅可以使女孩的美丽更上一层楼，而且还可以掩饰自身的不足，

达到完美的修饰效果。有我国古代四大美女的例子为证。

西施是美女的代名词，可是貌美的西施仍然不能完完全全"天然去雕饰"，还需要饰物来陪衬。西施生就一对又圆又小的耳朵，与她"沉鱼"的美丽面庞很不相称。为了弥补这天生的不足，西施让人打制了一副又大又沉的金耳环。这副沉重的耳环不仅拉长了西施的耳朵，而且把她那瓜子型的脸衬托得更加楚楚动人。

相传貂蝉出身贫寒，生下来瘦弱可怜，其母担心无法养活她，曾想用细绳把她勒死，可能是母亲到底心软，貂蝉没有死，但脖子上却留下一条细痕。她不到十岁就被卖掉，十几岁时出落成一位貌可"闭月"的绝代佳丽，但美中不足的是她颈部的那条细痕，另外还有一股难闻的体味，使她的美貌打了折扣。貂蝉想到一个戴项链掩饰颈部不足的好办法，她让人制作了一条带坠的粗项链，坠子里装满了香水，这样一来，细痕和体味都被掩盖住了。

杨贵妃"回眸一笑百媚生，六宫粉黛无颜色"，因身体过于丰满，又贪吃荔枝，闹得牙痛口臭，而且步履沉重，走路姿势难看。后来，一个大臣为她献上一红一绿一对小玉雕鱼，让她含在嘴里，治好了她牙痛口臭的毛病。杨贵妃又在裙带上安了许多小金铃和玉佩，走路时玉佩金铃相撞，金玉齐鸣，清脆悦耳，弥补了她走路笨重的不足。

王昭君虽有"落雁"之容，却长了一双大脚，汉代虽还没有缠足的习惯，可女孩的脚大了也不太好看，当时有佩玉的习惯，王昭君请裁缝做了一件套裙，在裙下镶满美玉佩饰。这样，拖地长裙不仅掩盖了一双大脚，走起路来玉佩碰地发出叮叮咚咚的声音，更显得婀娜多姿。由此可见，只要根据自身的身材、气质等特点正确选佩饰物，饰物就能把你装饰得更加美丽动人，弥补你的先天不足，使你璀璨耀眼。

元素符号：Au

颜　　色：赤黄色

比　　重：19.329g/cm³

原 子 量：195.09

原子序号：196.976

光　　泽：金属光泽

摩氏硬度：2.5

熔　　点：1064.43℃

沸　　点：2808.8℃

导电子数：41.6×10⁴

导 热 性：296.01W/（m·V）

第二节
黄金首饰

　　黄金（俗称金子），是一种贵金属，古人认为黄金为金属之首，其含量的单位叫"金位"。黄金有着魔鬼般的无穷魅力和神力，就像看不到底的陷阱，导致很多人为它沉沦。

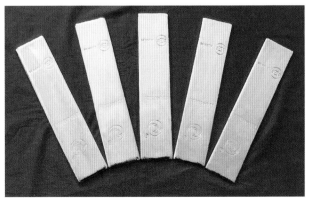

黄金的物理性质

（1）空气中不易氧化，不溶于酸。

（2）比重大，是铜的2.19倍，是黄铜的2.27倍。

（3）不怕火烧，高温下溶解后，冷却不变色。在加工生产过程中废料（粉末）易回收，从而损耗小。熔点为1064℃，沸点为2808℃，一般的常温火是烧不熔的，从而有"真金不怕火炼"的说法。

（4）延展性强，可以拉成很细很细的丝，捶打成万分之一毫米厚度的金箔而不断不破。

（5）金黄色光泽。黄澄澄、金灿灿，看着吉祥富贵，拿着惬意，讨人喜欢，让人爱不释手。

（6）硬度小。黄金硬度一般小于3，用牙咬表面可见齿痕，用手指甲在金的表面用力划可划出一条轻微的痕迹，所以容易加工成各种各样的饰品及工艺品来满足人们的需要。

（7）具有很好的导热和导电性能。是导热、导电的好材料。由于成本较高所以一般用在高技术产业通信线路上，如我们用的手机里面含有金，高技术电子导航上都有应用。

（8）自然金。在地球上，不少金都以自然金的形式存在于地表上，人们利用它的比重大这一特征，淘洗产出沙金后提纯成较高含量的金块，也有少量化合物金，如碲化金$AuTe_2$，也有硫化物金。但是经过化学分解，也易提炼出来后再提纯。金的开采难度也相对较低，但是由于储量较少，从而开采成本也高。

化学性质

　　黄金的化学性质比较稳定，在空气中不易氧化，黄金在空气中加热至熔化的过程中都不会发生氧化，化学性质稳定。由于不溶于酸碱，便于保存和收藏。但是它能溶于"王水"之中，还能溶于氰化物溶液（氰化钾、氰化钠溶液）之中，根据黄金这一化学性质，在提炼黄金过程中一般采用"王水"法或"氰化物法"。温度在50℃时与碘发生反应，温度在100℃时与氟发生反应，常温下与汞发生反应，生成汞化金。从而沙金也就是采用汞（水银）来提取金，黄金与硫及硫化合物不发生反应，所以才得出黄金化学性质稳定的结论。

荒金、熟金解释

　　荒金也称自然金，是一种商业上的叫法，在地质上一般指自然界中所形成的自然黄金的统称，也就是说天然形成的黄金，包括在河底或沙砾之间风化形成的沙金，石英脉型的金矿和未提炼的金都叫荒金，荒金一般纯度都很低。

　　熟金，也是一种商业上的叫法，一般是指经过工业提纯后的黄金，商业上统称为熟金。荒金经过提炼后纯净度提高，商业上将这种高含量的黄金称为熟金，指纯度较高的黄金。

（四）

什么叫作 K 金

　　把黄金含量为100%的确认为纯金，这种黄金在地球上是找不到的，根据最新报道黄金纯度可提纯到小数点后16个9的含量，但也没有达到100%。总还有那么一点杂质。所以很多顾客要买24K金的说法也是错误的。那么24K的含量标准又怎样讲呢？我们把黄金的含量确定为100%的纯金，把100%的纯金分为24份，其每份含量为1/24。一份称为1K，那么1K的黄金含量为1K乘以1/24就可得出1K黄金的标准含量。

　　关于24K的叫法各国、各地区制定的政策也不一样，例如：世界上最大的黄金生产国南非，其政府规定，黄金含量达到99.6%也可以算赤金，也叫作24K黄金。

　　而俄罗斯和日本规定，黄金纯度达到99.99%才算赤金，才称24K黄金。

　　而香港、澳门规定，黄金纯度达到94.5%，就可算作24K黄金。

　　中华人民共和国人民银行规定99.1%至99.99%的黄金统称为24K黄金。

　　在我国古代，由于测试技术落后，一般确定金的含量，只能采取肉眼看成色，得出一系列肉眼鉴别方法，编成一句名言："一赤、二黄、三青、四白。"也有的称"七青、八黄、九赤"之说法。其含金量分别为95、80、70、60，也分为95%、80%、70%、60%的说法。

　　黄金Au主要成分是金，其非主要成分"杂质"为银、铜、铅、铁、铝等金属。

　　其K金的计算方法为：

　　24K为100%，那么1K金代表1/24的黄金含量，约为4.1667%；

　　18K金的黄金含量约为75%；

　　12K金的黄金含量约为50%；

　　8K金的黄金含量约为33.333%。

世界对黄金消费的习惯

中国对黄金的消费一般追求的是高纯度，认为越纯越好，是作为一种货币性质的投资消费，认为含量越低，其价值也随之降低，含量越高其保值价值越高。

在美国，黄金首饰消费多为10K、14K、18K，只有极少数人戴22K黄金饰品，没有钱的人才佩戴足金饰品，因为足金饰品较软，不利于镶嵌各种宝石，价值也较低，显示不出自己的身份。

在英国，9K、14K、18K、22K饰品最受人们欢迎，因为K金上都镶有各种宝石。

比利时、卢森堡、挪威、丹麦一般要求纯度不低于14K。

欧洲一般为14K、18K、22K，而意大利一般要求纯度不低于8K，这是因为K金硬度大，光泽较好，利于抛光造型。

中国当前标识和标法

当前我国根据《中华人民共和国国家标准首饰、贵金属纯度的规定及命名方法》（国家质量技术监督局2000年4月5日发布、于2000年9月1日执行的规定），贵金属及其合金含镍量应小于0.3%，对人体有害元素也应小于0.3%，在首饰上应标记有厂记、含量，销售中也应表明以千分数为最小值，例如：9K金应标37.5%或375；18K金应标75%或750；足金应标99%或990；千足金标999，不标24K。

标明重量，其重量为小数点后三位，例如2.345克，如小数点只有二位，则应用零充填完毕。

纯金饰品的换算方法

国际上广泛使用的计量单位是"盎司"
1盎司，"英文ounce译语，符号oz"。

1拖拉 = 0.375金衡盎司	1金衡盎司 = 480厘
1常衡盎司 = 28.3495克	1克 = 20珠克
1珠克 = 0.25克拉	1珠克 = 0.05克
1金衡盎司 = 31.1035克	1市斤 = 500克
1千克 = 2市斤	1市斤 = 16两
1两 = 10钱	1钱 = 10分
1两 = 500/16 = 31.25克	1分 = 10厘
1钱 = 3.125克	1分 = 0.3125克
1枚银圆 = 23.4375克	
香港：1司马两 = 37.429克	

中华人民共和国成立前用戥（音同děng）子称贵金属物品，最大单位是两，今天，我们不用旧秤，而用新秤（十进位），计量金银则按国际化规定计量，使用千克、克。现在国际金价的报价为"盎司"，香港报价为"司马两"，我们要把"盎司""司马两"换算成克后再乘以汇率，才能得出当天国内的黄金价格。

色金首饰

色金首饰指的是除黄金本色以外的其他颜色的黄金首饰，由于渗入不同的其他物质能使黄金变成不同的颜色，例如利用钴渗入可将黄金变成蓝金，加入铝、银、镉、铜使黄金变成绿色，加入银、铜、铁可使黄金变成黑色金等等，使黄澄澄的金子变得五彩缤纷，以美丽的色彩赢得人们的喜爱，满足今天人们的需要。

黄金的真伪鉴别

1. 火烧简单鉴别方法

把黄金溶解成液体慢慢冷却后，如果颜色不变，黄金表面没有一层黑色的皮，其表面有一块落孔洞，则孔洞越深，金纯度越高；如果表面存有一层灰色或黑色的皮，则纯度较低；如果在黄金表面存有黑颜色，遇酸还不能恢复成黄色，那么其成色很低或者怀疑它是否为黄金，必须到相关部门检测后才能做出定论。

2. 硬度简单鉴别方法

黄铜冒充真金卖是有史以来都存在的现象，注意区别也不难看出：黄铜是淡黄颜色，而黄金是赤黄色，用大头针轻轻一划，黄铜划不出痕迹，黄金刻有一条较深的痕迹。用牙齿咬，黄金能咬出轻微的痕迹，黄铜或其他代用品咬不出牙齿的痕迹。黄铜扔到地上会发出清脆的声音，黄金扔到地上不会发出清脆的声音，其声音沉闷。

3. 比重简单鉴别方法

镀金、色金、银、铜等金属材料表面上镀一层较薄黄金，其黄金的含金量一般只占首饰总重量的2%~4%以下，根据重量来鉴别，用手感来判断，手感轻的是镀金或黄铜，坠手的是真金。这是因为黄金的比重大于其他金属的比重，因而有坠手的感觉。

4. 稀金和亚金的简单鉴别法

稀金和亚金根本不含金，其比重都比黄金轻，所谓稀金，顾名思义就是用稀土元素合成的金，如镧、铈、钬、钜、铕、镱等与黄铜熔制而成。耐磨性好，颜色似黄金，但是时间长了也会褪色。

亚金是以铜为基础材料制作的一种仿金材料，色泽与18K金相仿。

5. 黄金肉眼观测法

黄金放在10倍放大镜下观测，纯度高的黄金颜色为赤色，表面发出的光线极明亮；

质地越软，黄金的纯度就越高。反之，黄金的颜色为发紫偏黄，表面发出的光线很明亮；质地越硬，黄金的纯度就越低。这种肉眼观测法，适用于经验丰富的人。不经常检测黄金的人，准确率要低些，误差也会大些。肉眼观测法可参考下表：

肉眼观测法参考表

成色	亮度	颜色	硬度
24K	极明亮	赤色	软
22K	极明亮	橙色	微软
18K	明亮	青绿色	硬
14K	明亮	暗红色	微硬
10K	明亮	紫红色	坚硬

6. 条痕法

条痕法是根据黄金的条带痕迹来判断黄金的成色，也叫比色法或试金石法。它比肉眼观测法又进了一步，但是，也有共同之处，都需具备丰富的经验。

（1）S检测和所需准备的用具

① 准备1K~24K的标准含量黄金条各一根。

② 金石（条痕板）一块。

③ 制好的"王水"一瓶，盐酸、硝酸、硫酸各一瓶。

④ 氢氧化钠饱和溶液一瓶。

⑤ 玻璃杯、试管、酒精、棉球若干。

（2）方法

① 在试金石上把要鉴定的金划一条痕迹，再把标准黄金样品在它旁边划一条痕迹，看其颜色，如果不一样，再找高低的成色比较，直到一样时再确定它的成色。

② 把确定好的成色在试金石上各划一条痕迹，滴上一滴"王水"，观察条痕的溶解情况证明其含量，溶解速度一样快的，其含量是一致的、相等的，溶解速度越快则成色越高，溶解慢的成色越低。

③ 如果不溶解的，则不是金，还需滴其他酸来鉴别，这是因为"闪闪发光的东西不一定是金子"。

7.黄金与汞发生反应会使黄金变成白色

汞（Hg）在人们日常生活和工作中经常接触，在女同志用的一些化妆品中也会有汞元素，特别是医务工作者常用的体温计，里面充满水银（汞），如果体温计被打破，黄金一旦接触这些物质就会发生化学反应变色，处理方法如下：

A.当黄金与汞（水银）发生反应变色，加热冷却后即可恢复黄金的颜色，这是因为汞蒸发了。

B.黄金与同样硬度的白色金属相互摩擦也可以使黄金变白，加热过酸即可除去表面附着物。

C.黄金沾油性化合物、沾灰尘变黑，加热后过酸即可除去。

黄金首饰的营销

浪淘沙九首（其六）

刘禹锡

日照澄洲江雾开，淘金女伴满江隈。

美人首饰王侯印，尽是沙中浪底来。

从诗中可以看出黄金的来之不易，是供给美人和王侯、贵族们享受的，黄金是从江中浪底淘洗出来的，可见黄金获取的艰苦程度。随着时代的进步，黄金也随着生活水平的不断提高而进入千家万户，我们应该为大家当好参谋，在介绍饰品时要问清谁佩戴、佩戴之人的喜好，选购之前，做到购买目的明确。下面将一些营销方法介绍一下，供大家参考。

1.营业员的解说与推销

① 自己本人来选购自己佩戴的饰品

如果是为了自己佩戴，选购人就会顾忌少些，可以尽量迎合购买人的需求，向顾客解释饰品特点，因为只要自己喜欢，使用美观大方就行了。你要迎合顾客的心理，达到推销目的，不能有违背他本人选购的言语和行动。

② 送给妻子

给配偶选购，应考虑其戒指的代表性、纪念性，根据其配偶的年龄、肤色、高矮、胖瘦来介绍，身材小而瘦的介绍轻一点的，高而胖的介绍长而重一些的，使其首饰与其人相搭配。售货员推销言语要注意方式，注意尺度准确性，语言谈吐要明朗，观点应明确。

③ 送给亲戚

这类顾客选购时，应注意其心理特征，送别人价格不宜太高，也不能太低，而送给别人的饰品又需要使人难于估量其饰品的准确价格，但也不能使受用人一点价值也估计不到，所以介绍产品时应注意以介绍K金为主，或K金镶宝、镶钻饰品，因为这类产品品质差异大，价格也不一样，难以用一枚的价格去和其他的几枚相比。其人情和价值就像雾里看花，时亮时暗是最佳推销效果。

④ 送给晚辈

儿童型：这类顾客应选择天真活泼、聪明可爱、长命富贵这类礼物，因为送人的目的是对儿童有一种希望和美好祝愿，介绍时也应当围绕着这种心理介绍公司的饰品。

中、青年型：这类应选一帆风顺、发财、富贵、平安来介绍，因为这是老人对晚辈的一种愿望或祝愿。

⑤ 给长辈

这类顾客的心理是期望自己的长辈健康长寿，是一种对长辈的尊敬和爱戴，介绍时应围绕着"福""禄""寿""健康"等饰品来介绍，不要离题。

总之，古人言："萝卜白菜各有所爱"，在推销时应注意：他喜欢的，你不能说难看或不适合，应当是他拿起矛来你应当迎合他说矛锋利无比，什么东西都能戳穿，他拿起盾来你必须得说是什么东西都戳不穿，要善于分析顾客的心理，才能说在点上。

2. 看顾客因势利导来推销饰品

（1）脸型

① 脸型较长者

选购饰品时应选购圆形的大耳环或镶宝的圆耳环和较细较短项链，应增加脸部的宽阔感，这样才能具有较好的装饰作用。

② 脸型较方者

选购饰品时应选购中等的椭圆形耳环、较细较长项链，以增加脸部的柔和感。

③ 脸型较圆者

选购饰品时应选购带棱角坠饰的耳环及带坠饰的较粗较长的项链，以增加脸部的轮廓感。

④ 脸型为椭圆者

选购饰品时应选购小型圆耳环、普通长项链，以增加脸部的优美感。当然别的耳环、项链、戒指也适用。

⑤ 脸型为正三角脸者

选购饰品时应选购中型的圆耳环或带坠垂珠式中型耳环、带坠饰的耳环配上较粗较大短一点的项链，其目的是减少下巴的宽度以起到最佳的装饰效果。

⑥ 脸型为倒三角形者

选购饰品可选购小型的三角形耳环，耳环下部应当稍大些，应选购较短较粗的项链，以改善下巴小的不足之处。

总之，在解说推销上应该察言观色，因势利导地迎合顾客的虚荣心，达到一个较高的业务水平。

（2）按皮肤的肤色来推销

① 皮肤红润者

在选购饰品时应选购鲜艳的首饰。推销时把注意力放在镶嵌宝石的耳环上，例如镶嵌有红宝石或蓝宝石等彩色宝石和带坠的黄金项链、镶宝K金戒指等，与皮肤的颜色相搭配，达到最佳的装饰效果。

② 皮肤较白的人

在选购饰品时应选购浅色镶宝饰品。对这类顾客应把握时机推销如镶钻石黄玉等镶嵌宝石的饰品，这样一来才能把白皮肤的人显得更加文静、秀美。

③ 皮肤黄润者

在选购饰品时应选购浅色镶宝饰品。对这类顾客应把握时机推销透明无色的镶宝首饰，和白皮肤的人一样戴钻石的戒指、水晶项链、水晶或珍珠耳环，能增添优雅。

④ 皮肤偏灰黑者

皮肤偏灰黑者一般说来都被认为是健康的人，这类人像运动员一样刚毅有力，在选购首饰时应挑选一些透明无色的镶宝首饰，或选购粗犷风格的K金首饰，以显阳刚之气。

（3）体型

① 体型瘦高者

体型瘦高者一般手指也细长，在选购饰品时应选购粗轮廓的戒指、较粗犷较长的项链，选镶嵌宝石的戒指时，戒指边要宽一些，从而达到修饰体型的效果。

② 体型瘦小者

在选购珠宝首饰时应当选购做工精细的小戒指、较细较短的戒指或较短的项链，耳环也要小些，这样才能增加小巧玲珑的秀丽美感。

③ 体型矮胖者

体型矮胖者在选购珠宝首饰时应当选购风格粗犷的戒指、长项链、异型首饰、宽松手镯，以修饰粗壮的体态，使粗壮与修长平衡，达到应有的装饰效果。

④ 体型胖高者

体型胖高者一般手指也粗而长，在选购饰品时应选购粗轮廓的戒指、较细较长的项链，选镶嵌宝石的戒指时，戒指边要中等偏宽，从而达到修饰体型的效果。

（4）地区性文化背景

① 世界各地的要求

在欧洲，人们一般喜爱K金首饰，这是因为K金类首饰硬度高，容易镶嵌打造各种各样的宝石饰品，最适合装饰用金，其保值价值是在宝石上而不是金上。这是因为金再重也值不了很多钱，而宝石一粒就能价值连城。

② 中国老百姓的需要

中国老百姓就不一样，他们一般喜爱足金、纯银，而且纯度越高越好，这是因为纯度越高首饰的价值越高，而K金首饰从金的价值上来看没有纯金高。他们不考虑镶嵌各种各样的宝石饰品，他们对宝石了解太少，这是传统历史文化的原因造成的，他们购买首饰的目的是既用来作装饰，又可达到保值。

③ 中国各地区的要求

中国土地辽阔，人口众多，人们对本地区所产的黄金也有所偏爱。例如广东广西人喜爱广金，西藏人喜爱藏金，云南人喜爱滇金等等，特别是云南人在购买黄金时都喜欢问："这黄金是不是滇金？"如果你回答不是，那么他也许就不会购买，如果你回答是，那么他也许就会购买，其实黄金含量是主要的，黄金产地是没有关系的。

④ 云南人喜爱滇金的原因

云南人喜爱滇金的原因是云南省内所产的黄金颜色较黄，其他省份所产的黄金在同等含量的情况下要白些，这是因为云南省的黄金大部分是和铜矿共生矿物，其黄金的杂质是铜矿物，也就是说滇金大部分是由铜矿中提炼出来的。其他省份有些黄金是由银矿中提炼而来，其杂质含银，所以黄金的颜色要白些。

（5）顾客购买的年龄及心理分析

① 青年顾客

年轻的女顾客在选购首饰时，要考虑色彩鲜艳、款式新颖、重量较轻、价格较低的各类饰品，最佳的应是K金或细的饰品为主。

② 中年顾客

中年女顾客一般来说家庭条件都比较富裕，可介绍她们选购一些线条明快、款式较为传统且价格较贵的首饰。因为中年女性经济承受能力强，她们购买饰品的心理一是装饰自己，二是作为财产保险而收藏，三是一种富裕的象征。

③ 老年女性

老年人奋斗了一辈子，购买首饰的目的是显示富贵，所以必须选购价格高昂、有明显传统特征的镶宝首饰，如带翡翠坠饰的项链，带祖母绿戒面的戒指，钻石饰品或粗犷的饰品等。

黄金首饰保管的注意事项

1. 金银首饰在不佩戴时应放在专用的首饰盒子中。不同的首饰应分开放，不要全堆在一起，以免相互划伤。

2. 首饰盒子或首饰包，应放在干燥、通风的地方，以免受潮气和腐蚀性气体的侵蚀。

3. 金银首饰应放在稳妥的地方，谨慎保管，以防丢失，引起一些不必要的误会或纠纷。

4. 如首饰在银行、保险公司、邮局、宾馆存放，应将钥匙与存单分别存放，以防丢失或首饰被冒领。

5. 首饰佩戴后摘下时，应用绉绸稍加擦拭，以除去首饰上大部分的汗污。千万不能用粗布或硬纸擦拭，以防出现划痕。

首饰加工眼皮底下偷金骗术

随着黄金市场的不断开放，撕去了黄金饰品身上的贵族标签，使它成为普通百姓日常消费的一部分，而黄金加工翻新业务也随之兴起，那些收费低廉的黄金饰品加工店也因此兴旺起来。有些没有获得有关部门批准的黄金加工店，往往用低廉的收费骗取顾客的信赖，采取的是"堤内损失堤外补"的办法，用隐蔽的手段蒙骗顾客，偷取顾客的黄金。以下是他们经常使用的几种骗术：

目前，首饰加工店的黄金称量工具多为托盘天平，一些不守法的黄金首饰加工者，便在这种天平的托盘上搞鬼，他们有意弄成一个托盘轻，一个托盘重，遇到有人拿黄金来加工首饰时，把金子放在轻托盘里，加工好后，则再把首饰放在重托盘里，这样就把顾客的黄金神不知鬼不觉地骗去了。

"王水"是一种用浓硝酸与浓盐酸按1：3摩尔比例配制的化学液体，尽管黄金是一种很稳定的物质，很难与其他物质发生化学反应，但"王水"却很容易就可把黄金溶化，于是有的不法首饰加工者便利用这种简单的化学反应为顾客清洗金首饰，使顾客在肉眼看不到的情况下，便被剥掉了一层黄金。那些声称可以为顾客免费清洗金饰的加工店，往往就暗藏此种"猫腻"，名为清洗黄金实际是溶解黄金（偷金）。

有些店在加工首饰时，把一些银粉、铜粉事先放在耐火砖上，黄金熔炼的过程中这些银粉、铜粉末就一起熔在黄金里，黄金中掺假后增加了重量，其目的是偷窃顾客黄金。

04

骗术之四
浑水藏金

在加工首饰过程中，把黄金放在石膏模上熔炼后倒模时，故意在他们的石膏模中剩留一小部分金子，并当着顾客的面把废石膏模扔掉，造成一种石膏模中已无金子的假象，当顾客走后，他们再把丢弃的废模收回，取出金子。

也有一小部分不法首饰加工者是趁顾客不注意时，剪下顾客首饰上的一些"边角料"偷偷占为己有，为了补足顾客黄金原有重量，则在熔炼加工中掺进铜或银。

05

骗术之五

"次"金充好

一般的首饰加工店都会有成品黄金首饰出售，而这些首饰又多为他们自己加工，他们在加工时，故意往黄金中掺进假"货"，然后当成高成色黄金首饰出售。他们的这些首饰多数经过硫酸蒸煮，看起来都非常光亮，不识"货"者极易被这些首饰的外表蒙骗。

以上这些骗术只要消费者在购买、加工首饰中多加防范，擦亮眼睛便很容易识破。但笔者还是要提醒消费者，在购买和加工黄金首饰时，还是莫要贪图"小利"，最好到大一些的信誉度较高的首饰加工店去翻新加工，不要贪图加工费便宜而丢失了黄金。

K金的配制方法

在销售过程之中常见有K金的成品出现，在亚洲18K金较多，在欧洲12K、9K、8K的也经常能看到。那么，K金是怎么配制出来的呢？成分如下表：

K 金的含金量参考表

成色	金	银	铜	成色	金	银	铜
24K	100			12K	50	35	15
23K	95.83	1.2	3.97	11K	45.83	37.8	16.37
22K	91.67	4.2	4.1	10K	41.67	41.07	17.26
21K	87.5	7.2	5.3	9K	37.5	43.75	18.75
20K	83.33	10.3	6.37	8K	33.33	46	20.67
19K	79.17	13.2	7.37	7K	29.17	48.1	22.73
18K	75	17.5	7.5	6K	25	52	23
17K	70.83	20.5	8.67	5K	20.83	55	24.17
16K	66.67	23	10.33	4K	16.67	57.67	25.66
15K	62.5	26	11.5	3K	12.5	61	26.5
14K	58.33	29	12.67	2K	8.33	63	28.67
13K	54.17	32.1	13.73	1K	4.17	69.17	26.66

金、银、铜的含量双向计算方法如下：

1. 配制的金属只加一种材料

如有黄金100克，其含量为99.99%，要配制黄金含量为98%的黄金需要加银多少克？

解：

$$100g \times 99.99\% = 99.99g$$

$$100g \times 98\% = 98g$$

$$99.99g - 98g = 1.99g$$

答：要配制黄金含量为98%的黄金需要加银1.99克。

2. 配制的金属加二种材料

设：金为x

银为y 银：铜 = 2：1

铜为z

例如：现有含量为999‰的黄金20克，需要配制18K金原料10克，需要黄金多少克，需要加银多少克，需要加铜多少克？

解答：需要配制18K金原料10克，参考上表可得，需要黄金7.5克，需要加银1.75

克，需要加铜0.75克。

也可以把黄金看成纯度为100%来计算：

10g - 7.5g = 2.5g　　　银：［（10g - 7.5g）÷ 3］× 2 = 1.67g

铜：［（10g - 7.5g）÷ 3］× 1 = 0.83g

答：需要配制18K金原料10克，需要黄金7.5克，需要加银1.67克，需要加铜0.83克。但是需要注意的是先金、铜熔合后再和银熔解。

常见首饰标记的含义

大部分首饰上都标有一定的标记，如："14KF、14KP、18KGP、18KDP"等等，容易被人们误认为是K金首饰，其实，标记中的"F"是"FILLING"的缩写，它的意思是表示仿造14K、18K金首饰。标记中的"P"是"PLATING"的缩写，它的意思是表示电镀14K、18K金首饰。

通常K金首饰所打的标记为"14K、18K、20K"等，并且，"K"字后面不加任何字母。

如：18K表示含金量为75%

18KF表示仿造18K金首饰

18KGP表示镀18K金首饰

18KP表示镀18K金首饰［镀金液：氯化金钾（KCAuC14）］

使用手工工艺加工饰品金整体含量（成色）将会降低

如果在加工过程中使用的金含量为99.99%，不使用任何焊粉焊接，那么，成品金的含量是99.99%，即人们通常说的磅焊接。但是，磅焊接难度较大，部分首饰工艺水平难以完成，所以，还需要低温度的焊粉来焊接，一般使用18K金焊接。其成品的成色如下：

1. 黄金的含量

使用的金的含量为99.99%。

使用的焊接粉金为75%。

2. 饰品金的成色

如果用含量为99.99%的黄金100克，用含量为75%（18K）的黄金焊接粉2克，其饰品的含量为：

$100g \times 99.99\% = 99.99g$

$2g \times 75\% = 1.5g$

其成色为99.49%

$\{99.99g \times (100\% - 2\%) = 97.99\%\} + (2g \times 75\%) = 99.49\%$

十六

比重的测定

1. 蒸馏水测试法

要求准备温度是4℃的蒸馏水一桶，或四氯化碳、乙醇、二苯钾各一瓶，量杯、量筒各一个，电子秤一台，细线一根。辅助性的备用材料备齐就可以测试了。黄金在水中排开同体积水的比重的计算公式是：

$$比重 = \frac{黄金在空气中的重量}{黄金在水中排出同体积水的重量}$$

设：

P表示黄金在空气中的重量。

P_1表示黄金在水中的重量。

$$比重 = \frac{P}{P - P_1} \times 液体的比重$$

例如：黄金重10克，在28℃的四氯化碳中称重是9.18克，四氯化碳在温度为28℃时的比重为1.579。其黄金的比重为：

$$\frac{10}{10 - 9.18} \times 1.579 = 19.3$$

答：黄金比重为19.3g/cm^3。

由于水具有较大的表面张力，在测比重时有一点误差，故使用其他液体精确度会更高。所以，在测比重时尽可能用一些表面张力小的液体来测它的体积，而减少被测物体的比重误差，其参考液体详见下表所示，但是，需要注意的是被测液体的温度。

有机液体在不同温度下的比重

乙醇		二甲苯		四氯化碳	
比重	温度℃	比重	温度℃	比重	温度℃
0.837	7	0.839	6	1.630	3
0.830	16	0.829	16	1.610	13
0.829	18	0.824	22	1.559	18
0.827	19	0.819	27	1.589	23
0.821	21	0.814	32	1.579	28
0.817	26	0.809	37	1.569	33
0.810	32	0.804	42	1.0559	38

2. 电子秤浮力测定比重法

（1）辅助设备

蒸馏水一桶，或四氯化碳一瓶，乙醇一瓶，二甲苯一瓶。量杯、量筒各一个，电子秤一台，细线一根，各种大小玻璃杯各一个。

（2）先将一个空玻璃杯放入电子秤台上归零，再把黄金放入空玻璃杯中，天平就显示出黄金在空气中的重量P，记下此数然后再把黄金拿出，把液体倒入空玻璃杯中归零。

（3）将黄金浸没于液体玻璃杯中，称出黄金所在的液体重量，天平上显示出的数字已经是黄金在空气中的重量减去水中重量的差值，设这个差值为A。

$$A = P-P_1$$

（4）黄金的比重为：

$$比重（D_M） = \frac{P}{A} \times 液体的比重$$

最后加上密度单位"g/cm^3"，就是黄金的测定密度D_M。

3. 天平测定比重法

（1）辅助设备

蒸馏水一桶，或四氯化碳一瓶，乙醇一瓶，二甲苯一瓶。量杯、量筒各一个，电子秤一台，细线一根，各种大小玻璃杯一个。

（2）调节天平校对归零，先将黄金放在空气中的秤盘上称重，即黄金在空气中的重量为P，然后将黄金从秤盘中取出。

（3）把液体倒入空玻璃杯中放在秤盘上称重，并记下重量，再将黄金浸没于液体玻璃杯中，称出黄金在液体中的重量为P_1。

（4）黄金的比重为：

比重（D_M）= $\dfrac{P}{P-P_1}$ ×液体的比重

按比重公式计算，加上密度单位g/cm³，就是黄金的测定比重。

注意事项：

1. 测比重之前天平都必须校对归零，秤要放在水平固定位置上。

2. 为避免被测物上面有气泡，被测物要浸泡在液体之中，是必要的排气方法。

3. 被测物要浸没在液体之中，为避免被测物表面沾上液体使重量增大；在工作环境的附近要放有温度计（最好放入溶液中），观察温度计的读数，根据温度计的数字，选用相应的溶液比重值代入计算公式。

4. 使用上述方法测比重，被测物一定是实心的物体。

5. 对空心物体如空心的批花练，测试前要进行抽空，把空气抽取后才能进行测试，否则此方法不准。

常见黄金、铂金、钯金、银、铜比重参考表

名称	元素符号	比重	熔点	硬度	导电系数	颜色	与酸反应			
							盐酸	硫酸	硝酸	"王水"
金	Au	19.3	1063	2.5	19.3	金黄色	否	否	否	反应
银	Ag	10.5	960.8	2.5	10.5	白色	否	反应	反应	
铜	Cu	8.92	1083	3	8.9	淡黄色	否	反应	反应	
铁	Fe	7.87	1593	4.5		灰黑色	反应	稀反应	稀反应	

续表

名称	元素符号	比重	熔点	硬度	导电系数	颜色	与酸反应			
							盐酸	硫酸	硝酸	"王水"
锡	Sn	7.3	231.9	2	7.3	白黄色	反应	反应	反应	
铅	Pb	11.34	327.4	1.5	11.34	灰色	否	否	否	
锌	Zn	7.14	419.5	2.5		蓝白色	反应	反应	反应	
镍	Ni	8.9	1453	3.8		银白色	稀反应	稀反应	稀反应	
铬	Cr	7.1	1875	9		银白色	稀反应	稀反应	稀反应	
铝	Al	2.7	660	3	2.699	灰白色	反应	反应	反应	
铂	Pt	21.45	1769.3	4.5	21.4	银白色	否	加热反应	加热反应	
铱	Lr	22.4	2454	6.5		银白色	否	否	否	
锇	Os	22.48	2727	7		灰蓝色	否	否	否	
钯	Pd	12	1555	4.5						

购买金首饰注意事项

　　要想买到货真价实的首饰，避免买到假首饰、劣质首饰，就应当到信誉度较高的大商场、老字号店去买，要告知广大顾客，人人都是聪明人，亏本的生意是不会有人做的，不要想占别人的便宜，不然会造成偷鸡不成蚀把米的局面。到大商场或名店去购买，他们都有一套销售、加工、服务的管理体系，其商品的质量关就把握得住。私人或小店购买后出现问题无保障，引起不必要的纠纷，给自己增加不必要的麻烦。

　　另外，修补、加工都应到正规的珠宝店，不到信誉度差的小店，请看一个真实案例：1.32g黄金是怎样被湖南工匠"洗走"的？

　　前几天，一位顾客拿了一条金项链和一个金坠子找到我，说她在我公司买了一套项链克数（重量）不对。我们复了一下秤，称重和发票上重量对不起来，总重量少了1.32

克。把这条项链与坠子放在镜下一看，有明显溶蚀痕迹。

当天上午，在她家门口有一位外地的打金匠说她戴的金项链太脏，主动提出给予免费清洗。这位顾客应允了。洗完后，打金匠告诉主人，说她的项链重量不够，可能少一克多黄金，叫主人去找商家。

几经周折，主人和我们一起来到了这位打金匠的小铺子，说明来意后，这位金匠承认，并从柜里拿出1.32克黄金归还了主人。她非常感谢我们，并百思不得其解地说她始终在旁边紧紧盯着那金匠，金匠只在那瓶透明的液体里放下去洗了一下，这1.32克黄金到底是怎么跑掉的呢？

为了给她说明这个问题，我讲了一个发生在丹麦的小故事：

玻尔是丹麦著名的科学家，他因在原子结构和辐射研究方面做出了重大贡献而获得了诺贝尔物理学奖。第二次世界大战期间，德国军队占领了丹麦，玻尔被盖世太保列入了黑名单。地下工作者通知玻尔立即离开首都哥本哈根。在整理行装时，玻尔被那枚奖章难住了，如果将奖章带在身边，一旦被敌人查出，其身份就会暴露。但是，这枚奖章不仅是自己的珍贵纪念品，也是祖国和人民的骄傲，决不能留给法西斯匪徒。正左右为难的时候，实验台上的一瓶"王水"（按1：3摩尔比配制的浓硝酸和浓盐酸的混合物）使玻尔茅塞顿开。玻尔将金质奖章放入"王水"瓶中，只见奖章越来越小，最后就完全消失了，而"王水"还跟原来一样晶莹透明。这时玻尔才依依不舍地离开了心爱的实验室，经瑞典、英国到达美国，逃出了盖世太保的魔掌。

战争结束后，玻尔回到了自己的祖国。当他走进实验室时，发现那瓶"王水"安然无恙。他兴奋极了，立即找来一块铜块放入"王水"瓶中。一会儿，奇迹出现了，铜块越来越小，最后完全消失了，而一块黄金却出现在瓶底，这就是那枚奖章的全部金子。在征得诺贝尔基金会的同意后，玻尔请人用这块金子重新铸造了一枚诺贝尔奖章。这枚"奖章"在敌人眼皮底下保存了整整两年。

玻尔用了一个简单的化学反应 —— 置换反应。黄金是一种化学性质很稳定的不活泼金属，不与一般的化学物质发生化学反应，只有"王水"才能降服它，与其发生化学反应生成氯金酸盐。铜的化学性质比金活泼得多，因此它能将黄金从氯化酸盐中置换出来。

听完故事，她恍然大悟，原来这1.32克黄金被金匠"洗"走了。

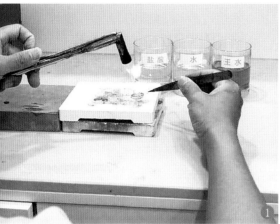

① 把金首饰放在图一中的耐火砖上用火烧红。

② 放入图二中的王水杯子里，王水会溶去金的一部分

③ 把金放入图三中的酸里洗干净

④ 把金放入图四中装有水的杯子里洗净王水酸，这样金就在加工过程中不知不觉被偷走了

铂金首饰要注意与白金首饰区别开来，铂金元素符号为Pt，而白金指的是白色的金属，无论是K白、K铂都可以叫作白色金属，所以在这里要着重给大家讲一讲铂金的一般属性。

元素符号：Pt

颜色：灰白色、银白色

比重：$21.4\sim21.5g/cm^3$

原子量：195.09

原子序号：78

光泽：金属光泽

摩氏硬度：4.3

熔点：1769℃

沸点：3827℃

导电子数：9.83×10^4

导热率：69.5W/（m.k）

电阻率：$10.58\mu\Omega.cm$

铂金比黄金在地球上的含量要少得多，物以稀为贵，所以，从1735年确认化学元素后，铂就以最为稀罕且珍贵的贵金属而被人们广泛使用。

第三节
铂金首饰

物理性质

铂金在空气中一般不易产生化学反应，常温条件下抗腐蚀，在自然界中不会失去光泽，显银灰白、银灰、白色，比重大，熔解温度为1773℃，硬度比黄金大。宜用铂金镶嵌各类宝石。

一

化学性质

在常温下，铂金遇酸不反应，而且耐酸碱，但是，在常温下"王水"能缓慢溶蚀铂金，盐酸在加入氧化剂后也能溶蚀铂金，在常温下氢溴酸也能溶蚀铂金，在高温下卤族元素也能溶蚀铂金，铂金还能溶于氰化物溶液（氰化钾、氰化钠溶液）中，铂金还能溶于沸腾的"王水"和硫酸之中。一般不变色。化学性质比较稳定。

三

铂金的价格

在国际市场上，铂金的价格比黄金通常高出30%至50%，古代也曾用来制造货币，例如从公元1828年至1846年，俄国就曾经发行了面值3卢布、6卢布、12卢布的铂金硬币，可因为数量有限才停止作为货币流通。在我国铂金价格波动较大，由于工业用量大，工业下滑也会影响它的价格变化。

四

铂金与K白金的区别

1. 成分上的区别

铂金是铂（Pt），其主要成分是贵金属，而白金是以黄金为主要成分，加入少量稀土元素混合而成的白颜色的黄金。白金与铂金只是颜色相同，而在本质上是大有区别的。

2. 产量不同

统计资料表明，铂金每年的生产总量只有黄金的4%。在冶炼提纯和加工过程中成本比较高，并且铂金的总含量在地球上也较少，这也是造成价格高的主要原因。

3. 印记上的区别

铂金首饰一般均打有"Pt"字样，如Pt900、Pt950、Pt990，900、950和990为其首饰的铂金含量，如Pt900指首饰铂金含量为90%，Pt990铂金含量为99%。

4. 重量上的区别

铂金密度比黄金还高，一件铂金首饰和同样K白金首饰重量相差近一倍，用手掂一下坠手的是铂金首饰，不坠手的是K白金首饰或是其他代用品。

5. 硬度上的区别

铂金和K白金首饰和其他代用品的硬度比较起来，铂金的硬度要比K白金小，其他代用品比K白金硬度要大，用大头针刻同样力度，铂金能刻出印迹，而K白金就刻不动，并有滑感。再用刀片来刻划，K白金能划出印痕，其他代用品划不出印痕，并有滑感。

6. 试金法

在试金石上磨上一点粉末，在粉末上滴几滴硝酸和盐酸的混合物，消失快的为K白金，没有反应则是铂金。

7. 火试法

加温火烧，冷却后颜色不变为铂金，颜色变黑的为K白金，这是因为K白金含铜、银杂质易氧化，变黑是氧化的结果。

为什么铂金加工费和损耗都比黄金高？

由于在加工中，铂金没有黄金易提炼，所以损耗较大，同样1克黄金和1克铂金，由于铂金单价要高于黄金，从而铂金损耗价钱也随之增大。

在加工中，铂金硬度大，而黄金质地较软，所以黄金加工起来容易得多，铂金加工费比黄金高得多，从而销售单价也就比黄金要高。

六 假铂金的制造

2003年5月12日，国家首饰质量监督检验中心在日常检验中发现，深圳铂金厂"阳光阳（YG）""亚必达（YBD）"铂金中加有6%～10%的金属铱。

由于金属铱的荧光光谱特征和铂金的荧光光谱特征谱线十分接近，有较严重的重叠性，给一般无损检测带来比较大的困难和检测失误，为什么他们要掺进"铱"呢？目的只有一个，利用国家首饰检测技术存在的漏洞牟取暴利。当时铱、铂价格：

铱 —— 市场价为25元/克

铂 —— 市场价为175元/克

因而，我们在经营过程中或以旧换新过程中要特别强调和注意，看一看铂金首饰上有没有这类标识，若是有应及时处理，以免造成直接经济损失。

七 铂金、钯金、铑金、铱金的区别

矿物分类中，铂族元素矿物属自然铂亚族，包括铱、铑、钯和铂的自然元素矿物。它们彼此之间广泛存在类质同象置换现象，从而形成一系列类质同象混合晶体。同时，其成分中常有铁、铜、镍、银等类质同象混入物，当它们的含量较高时，便构成相应的矿种。铂族元素矿物均为等轴晶系，单晶体极少见，偶尔呈立方体或八面体的细小晶粒产出。一般呈不规则粒状、树枝状、葡萄状或块状形态。颜色和条痕为银白色至钢灰色，金属光泽，不透明，无解理，锯齿状断口，具延展性，为电和热的长导体。由铂族元素矿物熔炼的金属有钯金、铱金、铂金、铑金等。

1. 钯金

主要由自然钯熔炼而成。颜色为银白色，外观与铂金相似，金属光泽。硬度

4~4.5，相对密度12，熔点为1555℃。化学性质较稳定。因产量比铂金和黄金大，故价值低，也用来制作首饰。

2. 铑金

主要由自然铑提炼而成，是一种稀少的贵金属。颜色为银白色，金属光泽，不透明。硬度4~4.5，相对密度12.5。熔点高，为1955℃。化学性质稳定。由于铑金耐腐蚀，而且光泽好，因此主要用于电镀行业，将其电镀在其他金属表面，镀层色泽坚固，不易磨损，光泽效果好。

3. 铱金

主要由自然铱或铱矿提炼而成。颜色为银白色，具强金属光泽，硬度7。相对密度22.40，性脆但在高温下可压成箔片或拉成细丝。熔点高，达2454℃。化学性质非常稳定，不溶于水。主要用于制造科学仪器、热电偶、电阻绫等。高硬度的铁铱和铱铂合金，常用来制造笔尖和铂金首饰。

4. 铂金

由自然铂、粗铂等矿物熔炼而成。因"铂"由"金"和"白"两字组合，颜色又为银白色，亦称"白金"。色泽银白，金属光泽，硬度4~4.5，相对密度21.45。熔点高，为1773℃。富延展性，可拉成很细的铂丝、轧成极薄的铂箔。化学性质极稳定，不溶于强酸强碱，在空气中不氧化。广泛用于珠宝首饰业和化学工业中，用于工业制造、高级化学器皿、铂金坩埚以及加速化学反应速度的催化剂等。

铂金的种类

1. 纯铂金

最高成色的铂金。常用于制作订婚戒指，以表示爱情的纯贞和天长地久。在国外，许多人认为用黄金镶嵌钻石，黄金的黄色可能导致钻石泛黄，从而大大降低钻石美观而影响它的价格。而用铂金镶嵌钻石，可以保持钻石的纯白颜色，特别是做订婚戒指，用铂金镶嵌钻石，既洁白又晶莹，象征纯洁的爱情永恒长久。然而，尽管铂金的硬度比黄金高，但镶嵌钻石和珠宝牢固性仍然不够，往往需掺入其他金属，制成其他铂合金来镶嵌钻石等。

2. 铱铂金

铱与铂组成的合金。颜色亦为银白色，具强金属光泽。硬度较高。相对密度亦大，化学性质稳定，价格也便宜，是极好的铂合金首饰材料。根据铱和铂的含量不同，一般可分为三种：

成分	相对密度	熔点
10%铱铂合金	21.54	1788℃
15%铱铂合金	21.59	1821℃
5%铱铂合金	21.50	1779℃

3. K白金

黄金和其他金属熔炼而成的白色合金。由于铂金产量稀少，价格昂贵，加上熔点高，所以一般国家很少用铂金来生产真正的K白金。目前，为了迎合广大消费者对铂金的需求，则选用黄金和钯金或镍、银、铜、锌等金属熔炼成一种白色的合金，称之为"K白金"。K白金的成色与K黄金一样，总质量为24，黄金在其中所占质量的份数，则为K白金含量和黄金含量有关的K数。如18K白金、14K白金，其中黄金的含量分别为75%和58.5%。

（九）

铂金饰品的发展史

人类对铂金的认识和利用远比黄金晚，大概只有2000多年的历史。根据考古资料论证，在公元前700多年时，古埃及人已能将铂金加工成工艺水平较高的铂金饰品。中美洲的印第安人远在哥伦布发现新大陆之前，也盛行过铂金饰物。然而，除此之外其他地区的人们对铂金则一无所知，直到16世纪初，西班牙殖民帝国逐渐形成，大批的西班牙冒险家蜂拥到非洲和美洲去探金寻宝。当时，在厄瓜多尔的河流中淘金时，一再发现有一种白色金属混杂在黄金中，其实就是珍贵的铂金。但由于当时科学不发达，识别能力低下，面对着明晃晃的铂金，那些殖民统治者却把它当成"劣等碎银"而弃之。1748年，西班牙著名科学家安东尼·洛阿在平托河金矿中发现了银白色的自然铂，他进行了仔细研究，发现自然铂的化学性质非常稳定，延展性极好，熔点亦高，相对密度极大，与金属银有明显的区别。安东尼是第一位对铂金进行详细研究的学者。到了1780年，巴黎一位能工巧匠为法国路易十六国王和王后制造了铂金戒指、胸针和铂金项链。因此，路易十六夫妇成了世界上有记载以来的头两位拥有铂金饰品的人。从此以后，铂金声名大振，一跃于黄金饰品之上，为皇亲国戚、达官贵人、巨富大贾所宠爱。由于在自然界铂金的储量比黄金稀少，据不完全统计，世界铂金总储量约为1.4万吨（铂族元素矿产资源总储量约为3.1万吨），虽然有60多个国家都发现并开采铂金矿，但其储量却高度集中在南非和俄罗斯。其中南非（阿扎尼亚）的铂金储量约为1.2万吨，以德兰土瓦铂矿床最著名，是世界上最大的铂矿床；苏联的铂金储量为1866吨，曾在乌拉尔砂铂矿中发现过重达8～9千克的自然铂，在原生矿中也获得过重427.5克的自然铂。两者的总储量占世界总储量的98％。每年全世界铂金的产量仅85吨，远比黄金少，加上铂金熔点高，提纯熔炼铂金较黄金更为困难，耗能源较高，所以其价格较黄金更加昂贵。

铂金色泽淡雅而华贵，象征着纯洁与高尚。因此，人们把它作为爱情的信物并制成订婚戒指，以表示爱情纯真、天长地久。钻石若镶嵌在银白色的铂金托上，则晶莹的钻石与光辉的铂金交相辉映，衬托出钻石的洁白无瑕、珍贵无比和雍容华贵。

铂金首饰主要流行在欧美、日本等经济较发达的国家和地区。其中日本人最偏爱铂金首饰，其销售量约占世界铂金首饰的75％，故有"铂金大国"之称。

中国铂族元素矿产资源很少，其储量不及世界储量的1％，只能满足需求量的百分之几，主要用于工业。铂金首饰的生产起步较晚，目前只有少数地区的厂家生产类似产品。

十、铂金与银、铝、铅的区别

1. 铂金与银区别

白银的相对密度小、硬度低、化学性质不稳定。白银虽为银白色，相对密度为10.53，只有铂金的一半；无弹性，用指甲轻轻一划亦可留下痕迹，银薄片用手轻轻一折就变形，并且很难复原；遇硝酸会溶解，并放出二氧化氮气体。而铂金没有这些特性。铂金不与硝酸产生反应，在常温下与"王水"溶解速度很慢，一般肉眼难以观察出来。

2. 铂金和铅、铝的区别

铂金与金属铅和铝的区别是铅和铝的硬度低，很容易变形，无弹性，变形后不能恢复原状；而且相对密度远比铂金小很多，铅的比重为11.36，铝的比重为2.7，分别为铂金的一半和八分之一，只需用手掂试重量就能区别开来。

铂金是很好的催化剂，利用这一特性，可快速鉴定铂金。常用过氧化氢反应法，具体方法：取少许待测物粉末，置于盛过氧化氢（H_2O_2）的塑料瓶中，若是铂金则过氧化氢立即翻滚起泡，分解出大量氧气，反应后的铂金仍原封不动，还可回收（它只起加速分解作用）；若是其他白色金属，如铅、银、铝等则无此反应。

铂金部分

为了区别真假，了解不同厂家的情况。

深圳部分厂家的表印

名　称	字　印	名　称	字　印
福麒	FQ	安盛华	GDI
宝亨达	BF　BHD	阳光阳	光阳
爱塔	ATA	百泰	BT
爱德康	ADK	金利	JL
龙嘉	LJ	亚必达	YBD
翠绿	CL	宝昌	PD

铂金以旧换新注意事项

1. 铂金（Pt950）手镯

因为手镯是空心的，所以，里面可能放入其他东西，从而造成不必要的损失，我们在以旧换新的过程之中，要把手镯剪开来看，确认里面没有其他杂物才能以旧换新。

2. 铂金（Pt950）竹节链

因为竹节链的节里面是空心的，在以旧换新的过程之中，我们要看一看节里面有无其他杂物填塞在里面，另外还要考虑一下竹节链是手工链，焊接的焊点多，从而整条的成色低，在计算工费时要多收一点，避免造成损失。

3. 铂金（Pt950）空心链

所谓空心链，其中间是空心的，就可以填塞其他金属，在收的过程中一是要注意估计这条项链的重量，二是要查看空的部分确认无其他杂物方能以旧换新。另外，空心链大部分也是手工焊接的，焊点越多，其成色越低，反之越高。但总的说也比其他项链低，在以旧换新的业务之中要注意加工费适当多收一些。

第四节
钯白金首饰

元素符号：Pd

原 子 数：46

相对原子量：106.4

硬　　度：4 ~ 4.8

比　　重：12g/cm³

颜　　色：银白色

光　　泽：金属光泽

熔　　点：1555℃

沸　　点：3127℃

在20世纪90年代，钯白金比铂金贵，更比黄金贵。钯白金在地球上的储存量比铂金少，是一种高雅、稀有的贵金属。在国际上也是流通和保值的贵金属之一。

什么是钯金

钯金（palladium）：元素符号Pd，是铂族元素之一，早在1803年由英国化学与物理学家沃拉斯顿在分离铂金矿石时一次偶然机会发现了钯金，经过测试鉴定钯金与铂金的物理化学性质很相似，并且在空气中还不会氧化和失去光泽，是一种难得的、稀有的贵金属。钯金是铂族元素家族成员之一，铂系金属包括钌、铑、钯、铂等，他们多数价值都比较贵，是贵金属中典型的"贵族之家"。

钯金的物理特性

钯金（Pd）轻于铂金，是铂金重量（比重）的一半，钯金延展性强，可以打成极薄的薄片，拉成极细的细丝而不断，比铂稍硬，在常温下不易氧化和不褪颜色，当温度达到400℃左右时表面会产生氧化物变成黑色，但温度上升至900℃时又恢复光泽，钯白金和铂金一样都是贵金属，在国际首饰行业中同样受人们的喜爱，钯金外观与铂金非常相似，常温下也基本具备铂金的一般物理性质。

钯金的化学性质

化学性质较稳定。钯白金不溶于有机酸(汗液)，也不溶于冷硫酸或盐酸。但是溶于"王水"和硝酸，高温时能与氧和酸发生化学反应，钯金的化合物在加热后会产生化学反应，并分解还原成金属钯。

钯金的稀有性

在矿物分类中，钯金在地壳中的含量约为一亿分之一。钯金族元素属自然铂亚族，包括铑、钯、铂等自然元素矿物，它们彼此之间广泛存在类质同象置换现象。从而形成一系列类质同象混合晶体。主要由自然矿物铂族元素矿产中提炼出来，铂族元素矿产中提炼出来的金属不但有钯白金，还有铑金、铂金等贵金属。

五

钯金的主产地

钯金是世界上最稀有的贵金属之一，目前世界上只有南非和俄罗斯等少数国家出产。每年总产量不到黄金的5%，比铂金更稀有。当前虽然国际钯白金价格比铂金便宜很多，但在历史上国际钯白金价格曾经高于铂金，价格约300元/克（2001年11月6日国际钯金价格更是曾高达1094美元/盎司）。在国际贵金属现货、期货交易行情中有黄金、铂金、钯白金、银4大交易品种。

六

钯金的特点

钯金具有矿物的稀有性和贵金属的特点，在提纯过程中可提到几乎没有杂质、纯度极高的单金属，钯金的纯净还十分适合肌肤，因为与其他含有杂质的金属不同，钯金不会造成过敏反应。国外加工钯白金作为首饰和装饰艺术品，并且逐渐形成时尚潮流。近年来，非常流行使用银白色贵金属镶嵌珠宝首饰。在商场上，这些贵金属的名称常令人无所适从。

七

钯金和铂金、白金、K白金的区别

在中国，自金银首饰盛行以来，用铂金、K白金称呼这些白色金属。其实这种说法经常造成误导和混淆，我们必须根据化学周期表上的元素命名来做解释，才能得到一个合理的称呼。

1. 白色的金饰品

市场上所谓的白金，其实是白色金属的统称，只要是白色的金属做出来的饰品都可称白金。有黄金、铂金、钯金、银的合金。还有不含金的其他金属的合金，有不含金的电镀金的白色金属，其目的是保持首饰不失去光泽。消费者购买时一定要分清楚。

2. K金（白黄金）

K金是以黄金为主，银和铜为配料的一种白色合金的总称。其中包括1K至24K的黄金，K金前方的数据代表着黄金的含量，早期以226（金6成、钯2成、合铜2成）来代表含纯金600/1000的白色金，也就是俗称"有料"，意指含金之银白色金属。

3. 铂金（Pt）

铂金元素符号是Pt，银灰白色，纯铂比较柔软，加入钌、铑、钯等金属会增加其硬度，南非印第安人早在15世纪前就制作铂金首饰，欧洲人于19世纪中叶以后才开始采用，目前日本为铂的最大消费国。

4. 铂合金（K铂金）

指铂与其他金属混合而成的合金，如与钯、铑、钇、银、铂、汞、铜等。尽管铂硬度比金高，但作为镶嵌之用尚嫌不足，必须与其他金属合成合金，方能用来制作首饰。首饰业使用铂、钌合金和铂、铱合金较多，在日本用铂（85%）钯合金制造链条；国际上铂金饰的戳记是Pt950、Pt900，表示铂的纯度是95%、90%。在日本铂金饰品的规格标示有Pt1000、Pt950、Pt900、Pt850等等。

5. 钯合金（K钯金）

指钯金与其他金属混合而成的合金，目前市场上常见黄金、钯金、K金、铂金、钯金制成合金首饰较多。钯比铂便宜，首饰业界拿来作有偿使用，有时掺入一些钌金来增加其硬度。

八

钯金的选购指南

　　钯白金饰品的戳记是Pd或Palladium的字母，以纯度之千分数字代表之，如钯白金饰品的标识Pd1000表示含钯金的纯度是100%；Pd950表示含钯金的纯度是95%；Pd900表示含钯金的纯度是90%；Pd850表示含钯金的纯度是85%。选购时应加以注意。

元素符号：Ag

原子序号：47

分 子 量：107.868

比　　重：10.5g/cm³

摩氏硬度：2.7

原　　色：白色

熔　　点：960.8℃

沸　　点：2212℃

导 电 性：59

光　　泽：银白色

物理性质

第五节 银首饰

　　白银(Ag)是与黄金齐名的贵金属之一，纯银色泽洁白，质地细腻光润，性质柔软，用铁钉或坚硬物体都能在银的表面划出明显的痕迹。

　　银是电的最佳导体，也是导热较好的金属之一，银具有很好的延展性，易加工成形，可拉成非常细的丝而不断，打成很薄很薄的薄片而不破。

化学性质

　　银的化学性质很不稳定，很容易和空气中的硫化物发生化学反应生成硫化银而变成黑色。也容易与酸类物质产生化学反应而变黑，民间有句口头语："不会黑的银饰品就不是银饰品。"讲的也就是这个道理。

消毒作用

银除了用来做首饰、货币以外，还有消毒作用，银离子是一种极强的杀菌离子，用银制成银器装水，水质可保持数月不变，科学工作者通过多次实验证明，每千克水里只要有5亿分之一的银离子，就可以杀灭水中的病菌。

银元的真假鉴别方法

1. 听音法

用两个指尖轻轻捏住银元的中心，用另一枚银元撞击这枚银元的边缘，真银元就会发出清脆的长音。或用力向银元的边缘吹一口气，把银元放在耳边听声音，真银元同样会发出清脆的（嗡嗡……）的长音。如果声音发尖或短促说明是含铜多或假银元；没有声音的是假银元。

2. 称重法

一般来说，每枚银元的标准重量是26.5克，凡重量低于26.5克者，便不能算作合格的银元。有些银元的重量明显不足，且图案模糊，边缘较薄，颜色发白，通常是用硝酸或硫酸将表面白银蚀去一层而造成的，俗称"洗板"。还有的银元被锉去周围的一圈，而后又锉出齿纹，重量可比正常银元轻1~2克。其特点是周边齿纹深浅不一，版面较正常银元小，俗称"小版"。还有的银元经过"夹馅"，外皮为银皮而内部为铅或锡，或者被"挖补"，即挖去一部分版面后，用铜或铅补填并镀银。上述假银元一般通过听音和称重都可识别。

有很多的假银元是仿造的银元，俗称"私版银元"，它们在外观与重量上与标准银元极为相似，例如民国九年、十年的袁头私版、孙头私版、孙船私版、北洋造光绪元宝私版，英国人私版等。虽然种类不少，大多数都是为了减少银元的含银量，牟取暴利而采取多种形式。

3. 成色鉴别法

将银元放在试金石上磨出一些银的粉末，在银的粉末上滴几滴1∶1稀硝酸，再滴几滴1/10的盐水，如果银元中含有铜或其他杂质，将会被硝酸盐溶解，如银元中含有银的成分，就会留下乳白的液体。如银的成色低于50%，留下绿色乳白浆较少，成色在70%以上时，乳白浆液较多，绿色减少；成色高于90%时，乳白浆特别多，而且有极淡的隐绿色；如成色高于95%，则乳白浆不仅多，而且还会由最初的乳白色转为糙米色。

怎样鉴别银首饰和银首饰的成色？

银首饰的含量主要靠银饰品上的印记来鉴别。一般是Ag925表示银首饰的含银量为92.5%，如Ag800表示含银量为80%的银首饰，有人也叫"九成银"或"八成银"。

银首饰分为纯银首饰、足银首饰、银首饰三种。纯银首饰，含银量为99.99%，纯度较高，含其他杂质少，色泽为银白色、细腻光润，反光性很好，质地较软，深受人们喜爱，一般是原料银锭的标准银。足银一般含银量为90%以上，主要用于各类首饰饰品；银首饰一般含银量为70%~80%以上，是以白银为主的银合金材料。由于在银中加入了铜、铝等材料，可使制作的首饰呈现多种多样的形态。

银首饰的鉴别方法有：

1. 辨色法

用眼力识别其真假及成色。假的银首饰色泽差，且不光洁，成色低的色微黄或灰，不精致，成色高的细腻、光亮、洁白。一般说来，含银量为85%的银首饰呈微红色；75%的为红黄色；60%的呈红色；50%的呈黑色。在银中加入白铜后，当材料的含银量为80%时呈灰白色；含银量降至70%则呈灰色；含银量降至50%以下为黑灰色。若银中加入黄铜，则含银量越低，首饰的颜色越黄。

2. 弯折法

用双手弯折，成色高的较软，易弯不易断；质量次的，如铅或铝合金的假冒品，或勉强折动，有的几乎不能弯折；包银的经弯折或用锤子敲几下会裂开；假的就经不起弯折，极易断。

3. 硝酸鉴别法

用玻璃棒将硝酸滴到银首饰锉口处，成色高的，呈糙米色、隐绿或微绿；成色低的，呈深绿，甚至黑色，无沫或锉口处有沫。

4. 弹性法

真的或成色高的量重，抛在台板上，跳不高，有"噗嗒"之声；假的或成色低的则量轻，抛在台板上，声音轻亮，这种方法只在一定程度上起作用。

银首饰因材料便宜，故很多为纯银（纹银），色银的成色最高达九成以上，一般也可分为五成至八成，四成以下很少见，因而鉴别银首饰主要是指鉴别其真伪，很少需要仔细鉴别它的含银量的多少。

5. 银含量双向计算法

设：X 表示银的含量　　　　D_1：银的比重

　　　Y 表示铜的含量　　　　D_2：铜的比重

　　　Z 表示未知银的比重

未知银的比重（Z）$= \dfrac{D_1X + D_2Y}{X+Y}$

例如：测得未知银的比重为10.447；求银的含量是多少？

　　　X 表示银的含量　　　　D_1 银的比重为10.5

　　　Y 表示铜的含量　　　　D_2 铜的比重8.92

　　　Z 表示未知银的比重10.447

$10.447 = \dfrac{10.5X + 8.92Y}{X+Y}$

$10.5X + 8.92Y = 10.447(X+Y)$

$10.5X + 8.92Y = 10.447X + 10.447Y$

$10.5X - 10.447X = 10.447Y - 8.92Y$

$0.053X = 1.527Y$

$Y = 0.0347X$

因为：银＋铜 ＝ 100

$X＋Y ＝ 1.0347$

银的含量 ＝ $\dfrac{100}{1.0347}$ ＝ 96.46%

答：银的含量是96.46%。

怎样保养白银首饰

银饰品在中国首饰业中的应用是比较早的，特别是少数民族非常喜爱，并有"披金戴银"的说法，白银首饰化学性质很不稳定，容易发黑，因而更需要加强保养。

1. 银饰品为什么会变黑

银是一种较活泼金属，很容易与空气中的硫化物发生化学反应，使银首饰品表面产生一层黑色的硫化（硫化银）黑膜，从而影响美观。银首饰中常含有锌、锡等非银材料，也很容易变色。

另外，银首饰应尽可能地少与香气、臭气接触，强碱、皮蛋、臭豆腐、溴化物、碘化物、硫化物、硫磺药皂等直接接触。因为这些物质都会与银饰品发生化学反应，使银饰品变黑，从而影响饰品的光泽。

2. 银饰品变黑后的处理办法

（1）用软毛布沾一点去污粉或挤一点牙膏在软毛布上，在发黑的银饰品上来回擦，一直擦到发亮，用清水洗干净后，再用干净毛巾擦干为止。

（2）用发面用的小苏打（碳酸氢钠）三至五片，放在一个小酒盅内，待化开后，将银首饰放在小酒盅内浸泡擦洗，一直擦到发亮后，用清水洗干净，再用干净毛巾擦干为止。

（3）也可用皂果树的皂果，也是生物碱的皂皮，砸碎瓤，用开水冲泡，等产生泡沫后，把银首饰浸泡擦洗，一直擦到发亮后，用清水洗干净，再用干净毛巾擦干为止。

（4）用中药中的桔梗、用开水冲泡，等产生泡沫后，把银首饰浸泡擦洗，一直擦到发亮后，用清水洗干净，再用干净毛巾擦干为止。

（5）用50%草酸溶液浸泡银首饰，用布一直擦到发亮后，用清水洗干净，再用干净毛巾擦干为止。

（6）把发黑的银首饰放在碳酸钠溶液中，在溶液中再放几块碎铝片，一起加热，一直到银饰品表面的黑色变亮，用清水洗干净后，再用干净毛巾擦干为止。

反应过程是铝和碳酸钠溶液发生化学反应，生成氢气，氢气使硫化银又产生还原反应置换出金属银。

（7）用1%的热肥皂水溶液擦洗后，用清水洗干净，再用干净毛巾擦干为止。

（8）要使银首饰发亮，也可用去污粉擦洗，用清水洗干净，再用干净毛巾擦干为止。

（9）发黑不严重的银饰品，也可用牙膏或牙膏粉擦拭清洗后，用清水洗干净，再用干净毛巾擦干为止，这种方法既方便又行之有效。

3. 银首饰受潮产生斑迹的处理

银首饰在受潮后会产生很多斑迹，把食醋加热，用布蘸取而擦去，然后用清水洗干净就行了。

4. 怎样保护新买的银首饰

在新买的银首饰的表面涂上一层指甲油，这样可隔绝空气中的氧，对保护银饰品的光泽，防止氧化都有好处。

银首饰长期佩戴后都会出现失去光泽发黑现象，这是正常现象。最好是注意保养，经常清洗，尽可能地把银首饰污垢和氧化层擦洗掉。

注意不要与不认识的人买银元

在1996年3月的一天中午，有一男士到公司来鉴定银元，他说，他遇到一名女士称前几天她家人故去，在挖坟时挖到一个瓦罐，罐内盛满银元，他说是她家祖上遗藏之物，经讨价还价，他以5元钱一枚购买得200枚银元。

按当时的市场价计算（每枚售价为20元），他所购的200枚银元总价应为4000元，获利3000元，但是，他心中对这些银元的真假实在是有些拿不准，便拿到我们公司鉴定一下。

经过我们鉴定，告知他所购的银元都是假的，他才恍然大悟知道上当，我们告诉他如果按当时市场的废金属收购价计算，他所购的200枚假银元真实价格一共值人民币20元，他才悔之晚矣。

第六节 黄金案例分析

· 案例一 ·
怎样理解成本和工费

一天上午，一位熟人打了一个电话给我，他爱人要到我公司来买一条项链。我告诉营业员，批发价卖给她。

到了下午，她来到我办公室，很生气地跟我说："你每克赚了我12元钱。"搞得我很尴尬，我说："那是加工费。"女顾客还坚持认为加工费和赚的钱是一个意思，只是说法不同。我告诉她加工费是生产厂的工费，这些费用都是必须要支付的，我们公司并没赚到这部分钱。最后她才恍然大悟，是啊，实际上我们并没有赚到钱。

· 案例二 ·
90多克黄金手链在手中不翼而飞

一天中午，有两男两女来店内金柜说要买一条手链，经过反复挑选后，确定要一条90多克的男式手链，他叫服务员拿盒子装好，然后去交钱。

售货员把手链拿出来，他把手链装在手链盒里，把盒盖好，让售货员收好，他去交钱。我们售货员就用手一直压着手链盒在柜台的玻璃上没有打开，等着男子交完款后取手链。

过了很久，这男子一直没有拿单来取货，售货员打开手链盒一看，里面空空的，手链不见了，那男子早就逃之夭夭，哪里还找得到他的踪影。

这样，90多克黄金手链不翼而飞了。事后仔细一想，就在他把手链放进盒里的一瞬间，早把手链偷到手里，然后把空盒盖好还给售货员。社会上的骗术很多，但是他们说话和动作是漏洞百出的，只要遵守销售规定，静心检查，还是能避免的。

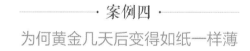

案例三

为什么黄金会变成白色呢？

一天，一位医务工作者匆匆来公司找到售货员说在公司买了一条项链，这条项链和链坠有一段变成白色，怀疑黄金有问题。业务员也不知道怎样处理，只好把她带到我办公室里。

我一看，真是项链上一段白一段黄，清楚可见，坠子上点点白斑也很分明，我当时想，这是水银和黄金的反应，怎么会出现在脖子上呢？

我问她："您现在用什么化妆品？"她说她从未用过化妆品。我接着问她的工作，她很不高兴地告诉我说她是一位医务工作者，我明白了，一定是水银抹上去的。

她原来怕我们不给她解决问题，我认真给她讲解了有关售后服务的承诺，她才毫无顾虑地说明了原因。原来是前一天，她给儿子洗衣服，由于她儿子把体温计放入衣袋里玩，不小心把体温计搞断了，水银流在衣服的袋子里，在洗衣服的过程中，这位顾客手上沾满了水银，由于夏天天热，用手擦了几次汗，水银也就粘到了脖子上。

我认真地听完后，当时做了一下实验，并将她的项链和坠子处理完好交给她，这时她才面带笑容满意而归。

案例四

为何黄金几天后变得如纸一样薄

春节期间，两位年纪约五十岁的中年妇女，说初一买的一枚纯金戒指，初三在接头处就薄如纸了，又吵又闹，一个喜庆的日子一早就被她们给闹霉了。

售货员左右解释她们就是不听，最后只好把我叫去。我到现场一看，的确，那枚戒指被磨得要断了。

　　我对她俩说："您是干什么工作的？"她俩说是做豆腐的，我一下明白了许多，就问她俩，在洗陶盆时戒指是否取下来了？她们说没取下来。这时我才认真给她们讲金是软的，那陶盆像磨刀石一样，洗陶盆时就像在磨刀一样磨，不要说是金的，就是不锈钢，也要被磨完。我还和她们开玩笑说："你们的豆腐里也不知含了多少金子，卖给顾客吃进肚子里去了。"

　　我把她们带到加工部，帮她俩重新打好了戒指尾部，让她俩高兴而归。

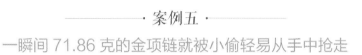

· 案例五 ·
一瞬间 71.86 克的金项链就被小偷轻易从手中抢走

　　一个傍晚，金柜发生盗抢案，被抢项链重达71.86克，根据营业员当时的回忆：那天晚上有一名年龄约27～28岁的年轻男子，来到黄金柜台前，他用手敲敲柜台，营业员由于不明白他的意思，便告诉他黄金售价，那年轻男子用手指着那条重达71.86克的金项链说，可以拿出来看一下吗？营业员说可以的，营业员一般要看一下饰品重量，为了保证安全，要求别的营业员站到柜台外面做一些保卫工作。

　　就在营业员把柜台门打开，把项链拿出来的一瞬间，另外一名营业员走出柜台，那年轻男子突然从营业员手中抢过项链就往外跑，另外的营业员也同时追了出去，黄金柜的营业员也边喊边追了出去，二楼的保安听到喊声也立即追了出去。他们一直追到一个三岔路口，那男子跑进了一个岔路，营业员和保安分两头去堵，等他们汇合的时候，抢金项链男子早跑得无影无踪了，他们四处打听毫无收获，最后报了案。

　　假如说，营业员慢点拿出来，或者，等另外的营业员过来后再拿出来，事情又会怎样呢？再如果，营业员稍微拿紧些或用手勾住项链的一头，事情又会怎样呢？

· 案例六 ·
药柜吵架，金柜 62.47 克的金项链不翼而飞

　　一个中午，金柜重达62.47克的金项链不翼而飞，而营业员还一点都不知道，其他营业员发现放金项链的盘空了，问金柜营业员，翻一翻没销售单，才发现项链丢失，这真

是值得营业员深思的。

这天中午，有一男一女到黄金柜隔壁的药柜前大声吵闹，女的说前两天在药柜买的保健药品吃了一点效果都没有，要求药柜退货及赔偿，男的还把自己身上的一叠百元大钞砸在药柜的柜台上，说自己不缺那点钱。他们的真实目的是吸引营业员们的注意，达到声东击西，调虎离山之效。

当药柜吵得不可开交的同时，又有二男一女来到黄金柜台前，他们先看戒指又看耳环，接着又看套链，并且要求拿出一条33.43克的项链来看，并试戴在自己的脖子上，说："是不是太长了？"并拿出一条他的项链来说："能不能以旧换新？"当营业员告诉他说能换时，他又说："帮我称一称有多重。"等等。

他接着问："这条项链太长了可以改短一些吗？"营业员告诉他："可以改短且不收工费。"他接着说："上次在你们这里买的手链和项链都断啦。"就这样来去说话，反反复复试戴，最后取下脖子上的这条项链说："太贵了，再看看。"营业员把项链放入柜中，他们就走了，在隔壁药柜吵闹的人也先后走了。

过了一会儿，营业员才发现项链盘内最边上的62.47克金项链不翼而飞了，而金柜的营业员还说："你不要吓唬我，估计是上一个班的人已经卖啦。"经过两个班的人检查，才确定是丢失了。

经过调查，才知道这是一起典型的分工细致、计划周密、有目的、有步骤的团伙盗窃案件，营业员上当了。

·案例七·
三个印度人的偷金术

很多人都认为，留学生素质很高，很少怀疑他们是小偷。所以，往往放松了对他们的防范，致使这些国际盗贼屡屡得手。

某天，有三个印度人，一男二女，年龄大约25岁，他们来到黄金柜台前，问营业员说："黄金卖多少钱一克？"营业员告诉他们价格，他们又说："如果买得多呢？"营业员又告诉他："每克少3元。"问来问去，然后说："把货拿来看看。"营业员便按照他们的要求，拿了一条黄金项链给他们看，他们看了一下这条，接着又要看下一条，不断地叫营业员一下拿这条，一下拿那条，把营业员都折腾烦了，营业员也不知道要拿哪一条他们才满意，以至于不知不觉地把整盘黄金项链抬出来给他们自己挑选。

就这样挑来挑去，过了一段时间他们说："就要这些，我们去取钱，一小时后来拿。"营业员说："好的。"这时那几个外国人走了，营业员把他们挑选好的饰品整理在盘的一边，把他们翻乱的金项链整理在盘的另外一边，这时才发觉项链不见了4条。

这才怀疑他们是一伙外国盗贼。但是，他们早已逃之夭夭。

·案例八·
金戒指没买走，18.045克的金戒指不翼而飞

某天，两个30多岁的男子，一个到项链柜，另一个到戒指柜，营业员分别按他们的要求打开柜台接待他们。

戒指柜前的一个男子，用手指着面前的一个男戒，要求拿出来看一看，当营业员打开正面柜台的门时，他又把手指向旁边的另一个戒指盘要求看另一个金戒指，这时，营业员不想再开隔壁的柜台门，就伸手过去拿出来给他看。

当营业员伸手过去拿的同时，胳膊挡住视线，这个男子突然大声问营业员铂金在哪里卖，几乎在同一时间，由于戒指柜的门没关，戒指柜台前的另外一个男子从柜台外面把罪恶贼手伸进柜台，把最大男戒连底座一同偷去。

他们走了之后，营业员才发觉戒指盘的边上少了一颗金戒指，经过盘查，才发觉被盗，两个男子作案大约用了二十分钟，便先后离开。

这件案例告诫我们，这虽然是一次有目的、有预谋、有组织的团伙盗窃，但是我们的销售也存在极大的安全隐患，一是营业员上了一天的班，疲倦、警惕性不高；二是违反销售规定给罪犯可乘之机。

─────── · 案例九 · ───────
我看好你钱包，还怕你偷金吗？

事情发生在某月中旬的一个上午。营业员一到店里就忙着整理柜台，打扫卫生。到了10点钟左右，刚送走两位顾客，又来了一位30岁左右的男顾客，看他那身西服和名牌的皮尔卡丹皮鞋是那样气派，特别是那装钱的卡丹路包更是鼓得连拉链都要撑开，显然是个财大气粗的大老板。

他一到柜台前，就要看黄金手链，要最大、最重的，看翡翠手镯同样要看价格最高的。两名营业员心里乐滋滋的，忙前忙后地招呼这位大客户。他把装满钱的卡丹路包放在柜台上，挑选了一条40克的大手链拿在手里说："就要这条吧！"又去手镯柜挑选了标价约为8万元的两只手镯，并把两只手镯拿在了手里。两名营业员高兴极了，今天又是一个收获的好日子。

他说开单吧，一名营业员开单，另一名营业员站在他身边看着他手里的三件货物。他对看着他的那位营业员说："哎呀，口太渴了，你能给我倒杯水吗？"这位营业员警惕性还是高的，忙对开单的营业员说："你看好货，我去给他倒水。"开单的营业员说："好的，你去吧！"

这位开单的营业员边开单边看着货物和这位顾客。此时，顾客的手机响了起来，这位顾客边接电话边说："这信号不好。"同时大声说"听不见！"一边说，一边往外走。

这位开单的营业员心想，你拿着货物也不怕，你的钱包还在柜台上，还怕你偷了不成。等倒茶水的营业员回来时，问开单的营业员，那顾客和货物呢？她说他接到电话信号不好外面打电话去了，我看好他的钱包，难道还怕他偷了吗？倒水的营业员急忙出去找那位顾客，哪里还有他的踪迹。

当他回到柜台把那夹包打开一看，两人才傻了眼，那卡丹路的夹包里是一打打的手纸。这人与货物也如同石沉大海。

·案例十·

夜班车上盗贼

某月的一个夜晚，一个部门经理乘坐高快夜班车从丽江到昆明。当车开到楚雄隧道的时候，她闻到一股清香味，自己感觉特别困倦，慢慢地睡着了。就在这时，坐在她后边操着外地口音的两个40多岁的中年男子，在隧道口强行要求下了车。

这时，高快夜班车的驾驶员开亮灯大声叫："你们看看自己的东西，有人下车了。"部门经理才慢慢地醒来，一看自己的包被小偷翻过，发觉自己携带的505.221克黄金旧料被一盗而空，更可恶的是用信伪装的5700多元现金也被小偷发现，还把信封放回包里，一部旧手机依然还在。她被这突发事件吓呆了。值得注意的是，携带贵重物品不应该乘坐夜班车，当发现东西被偷了之后，当事人应要求驾驶员把车开到公安机关及时报案。

·案例十一·

69.121克的铂金项链又突然消失了

某年的一天晚上，一条重69.121克的铂金项链在销售时不慎被偷窃。事发当时，是一对夫妇在选购铂金吊坠，成交时，走进两位身穿运动服的年轻人，一位站在夫妇的左边，另一位则站在右边，右边那位急于要看坠子，左边这位急于看铂金项链，在打开柜门给右边这位男子看时，左边那位男子趁无人防备时将项链盗走，事发当时，此人还买了一条手机链，便付钱匆匆离去。

奇怪的是，事发当时营业员未能及时察觉。到第二天早上，上班摆货上柜时，营业员点货才发现货品遗失，仔细回看了商场的监控才发现被盗。总结：1.加强对员工的安全事故培训，提高员工的警惕，加强员工的防备心。2.加强员工的专业知识、销售技巧培训。3.加强员工的纪律、服务培训，提高员工素质。4.严格要求自己，以身作则，做个尽职尽责的人。

———————— · 案例十二 · ————————

监守自盗 23.249 克黄金

某年9月，公司一枚重23.249克的黄金戒指不翼而飞了，搞得人心惶惶，相互猜忌，一时间造成人人自危的局面。

事情的经过是这样的，营业员前晚将货收好，第二天早上摆货时发现戒指丢失。从监控录像上看，下午没有顾客到过黄金柜，也未曾拿出过任何货品，无疑出自内盗。

谁那么大胆把戒指偷了呢？经过刑警大队长的判断和人员的进一步排除，最终把视线落到了四个营业员身上。

大队长对她们分别问询后，又排除了两人，剩下的两个营业员中有一个必是盗戒指的人。开始大队长把她们叫去说："如果你们还能认识错误，那么，本着惩前毖后、治病救人的方针，给你一个改过自新、重新做人的机会。如果还执迷不悟，那么我们明天只好戴着手铐来带人了，可不要后悔啊！"大队长并答应她们如果想通了给大队长打电话，而且一定为她们保密。

结果，晚上有一名员工给大队长打电话，说她是一时糊涂，知道自己错了，愿把戒指还回公司，请刑警大队长一定要给她保密。

第二天中午，她发了一个信息给公司的部门经理，说她用一个蓝色的塑料袋把戒指包好埋在百货大楼的后面第二棵树下面。我们派出四位营业员分头寻找并最终找到了这枚丢失的戒指，案件成功破获。

———————— · 案例十三 · ————————

100.52 克金条是怎样丢失的

某年的10月份，100克的金条不翼而飞了，至今还是一个谜。事情的经过是这样的，头一天在收货的时候是李××当班，到了第二天清早上货、点货时，韩××发现装有100克金条的盒子里空空的。追问下，李××也不知道究竟发生了什么事。

因为营业员是流动的，当天到过金柜的营业员较多，其中包括部门副经理。大家就以此为理由，都推脱责任。100克的金条就这样不翼而飞了。

部门经理向派出所报了案，公安刑警队估计是内盗的可能性很大。是谁盗走的呢？问题出在管理上。负责该柜的人不负责任，责权不明确；交接班不正规，不按制度办事。

──────── · 案例十四 · ────────
5.953 克黄金是怎样盘亏的

某年的11月，黄金柜长在一开始就接收黄金并由他开始分称。等我上班时，营业员告诉我，我们的黄金标签上的重量和实际的重量不吻合。我一听这话，感到非常吃惊，这不是坑害消费者、毁牌子的事吗？先撤掉黄金柜长，黄金柜的饰品全部复秤。

经过对黄金柜的饰品全部复秤后，发现9件饰品的总重量和标签上的总重量相差5.953克。怎么会少了近6克的黄金？我把这个柜长叫到我办公室问他，是怎么一回事。他说这些黄金全部都是他称的，标签也是他写的。我问有人帮他的忙吗？也没有。他表示要负全部责任，这件事说明公司的管理太差了，监督机制不健全。这个管理上的问题成为公司一大漏洞。

──────── · 案例十五 · ────────
139.581 克旧黄金饰品锁在保险柜不翼而飞

某天，黄金柜发生了一件奇怪的事。在月底清理旧料的时候，发现在三个旧料袋子中，每个袋子中都少了一些旧金饰品。这些以旧换新的旧金饰品，怎么会在层层保险柜中不翼而飞了呢？

事情的经过是这样的，保管旧金饰品的负责人是该金柜的柜长，此前也是公司的一个部门经理。公司认为该员工的工作能力也是比较强的，调到黄金柜当柜长。

由于准备的时间较长，该柜长从换货到旧黄金的收取，都是她一人经手。以旧换新的旧饰品锁在一个只有柜长才有钥匙的小保险箱里，然后再放在装黄金的保险柜里，应该说是绝对安全的，那么，是怎么会丢失的呢？

原来这个柜长把保险箱的钥匙和外面的大保险柜的钥匙拴在一起，当上班的时候，把柜台的黄金抬到柜台上后，就把大保险柜的钥匙和小保险箱的钥匙一起插在大保险柜的门上。因规定营业员不准在柜台上吃饭，他们便关上外门坐在保险柜里吃饭。而保险箱也在保险柜里，这样锁保险箱的钥匙形同虚设。在里面吃过饭的人，应该都是嫌疑人员，这样案件也就发生了。

由此案件检查了一下其他柜的保险箱的钥匙，结果，其他柜台长都把保险箱的钥匙放得很安全。这件事的发生，说明其本人太大意，本不应该发生的事在她身上发生了，怪谁呢？后来人引以为戒吧。

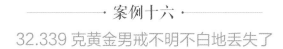

·案例十六·
32.339 克黄金男戒不明不白地丢失了

某年10月，一个40多岁的中年男子来到金柜前，用手指着重32.339克的一枚男戒，叫营业员拿给他看，他看后并叫营业员算了算价，然后，也没还价，也没买就走了。当时，营业员也没在意。

等到中午3点早班下班，上晚班的营业员在交接货物时，在清点中才发现少了一枚戒指。经过查对，少了的这枚戒指就是那位中年男子看过的那枚。问接待过那中年男子的营业员，看货后有收回来没有，营业员说，的确是看后就放回柜台里面了。就这样，这枚戒指不明不白地丢失了。

后来，经过大家分析，也许这位中年男子在看过那枚戒指后，就没有还给我们的营业员，很有可能那个中年男子就是一个小偷。

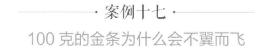

·案例十七·
100 克的金条为什么会不翼而飞

某天中午，顾客很少，大家都站在各自的柜台。下午进来两名中年男子到铂金柜看一条男款项链，又提出要看看金条，营业员就收起铂金项链。两名男子径直向黄金柜走去。当时柜台里摆的有200克和100克的金条，营业员拿出200克地想了一下，反正金条都是一样的款式，还没到顾客手里，就放了回去，拿出100克的给他们看，他们看后说要送人，可不可以把盒子一起拿给他们看，营业员拿出盒子。营业员也看着金条是在盒子里面，看着他们关起盒子递给了营业员，然后他接着说要看旁边的项链。

当时营业员疏忽了再打开盒子把金条放回柜台里，而是把盒子放到柜子里关上门就又接着拿项链给他们看，他们说再一起看个戒指，接着又拿戒指给他们看，看后他们说就要这两样，让营业员开单。

营业员开单时，一名男子对另外一名男子说他去取钱，就出去了。过了约5秒钟，站在柜台外的男子说忘了告诉他密码，就给了营业员100块钱说："钱我押在这里，我去告诉他密码。"营业员想他就追出去说一下密码，应该不会有什么事，就继续开单。另外一个营业员还问，金条有没有收好？当时营业员想着金条在盒子里又放在柜台里锁了起来，就说收好了。

当时营业员还想其实也不必给我100元钱，取钱去了不怕。但想着还是再看下，跑去看装金条的盒子，打开盒子后发现金条不见了，而两名男子也不知去向。

·案例十八·
73.492 克黄金以旧换新上当受骗

一位顾客在黄金柜以旧换新，很快就选中她要的东西，在我给这位顾客讲解一些注意事项，比如清洗维修、以后以旧换新如何收费时，旁边有另一个女的一直在听我讲话，等我给顾客换好饰品时，她马上问我以旧换新要如何换，我给她做了详细的回答后，她从挎包里拿出一条旧"黄金"项链，说要以旧换新。我接过项链一看，黄灿灿的，手感很重，一称有73.492克。我对她说："我要烧一下这条项链看看成色如何。"她说会烧少掉吗？我说不会，一般只有沾上太多油污烧过后重量才会少一点，她说："那你烧嘛。"我在烧的过程中感觉有些不容易烧红，我以为是油不够，加油后又烧，烧得通红通红的，冷却后颜色更黄了，拿起项链正在检查时，那位顾客说："我有发票，2000年在广东买的。"我接过来一看，是张三联式的正规发票，上面的重量和我称的重量误差了3克多，她说是因为扣子断了去重新加工，还被别人偷了几克金，其他地方都没加工过，由于之前我已经烧了2次，现在她又有正规发票，我就没有过多的怀疑，对她说："这条项链没问题，你换吗？"

在挑选的过程中，她还问我："如果我只选一条项链，剩余的金能退钱吗？"我回答说："不退钱，你需要多少克的饰品给我相等的黄金就好了，剩余的退给你，或者你选够你的克重，多余的补差。"

于是，她什么也没再说，挑了5件千足金饰品，整个过程不过20分钟。然后付了加工费1102元，补差475元，共1577元，连首饰盒也不要就走了。

下午4点左右，我们几个在黄金柜理单子，他们看见我收的那条大项链，说："还没熔呢，熔一点看看，应该不错的。"结果熔后才发现，冷却后全部呈白色，一点金都没有，才知上当了。

经过仔细查看此条项链，我才发现全是手工做的，并且还有一个疑点，里面假的东西经不起高温，出现在外面的小圆珠不是焊粉，和熔后出现的白色东西一样，假的终归是假的。

（1）不要相信别人的发票和"没有加工过"之类的话，要相信自己的判断；

（2）黄金大项链一定要熔，至少过一小截熔一点，过一小截再熔；

（3）不要太相信自己的经验，有时它会误导你；

（4）面对顾客，他们有的是顾客，有的是骗子，需要你高度警惕。

心中要多存一点疑，并且要证实它不是疑。希望大家能吸取点经验。

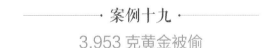

· 案例十九 ·
3.953 克黄金被偷

某年3月，我在入库时因为想尽快把货品上柜，所以在每称完一个单品后，就让同事帮忙上柜，当天上午我和李××在称完Pt990项链后，我把其中两条克数相对较大的项链装在了一个自封袋中。李××发现后就让我分开装，我说反正等会就要上柜了，就不分开了。后来就继续称其他的货，在称Pt990吊坠的同时，我叫刘××帮忙上货，当我把Pt990项链点给刘××时，我俩都只点了袋子的数量，都没有注意看袋子里面是否有两条项链，点货交给刘××后，我就没再点库存，而因为当时有顾客来看货，刘××就把项链交给孔××上柜，她去接待顾客。直至第二日盘点时，才发现其中Pt990项链（3.953克）不见了，库存里也没有两条项链同时装在一个袋子里的，就因为我的这些疏忽，导致Pt990项链（3.953克）丢失。

──────── · 案例二十 · ────────

蒙自店千足金被盗事件

某日，当营业员点完黄金货品确认无误以后，锁好保险柜打扫完卫生，等待安防人员来，确保柜台已经全部锁好。10点左右我们员工和商场员工一起集队下班离开商场。

第二日，早班员工进入黄金柜，发现有装千足金的保险柜被撬开，摆盘散在地上，只剩两盘千足金耳钉留在保险柜内，其他货品全部被盗走。在场员工及时保护现场，早班员工打电话通知部门经理马××，然后打110报警，随后通知管理人员到现场。公安人员到达现场进行调查，管理人员及公安人员随后一同去看监控录像。录像内看到凌晨3点有一名男盗贼从男厕所剪断防盗窗不锈钢空心管进入现场，5点左右那名男盗贼拎一个包从男厕所逃走。

一直到了中午，公安人员完成现场勘查离开。员工开始盘点被盗的千足金货品，经商议派片区经理王××到黄金柜台同员工一起盘点。此次丢失黄金合计金额：566889.06元。

──────── · 案例二十一 · ────────

40.409 克的黄金手链不知不觉被偷

某年6月，店里进来一名年轻男子径直来到黄金柜的手链面前，我从收银台走过去接待，那名男子说要买条手链，并说前几天已经看好了，让我拿出来给他再挑选下。他说看好的是16克左右的，现在觉得20克左右的那条更好看，他把16克左右的那条还给我又提出要看一条40.409克的，他在比较20克和40.409克两条手链的同时手伸进裤袋里拿钱包出来，还拿出来一本存折，又拿出来一颗黄金戒指让我帮他称，帮他算算"以旧换新"还要补多少钱。

之后他又要去看铂金耳环，才走了一半又说不看铂金要看黄金的，不停地在和我讲价，要我加工费少点、价格优惠点，后就让我把黄金戒指还给他，说是不换了直接买，还打了电话商量，说是直接买不换了，接着又去挑了对黄金耳环。这时另一个同事过来帮忙，他说要20克的那条手链和那对耳环，算出来价格后让优惠50元钱，我去打电话请示，另一个同事帮他复称，我打好电话后同事让我赶紧帮他打单，说他很忙，我拿过标签开始打单，才打了一半，就听见同事说他丢下100元钱说是去取钱就离开了，我继续把单打好，同事把他要的东西包好，可一直都没见他回来取东西，一直到中午交接班的时候才发现40.409克的那条手链丢失了。

50.467 克铂金戒指是怎样被抢走的

　　某年10月，店里来了一名身穿白色运动服、头戴黑色帽子、戴透明眼镜的中年男子。他走到钻石柜前，向营业员询问铂金Pt950与铂金Pt990的区别。在得到回答后，他便离开柜台，一分钟左右后，又返回到铂金柜台，营业员热情接待了他，并询问他需要看什么款式，他指着一枚铂金男式"福"字方戒，并让营业员拿出来给他看（克重：15.413克），他戴在手上之后又问有没有一模一样的两枚，营业员又拿出款式相近的另一枚（克重11.70克）给他对比。

　　他问营业员可否先付部分货款预订，交谈中还不停地向隔壁化妆品区域东张西望，营业员还误认为他在等什么人，他说在等买化妆品的朋友，还说想再看一下柜台上其他相近的两枚（克重：12.052克和11.291克），当营业员拿出这两枚捏在手上时，正准备收回他手上两枚的一刹那，他以迅雷不及掩耳之势抢过营业员手中的两枚戒指，连同他手上戴着的两枚跑出了门外。

　　我们立即追出去一直跑到邮电宾馆内，同时拨打了110报案，报案得知这里除了这道门没有其他门可以出入是一个死胡同，我们立刻关上大门，民警到了之后，就在院内进行搜查，同时查看了邮电宾馆的监控录像，民警推测他应该是从厕所处翻围墙逃走了，抢劫案就这样发生了。

56.08 克黄金是怎样被骗的

　　某年4月，店内来了两个男子，他们先看了玉石柜后，就走到黄金柜。其中高个子男就问钻石柜的王××："是否可以加工金饰？"王××说："我们这里不可以加工，但是我们可以以旧换新。"王××接着问他："你是否有单子？"他说："我没有。"王××又说："在我们这里买的'以旧换新'收取10元一克的加工费，不在我们这里买的是收15元一克。"接着他就叫王××看看他脖子戴的项链是足金还是千足金，王××看见项链上标有千足金字样就对他说："是千足金。"那个高个子男就说："好嘛，帮我换。"接着他就让王××帮他取下来。高个子男就和王××一起将项链送到称重处，当时称的重量大概是56.08克，王××称重后就将项链还给他，接着他就带着项链回到黄金柜，问王××："我的这条项链比你们新的项链重，怎么办？"王××说："你可以一起换点其他的，作为补充。"接着高个子男就在黄金柜选了一个戒指和一条项链，然后把自己的项链拿给王××说："就用我的项链换这条项链和这个戒指。"然后王××就说："每克要收取15元加工费。"接着王××就将项链交给李×，让李×到称重处检验一下，看是不是纯金的。李×又将金项链交给翟××，翟××就点火烧，发现火小还加了点汽油，开大火烧得红红的，达到熔点，等冷了后用手扭了扭，是软的，就放在秤上称了并开了旧金单。

然后李×就按照"以旧换新"的方式开了单子，高个子男还拿了1800元给翟××，翟××到收银台为他补了差价1784元。等人走了后，王××说她没接过大项链，翟××就把刚收来的大项链拿给李×，让李×到加工部把项链剪断后焊接。李×到加工部剪开焊接后就发现有点发白，就告诉翟××，翟××就到加工部接着用大火烧熔到一起，也发现有点发白；当时，那两个男的离开不到20分钟，我们就在第一时间报了警，警察5分钟后赶到，大概了解情况后就立即带着保安和营业员到各个路口和车站寻找那两个男的。随后报告领导收到假金，被骗新金为：千足金戒指，4.845g；千足金项链，53.488g。

·案例二十四·
36.08 克黄金是怎样被骗的（空心黄金"以旧换新"案例）

某年的9月的一个傍晚，一位40岁左右的中年妇女，拿着一条空心项链和一枚戒指到我们金店来，向营业员询问能否以旧换新，营业员告诉她能，并告诉她以旧换新要收加工费用。她便拿出她的旧项链和旧戒指，旧戒指一看就知道是在一般小店加工过的，金的成色一般在98%左右。在戒指的旁边还有一小块金，约一克多，小金块还打得扁扁的。看她打扮是当地小商贩。

营业员告诉她要把她手中金烧熔，看了成色后才可以换。她答应了。营业员又告诉她本店购买的以旧换新产品要收加工费10元/克；其他店的15元/克，足金换千足金20元/克。她说可以，接着就把她的项链拿到耐火砖上开始烧，把项链烧得通红也没变色，认为是纯金的，并且用放大镜看了一下金项链扣上明显打着千足金的字样。

这样她挑了一条项链，补了2000多元钱，把项链换走了，等她走后，营业员才把她的项链又熔了一下，发现里面填充了不少银粉，最后熔在一起一看金的成色最多70%～80%，这才知道上当了。

· 案例二十五 ·
10.738 克千足金项链是怎样丢失的

某天，店内进来一位45岁左右的中年妇女，右手拿着一把折叠雨伞，进店后直奔黄金柜。

经理接待了她。因经理刚刚上任，没有柜台钥匙，而且对货品也不是太熟悉，就叫我去接待她。我到金柜后，顾客要看凤尾链，我拿了一条10.738克的千足金项链给她，她又要看另一条千足金链子。之后又不停地要求看大一点的，我便给她拿了18克左右的千足金凤尾链，当时并没把拿给她看的第一条项链收回来。她把第一条项链紧紧握在手中。

我接待她时，经理出去倒水，并拿了一把椅子给她便离开了。此时，她又指着柜台里面的第三条项链并问我叫什么项链。因我不知道这条项链的名字便请教了另一位同事保××。这时，保××便来和我一起接待这位顾客。

之后，她便不停地叫我们拿项链给她看，不停地叫我算价钱。在此期间，并始终把第一条10.738克的千足金项链放在手心里握着，然后悄悄地把项链放进了她携带的伞里。

我恍惚感觉到她拿了我的项链，但又一时确定不了。我停顿了一下，但没有说出来。她说要买价格五六千的项链送人，随后不停问这问那，问可不可以刷卡等等分散我的注意力。

我告诉她可以刷卡时，她说："我回家拿卡去。"便走出了店外。我总觉得有些不正常，就马上和保××一起点货。不知是太紧张的原因，还是那天自己身体状态不佳，点了两次货都感觉没有差错，到了交班时才发现少一条项链。

最后，查监控才发现，拿给她的第一条项链她一直放在手心里没有拿出来。由于忙着从柜台拿项链，我没有注意拿出来的项链，也没有看她拿到项链的反应，这是造成项链丢失的主要原因之一。另外一个原因，从监控来看，我又拿出5条项链后也没收回之前拿给她的项链，导致事故的发生。

第二章

贵重宝石

元素符号：C

比　　重：3.52g/cm^3

摩氏硬度：10

光　　泽：金刚光泽

折 光 率：2.417

色　　散：0.044

荧　　光：短波弱荧光

热 导 率：0.35卡/厘·秒·度

晶　　系：等轴晶系

结 晶 体：显八面、四面、十二面晶体

第一节　钻石的特性

钻石是世界上最坚硬的宝石，在地壳的储量很少，由于它的稀少，从而使钻石成为最珍贵的宝石之一。同时钻石也成为年轻人订婚纪念物，被称为爱情永恒的象征，故有"钻石恒久远，一颗永留传"的佳句而为人熟知。

钻石还具有一种特殊作用：保值、增值。我统计了400年以来的钻石价格得出，黄金价格随着时间的推移潮起又潮落，而钻石价格一直稳中有升，是保值和收藏的最佳饰品。

钻石是商品名称，矿物名称为金刚石，是自然界中的一种单矿物，它产于喷发火山的颈部的金伯利岩体之中，由于稀少，从而显示出它的珍贵性，是四大珍贵宝石之一，是皇室贵族追求的享用品。随着历史的发展，人类社会的进步，现在它已逐步成为老百姓喜爱佩戴的宝石首饰之一。要拥有它需先了解它，并鉴别评价它的价值。作为营业员要把握机会有效地推销给广大消费者，达到一个崭新的营销水平。

钻石的形成

钻石产生在火山喷发时的金伯利岩中，在地下约为120千米到200千米深处，经过4万到6万个大气压和1100℃至1600℃的条件下形成的，由碳（C）元素立方体结晶形成，由于地壳的变化、风化带到地面上的一种单矿物。通过对钻石的分析表明，钻石是地球经过漫长的岁月形成的，而你今天佩戴的钻石，是大自然数亿乃至数十亿年前碳（C）元素特殊结晶的产物。由于地壳不断地运动，并遭受风吹雨打，风化溶蚀，把钻石带到地面上，从而形成钻石矿山，也就是现在的金刚石矿床经过开采得来的。

钻石的物理化学性质

钻石是地球上目前发现最坚硬的单矿物，按相对硬度来划分矿物硬度，一般地说分为（摩氏硬度 —— Hm）10个级别，钻石的硬度是最高的标准摩氏硬度10（见下表）。

摩氏硬度和抗磨硬度表

标准矿物	滑石	石膏	方解石	萤石	磷灰岩	正长石	石英	黄玉	刚玉	金刚石
摩氏硬度	1	2	3	4	5	6	7	8	9	10
抗磨硬度	0.03	1.25	4.5	5.0	6.5	37	120	175	1000	14万

钻石的化学成分大家并不陌生，是由元素碳（C）组成的，碳元素大家都知道，家中就有很多碳，包括学生用的铅笔芯 —— 石墨也是碳元素组成的。为什么铅笔芯很软，而钻石坚硬无比呢？这是由于碳原子结构不同，从而产生的矿物质也随之改变。

钻石碳原子之间的结构是在三维空间上呈架状排列，而石墨是由碳原子成层状排列，由于碳原子内部的排列结构和差异性，钻石和石墨表现出来的物理性质存在巨大差异也就不足为奇了。

钻石的晶形

钻石是在火山喷发的岩颈部位金伯利岩之中形成的，如果在形成时空间大、结晶环境稳定、碳物质供给充足，那么钻石的晶体就会生长成八面体、菱形十二面体、立方体、聚形等晶形，如果形成时空间小、环境不稳定、供给的物质不足，那么钻石的晶体就会生长成各种不对称的奇形怪状。

钻石在形成的过程中，如果空间、环境都适合，那么形成的钻石其净度就好，如果空间、环境、物质不适合，那么形成的钻石其净度就差，杂质就多，透明度也差。

钻石的颜色

钻石一般常见的是无色透明的，但是，也有很多种颜色，如果钻石中含有二价铁，那么钻石可能产生黄色、褐色、红色、粉红色等颜色。如果钻石中含有三价锰，那么钻石也可能产生蓝色、绿色、紫罗兰等颜色。其颜色的深浅和致色元素的含量有关，一般来说，致色元素的含量越高，钻石颜色越浓，致色元素的含量越少，钻石形成的颜色也就越淡。

钻石的分级

我国钻石分级是把钻石放在10倍放大镜下观察，按钻石的颜色、透明度和含包裹体的大小多少来分级的。但是，不同体系之间也有点区别，美国珠宝学院所提出的分级标准是（GIA），如下钻石分级表所示。我国采用的分级标准和美国珠宝学院的分级标准（GIA）大致相同，GIA的国际分级标准色级是用英文字母来表示的。

1. 钻石按颜色来分级

按颜色来分级：美国最高色级D至最低色级Z，颜色由优白到黄，我国国家标准考虑到实用性，将其分为12级，从最高色级100至最低色级为小于85，颜色由极白100～90，优白98～97，白96，微（褐灰）白93～92，浅（褐灰）黄91～85，黄褐灰低于85。

2. 钻石按净度来分级

美国按净度来分级：最高净度FI至最低I3，包裹体由无瑕到较明显的包裹体，我国国家标准考虑到实用性，将其分为11级，从最高净度LC无任何瑕疵至最低净度P3肉眼就能看到明显的包裹体，LC表示在10倍放大镜下完美无瑕疵，VVS表示在10倍放大镜下有细微瑕疵，VS1表示在10倍放大镜下有细少矿物包体，VS2表示在10倍放大镜下有少量矿物包体，SI_1表示在10倍放大镜下有明显矿物小包体，SI2表示在10倍放大镜下肉眼可见包体，P1表示在10倍放大镜下肉眼可见包体，P2表示在10倍放大镜下肉眼可见包体很多，P3表示在10倍放大镜下有瑕疵、裂隙毛病多。

3. 钻石按重量来分级

碎钻 —— 0.04ct以下

小钻 —— 0.29ct～0.48ct

中钻 —— 0.5ct～0.99ct

大钻 —— 1ct以上

随着分级区间的不同，它的单价每ct的价格增长幅度变化较大。例如0.5ct～0.7ct在2004年是3500元/ct；0.14ct～0.18ct在2004年是7800元/ct；0.24ct～0.38ct在2004年是10300元/ct；0.35ct～0.48ct在2004年是13500元/ct；0.49ct～0.68ct在2004年是19000

元/ct；0.7ct~0.8ct在2004年是23000元/ct；>1ct在2004年是25000元/ct左右。

钻 石 分 级 表

钻石净度				钻石色度			
GIA	HRD	中国	在 10 倍放大镜下观察	GIA	HRD	中国	肉 眼 观 察
				D	优白＋	100	无色、透似冰
FI	LC	无瑕	无任何瑕疵	E	优白	99	无色
				F	罕白＋	98	
IF	LC	无瑕	内部完美，表面稍许瑕疵	G	罕白	97	台面看无色，往亭部向上看微黄
				H	白	96	
VVS1	VVS	微瑕	难见瑕疵	I	淡白	95	≤ 0.2ct，无色
				J	浅白	94	≥ 0.2ct，带黄
VVS2	VVS	微瑕	针状包体 1~2	K	淡	93	台面上可看到微黄
				L		92	
VS1	VS	1 号花	有细少矿物包体	M		91	台面观察淡黄色
VS2	VS	1 号花	有少量矿物包体	N		90	
VI1	SI	2 号花	有明显矿物小包体	O		89	
VI2	SI	2 号花	矿物包体较多	P		88	
I1	P1	3 号花	肉眼可见包体	Q	黄	87	
I2	P2	3 号花	肉眼可见包体很多	R		86	
I3	P3	大花	有瑕疵、裂隙毛病多	S-Z		85	明显黄色、棕色

钻石重量的简单估算

在没有称重天平的情况下，可通过量钻石的直径、高、长、宽等进行估算，根据公式计算得出大致重量。具体计算公式如下：

1.标准圆多面形重量（ct）= 直径×直径×总高度×0.0061

薄腰×0.0064 厚腰

2.椭圆形　　 [（长径+短径）/2]² ×总高度×0.0062

3.水滴形　　长：宽重量（ct）＝ 长×宽×高×0.00615

4.橄榄形　　重量（ct）＝ 长×宽×高×0.00565

5.祖母绿形　重量（ct）＝ 长×宽×高×0.0080

钻石如果是圆形，可以通过量腰围直径(毫米)来大致估算这颗钻石的重量，如圆形标准换算参数表：

圆钻直径换算参考表

腰围直径（毫米）	每粒重量(ct)	腰围直径（毫米）	每粒重量(ct)
1.30	0.01	4.10	0.24
1.70	0.02	4.40	0.30
2.00	0.03	5.15	0.50
2.20	0.04	5.90	0.75
2.40	0.05	6.15	1.00
2.60	0.06	7.00	1.25
2.70	0.07	7.40	1.50
2.80	0.08	7.80	1.75
2.90	0.09	8.20	2.00
3.00	0.10	8.50	2.25
3.10	0.11	8.80	2.50
3.20	0.12	9.05	2.75
3.30	0.13	9.33	3.00
3.40	0.14	10.30	4.00
3.50	0.15	11.10	5.00
3.60	0.17	11.75	6.00
3.70	0.18	12.40	7.00
3.80	0.19	13.00	8.00
3.90	0.21	13.50	9.00
4.00	0.23	14.00	10.00

钻石的价值

1. 钻石在地球上储量少

钻石具有坚硬、美丽、耐久、稀少等特点，它的硬度高，是地球上最坚硬的矿物，是权力和财富的象征，所以价格昂贵。

2. 钻石是权力的象征

钻石具有文化价值及历史价值。由于它的坚硬，被人们视为威严、地位的代表。拥有钻石的人，有坚不可摧、攻无不克、战无不胜的一种潜在的意义，所以钻石价格高。

3. 钻石找矿难度大

矿产资源稀少，找矿难度大，云南省从20世纪50年代开始投入大量的人力物力在文山八寨一带找金刚石，历经了一代人的心血至今钻石也无影无踪。其找矿难度高且耗资巨大，成功率低也是价高的一大因素。

4. 钻石矿床含量低

钻石矿产资源的含量较少，要获得1ct（0.2克）经打磨好的钻石半成品，最少需挖掘约250吨的金刚石矿石泥沙。从这一统计数据来看金刚石的含量比起其他宝石矿床的含量要少得多。

5. 开采难度大

事物都具有两面性，钻石也不例外，它虽然是地球上最坚硬的，但钻石是最经不起撞击的，一碰撞不是碎就是裂，在开采过程中要保持完好无损，开采的设备要先进，工人要小心谨慎，造成开采投入资金量大，也是价格高的原因之一。

6. 钻石加工难度大

由于钻石硬度大，只能用它的粉末来琢磨钻石毛料，所以加工速度慢。有人统计一颗钻石从开采、加工、镶嵌、销售到消费者手中，需要经过200多万人的手，销售时可跟购买者说，到你手中的这枚钻戒可是凝聚着200多万人的心血啊！所以价高也是情有可原啦。

第二节 世界名钻简介

据说发现这颗钻石是在一个秋天的傍晚，钻石矿区的一名工人在收工的时候，他到水塘边洗脚准备回家，忽然发现在月光照射下，有一个鸡蛋般大小的石头在水中闪闪发光，他害怕极了，以为是水塘里有鬼在作怪，脚都没来得及洗干净，便一口气跑回家，并把水塘里有鬼在作怪的事报告给当时的工头，说他在水塘边发现一个会发光的"怪物"，工头不信，便和他一起来到那个水塘边，一看，果然是有一个闪闪发光的物体，他们鼓起勇气，把它捞到岸上来一看，哇！原来是一颗鸡蛋一样大的无色透明大钻石。他们两人当时都惊慌得呆了，把这颗大钻石交给矿主，且以矿主的名字命名为库里南钻石。

后来，当地政府也就是现在的坦桑尼亚政府以大约100万元美金把这颗大钻石买下来，送给当时的英国国王爱德华七世。英王高兴极了，他召集工匠，经过数月的时间分析研究，制订了精确周密的计划，经过8个月无数次的反复试验，将原石分割加工成9颗大钻和96颗小钻石。

库里南Ⅰ号，也称"非洲之星"，镶嵌在英国国王的权杖上（见图）。

库里南Ⅰ号是一颗心形的大钻，台面最长处10厘米，最短处6厘米，重量530.2ct，是目前加工为

库里南Ⅰ号钻石

库里南Ⅱ号

成品的世界最大的钻石。

　　库里南Ⅱ号是一颗正方形的大钻，台面最长处5cm×5cm，重317.4ct，是加工为成品的世界第三大钻石，镶嵌在国王的王冠上。

　　库里南Ⅲ号重95ct，镶在了英国女王皇冠的尖顶上；库里南Ⅳ号重63.7ct，镶在了英国女王皇冠边缘。库里南原石总共磨出1064ct的成品，其余重量均在切磨中耗尽。

　　据说，在切磨该原石的劈开程序中，亚塞第一刀下落之后，钻石纹丝不动，举起再击，原石按计划一分为二。劈开之后，亚塞这位久经沙场的老手由于紧张和兴奋过度，当场昏了过去，有说他被送进医院。

艾克沙修钻石

　　艾克沙修钻石被发现的时间是在1893年6月，一个黑人矿工在装钻石矿石的时候，忽然发现眼前一个东西在夕阳照耀下闪闪发光。他用手扒开矿石一看，哇！一颗核桃般大的钻石出现在眼前。这位黑人矿工面对这颗突如其来的巨大钻石惊呆了，不能把这颗钻石交给工头的念头却油然而生。此时，他非常镇静，他避开工头把这颗巨人的钻石直接交给了矿长。矿长非常高兴，一夜没睡觉，反复观看这颗无价之宝，思念着他祖辈是怎样积蓄的阴德，老天有眼把这么大的好事降临到他的头上。由此，他设想着他今后美好的未来，前途是那么广阔无限、光明远大。同时他又想起这个黑人矿工，要是不交到他手里，其后果是多么的严重啊！该怎样奖励这位黑人矿工又成为他的一个难题。他左思右想为难极了，奖又怕出钱，不奖励又怕那矿工闹事难以收场。矿长想了又想，狠狠心最后决定拿出他的一匹马和一个马鞍及500英镑现钞奖励这个黑人。

艾克沙修钻石的出现，引发了一场钻石争夺战。谁都想占为己有，最后也不知道是传到谁的手里。后来传说，这颗大钻石因内部含杂质较多。切割打磨后的成品总重只有373.75ct。最重的艾克沙修Ⅰ号呈梨形，重69.68ct。其余的9颗成品每颗的重量都在10ct以上，并在一段时间内销声匿迹了。

直到1939年的一次世界珠宝展览会上，奇迹般地出现了10颗钻石其中的一颗，其他9颗至今下落不明。

南非之星

1869年的秋天，晴空万里，秋风是那么的清凉。一个牧羊男孩赶着一群羊在蓝天白云下的山间草地上放牧。他举起鞭儿一路高歌赶着羊群，在山间小道上快乐奔跑。忽然，一道光线射入他的眼底。他怀着好奇心走过去一看，哦！原来是一个大石头在发光。他捡起来左看右看，只觉得这块石头是那么的奇特美丽，他想一定会有人喜欢的，说不定能换来一块面包之类的东西，就这样他把这块发光的石头带回来了。

他拿着这块石头到处去换东西，但是都遭到拒绝，并骂小孩是神经病。后来他问到了一个叫修克的人，这个人认识钻石，修克看到这块石头，眼珠都快掉出来了，便立刻确认为钻石。哇！这么大一颗钻石，他把自己家中的一辆宽篷车、10头牛和500只肥羊全部给了牧童，换来了那块石头。这虽是一次冒险的赌博，但他赢了。这块南非之星钻石重83.50ct，他以11200英镑卖出，后来陈列在南非国会大厦的宝库之中保存，由于这颗钻石的发现，南非掀起了淘钻热潮，并吸引了世界各地的人来到南非寻找财富。这一浪潮使当时南非摇摇欲坠的农业型经济复苏了，跃居成为一个世界先进的工业国家。因此，南非之星的发现对南非的经济转折起到了非常重要的历史作用。

这颗好看的石头成为南非经济发展战略的奠基石。到了1870年，南非之星被切割成重47.75ct的梨形钻石，并以12.5万美元卖出，1974年又由杜德里以50万美元售出，其价值不断攀升。

茵多尔钻石耳坠

茵多尔钻石耳坠是在印度的一个矿山上开采后打磨出来的，当时的好钻石、大钻石都是由皇家贵族拥有，一般的外界人士是不知道的，所以这对耳坠开始也没有引起太多人的关注。

1926年，发生了一件特大的世界著名新闻，印度帝王第三世 —— 土可奇在一次舞会上与一个舞女跳舞的时候，只因舞女生得漂亮大方，美如天仙，把土可奇迷得天昏地暗，由于舞女地位下贱而遭到全体印度大臣们的一致反对。他因爱美人而放弃了江山。两年后，他又和一个金矿矿主西雅图的女儿南茜相爱了。这桩婚事非常引人关注，就连他们的定情物都引起了很多人的注意。当时上可奇拥有最值钱的东西就是茵多尔钻石耳坠了，他就把这对耳坠送给了南茜。从此以后，这对耳坠也在世界上名声大振而成为名钻。

到了1946年，这对耳坠在一次拍卖会上被一个叫哈利的人高价买走。哈利觉得这对耳坠磨工不理想，又请了一位高级打磨师重新打磨，在1970年的苏富比拍卖会上以7311764美元的高价卖掉。

茵多尔钻石耳坠由两颗重44.62ct和44.17ct的梨形钻石镶嵌而成，净度、颜色都是很好的，钻石内部完美无瑕（见图），是钻石中的极品。这对耳坠因与婚姻有关，从此成为人们追求的收藏品。

希望钻石

希望钻石产于17世纪中期，当时印度开采钻石也基本形成了一定规模，印度的科勒金刚石矿山上发现了一颗完美无瑕的天蓝色大钻石，由于钻石大部分都是白色的，而该钻石的颜色为完美无瑕、纯净的天蓝色，在大彩钻之中真是罕见。它的出现轰动一时，被珠宝界人士认为是彩钻之中的极品。该钻石原石重110.5ct，经加工打磨为梨形的成品钻石重45.52ct，按当时的市场价预测该钻石可值300万法郎（见图）。

希望钻石还有一个特点，如果把它放在阳光下长时间照射，到夜晚无光线时希望钻石就会发出红色的荧光，夜晚的天蓝色希望钻石就变成了红色，这种奇妙的大钻石在古今中外也是罕见的，现收藏于美国史密森博物馆之中。

当时这颗蓝色的大钻石琢磨成梨形后，非常像西方人的蓝眼睛，给人一种神秘莫测的梦幻感觉，这不是西方人的眼睛，而是天神的慈祥的眼睛，眼睛能看大千世界，能看到人类的希望，从而人们就把这颗神奇的大钻石命名为"希望"钻石。

按理"希望"钻石应该给拥有它的人们带来好运和财富，但令人费解的是，"希望"钻石给他们带来的却是厄运和灭顶之灾。

据说法国国王把希望钻石买去后，国王的儿子路易在十四岁因天花死去。杜·伯瑞伯爵买去后，他的夫人在法国大革命时期被杀害了。亨瑞·霍普男爵买去希望钻石后，他的后代一直被悲剧困扰而难以解脱。哈比仆·贝买去后，他们全家在海上因撞船而葬送于大海之中。麦克林夫人因买了希望钻石而导致家破人亡，据传先是九岁的儿子上街被车撞死，后来丈夫因为种种原因跟她离婚扬长而去，她25岁的女儿也因服安眠药过量而死。最后，麦克林夫人本人也染上吗啡毒瘾而身亡。

从此"希望"钻石成了"厄运灾星"而披上一层又一层阴影。它那神奇的蓝色和变幻莫测的红色荧光给人们带来的不是好运和幸福，而是毁灭性的大灾难。大家说不清楚拥有"希望"钻石有什么过错，也道不明买"希望"钻石和自己的不幸遭遇是否是一种巧合，总之，人们对"希望"钻石还是敬而远之。

常林钻石

常林钻石是中国近代发现的最大钻石，那是在1977年12月21日一个寒风凛冽的冬季傍晚，山东省临沭县岌山公社常林村的田野上有一位十七八岁女青年叫魏振芳，在社会主义生产队里干完农活准备收工回家时，她先到河边洗一洗脚上的泥土，忽然发现水沟中一块石头在夕阳照耀下闪闪发光，她急忙捡起来一看，原来是一块清澈透亮的大石头。她觉得好看就顺便带回了家，由于好看大家都来看，这块石头的事传开了，最后由当时的生产大队送专家鉴定为钻石。

该钻石原石是一块八面扁柱状晶体（如图），颜色微淡黄色、全透明、无杂质。这颗钻石的发现，轰动一时，从中央到地方无不为之欢庆。党和国家对该钻石非常重视，从当时的"东方红"拖拉机制造厂调拨了一辆拖拉机奖励她所在公社，并把她安排到县上的一个企业，作为她发现这颗钻石的奖励。

中国的钻石文化历史悠久，早在公元前300年在蒙古皇帝御座上就有钻石镶嵌。老子《道德经》中有关钻石的论述可能是最早的文字记载。

在明朝年间，在湖南沅江流域就有钻石发现，但都是零零星星的，真正大规模的寻找钻石工作开始于20世纪50年代。我国钻石主要产自山东、辽宁和湖南等地，现已在16个省区发现有钻石。我国目前开采钻石最多的是辽宁省瓦房店的金刚石矿山。

常林钻石，重158.786ct，是中华人民共和国成立后发现最大的钻石。据说，中国最大的钻石是一颗叫"金鸡"的钻石，这颗钻石原石重217.75ct，比常林钻石还要重58.964ct。这颗钻石在第二次世界大战中，日本帝国主义侵略中国时被日军抢掠去了，至今也不知去向。

1983年11月14日，在中国的山东省蒙阴县蒙阴金刚石矿山上，又发现一颗原石重119.01ct的宝石级钻石，被命名为"蒙山一号"钻石。这两颗中华人民共和国成立后发现的最大钻石都作为货币保存在中国人民银行的国库之中。

第三节
钻石的简易鉴别

钻石在地球上是比较稀少的，就因为稀有所以才珍贵，由于珍贵所以价值才高，由于价值高所以才出现了很多假冒品、代用品，给消费者和正当经营天然钻石者带来了很多困扰。一些不法商人为牟取暴利，利用消费者钻石知识的缺乏，用假钻石损害了消费者的利益，从而也严重损害了珠宝市场正当经营者。所以，我们必须学会钻石的简单鉴别方法，同时也为消费者把好质量关，提高信誉度和知名度，从而提高企业的经济效益和社会效益。

钻石鉴别方法可分为三类。

1. 专业人员，用仪器和其他方法科学地进行认真准确的鉴定，得出结论。

2. 一般经销者，具备一定的珠宝专业常识，准确无误地向顾客表达、解说和普及，是钻石知识的宣传员。向广大顾客普及一般鉴别方法，得出结论。

3. 第三类是顾客，他们不必掌握钻石的更多知识，只要知道钻石的真假就可以了，让信誉度高、有鉴别能力的人士去鉴定得出结论。

作为经营者来讲，必须认真学习，掌握一定的珠宝常识和鉴别真伪的方法，从而做到心中有数，是非常必要和行之有效的。下面介绍一下市场上常见钻石的代用品的快速鉴别方法。

钻石的代用品

钻石的代用品主要是利用某些天然宝石或人工合成的宝石来模仿钻石的高折射率、硬度等，从而达到代替或冒充钻石的目的。代用品大都是无色透明的。市场上流通的无色到浅黄色钻石，虽然也有一些彩色的代用品，但是现在市场上很少见到仿彩色钻石，如果遇到应到有关机构鉴定后再购买。下面就代用品介绍如下：

1. 用天然宝石来仿造钻石

天然宝石的钻石代用品主要有以下几种宝石：无色的锆石、无色蓝宝石和无色水晶、无色绿柱石、碧玺、黄玉、榍石和锡石等。

天然锆石和锡石作为钻石的代用品，主要利用其高折射率（1.93～1.99和2.00～2.10）和色散（0.038和0.071），从而产生较强的光泽和较好的折光率来冒充钻石。

蓝宝石主要利用其高硬度（9）和较高折射率（1.76～1.78）来模仿钻石。

无色水晶因其硬度也较高（7），且资源相当丰富，有时也用来模仿钻石。

2. 人工合成物质代用品

人工合成矿物作为钻石代用品的比较多，主要品种有以下几种：

合成尖晶石、立方氧化锆（CZ）、钇铝榴石（YAG）、钆镓榴石（GGG）、钛酸锶和合成金红石及人造高折射率玻璃等。

人工合成的矿物代用品都具有较高的折射率（一般折射率在1.8～2.9之间）、色散大部分在0.028～0.28之间，从而产生强的光泽或好的色彩。特别是立方氧化锆和钇铝榴石的硬度也很高，都在8.5左右，钛酸锶的折射率几乎和钻石相同。因这些合成品成本很低，从而获得高额利润，在市场上销售很多，价格比起钻石来有天壤之别。

尽管上述代用品和钻石有某些相似之处，但只要掌握一定的钻石鉴定方法，再加上小心行事，还是可以避免上当受骗的。

现在市场流行的加工好的无色—浅黄系列的钻石，其切工大都是标准圆多面形。这种切工是专门根据钻石的折射率和色散值，为充分体现钻石的亮度、折光率和达到最佳的颜色度、充分保证原石的成材率，经过精确计算而设计。因钻石的密度为定值，因此标准圆多面形切工的钻石。其腰围和其重量存在着一定比例关系，即根据腰围直径可估算钻石的大致重量。

具体方法：

用较精确的卡尺（一般商家都备有卡尺、镊子和放大镜）。测出钻石的最大、最小直径，取其平均值，查表可得出钻石的估算重量。钻石的实际重量可用商家的万分位天平直接称得。如果两种方法得到的重量相同，则可确认钻石重量。如有很小的差别，那可能是切工误差或测量误差造成的，这也不足为奇。如果相差较大，即可怀疑不是钻石。另外，根据二者的相对比值也可确定可能代用品的种类，见下表。

实称重量 / 据直径估算的重量	可能代用品种类
1.65	立方氧化锆
1.46	钛酸锶
1.20	合成金红石
1.30	钇铝榴石
2.00	钆镓榴石
1.33	锆石

例如：你所测得的平均直径为5.15毫米，查表可得，如是钻石，其可能重量应为0.50ct。如果实际称重为0.825ct，那么可确认其不是钻石，再计算二者比值0.825/0.50 = 1.65。则可确认其为立方氧化锆，而不是钻石。

此方法非常适用于人工合成的钻石代用品，特别是表中所列的品种。

3. 钻石高级代用品 —— 莫桑石

摩氏硬度：9.5

折光率：2.65

色散率：0.104

钻石笔测试：钻石反应

净　度：VVS以上

颜　色：V级93色

在钻石之中最难以鉴别的是莫桑石，莫桑石的硬度、折光率等参数都和钻石相差不大。莫桑石的特点是"欲与钻石试比高"。现在宝石级莫桑石悄然问世，对消费者和鉴定者都带来了较大困难。

莫桑石始于1982年，经历16年，1998年由美国一家公司获专利而投放市场，最初每月产量有1000ct，其参数如下：

价格对比表

克拉	钻石	莫桑石	克拉	钻石	莫桑石
0.10	430.00 元	145.00 元	0.55	9070.00 元	1315.00 元
0.05	840.00 元	260.00 元	0.70	12600.00 元	2760.00 元
0.20	1400.00 元	420.00 元	0.90	21600.00 元	3480.00 元
0.30	2400.00 元	640.00 元	1.10	34000.00 元	4800.00 元
0.40	4120.00 元	940.00 元			

宝石系数对比表

宝石类别	硬度	折光率	色散率	钻笔测试
钻　石	10	2.42	0.044	反应
莫桑石	9.5	2.65	0.104	反应
红宝石	9	1.76	0.008	无
蓝宝石	9	1.76	0.008	无
锆　石	7.75	1.95	0.060	无

钻石与其他假冒品画线鉴别方法

钻石具有一个特性 —— 亲油性，在钻石的表面用钢笔画一条直线，如果是钻石，那么，钢笔线印迹是连续的，反之则不是钻石。还有将钻石清洗干净，台面朝下放在有一条直线的白纸上，从底部看下去，看不到直线是钻石，看到直线或看到直线的一部分，一般说来都可能是假钻石或是钻石代用品。这是钻石的折光率和反射率与其他钻石代用品不同造成的结果。

钻石黑点鉴别方法

把钻石台面朝下放在点有黑点的白纸上。把黑点放在台面的中心点上，由上往下看，如果看到白纸上有一个黑色圆圈，那么可能为钛酸锶。如果看到白纸上有一个黑色圆圈外，里面还有一个黑色圆圈，那么可能是立方氧化锆。如果什么都看不到，那么可能是钻石。

钻石水滴蒸气法

用酒精把钻石的台面擦干净，取一支墨水笔，在钻石的台面上快速画一条直线，用10倍放大镜观察，如墨迹为一条连续的直线，则为钻石。如果墨迹呈不连续的圆点虚线，就有可能不是钻石。

1. 水滴试验

将宝石清洗干净，用针尖蘸一滴小水珠滴于宝石台面上，如果水珠散开呈扁平形态，一般来说可能是钻石。如果水珠像莲叶上的水珠一般是圆形的，那么，就有可能是假的。但是，用这种方法时最好有样品对照来看，才能较准确地判断。

2. 水蒸气法

因为钻石具有高热导性，水蒸气法就是根据钻石热导性这个原理来鉴别的，首先把钻石洗干净，用嘴对着钻石台面哈一口气，雾气消失快的为钻石，消失慢的为假钻石。

外部特征观察法

把钻石用酒精擦洗干净，用10倍放大镜观察以下特征：

1. 腰部特征

（1）钻石

由于钻石硬度高，在加工时，钻石的腰部一般不抛光，腰围的表面保留着原始粗面体，用10倍放大镜观察其腰面的表面像毛玻璃或砂糖状粗面。钻石虽然坚硬，但是又非常脆，其腰线常常出现小碎裂痕迹。

（2）钻石的棱线

由于钻石硬度高，棱面和棱面之间非常平直，所以，棱线像刀口一样平直锋利。其他假钻石没有那样平直锋利。

（3）面棱交叉部位确定法

天然钻石的加工方法与其他宝石不一样，钻石是先加工台面最后加工底部，其他宝石是先加工底部，然后才加工台面，加工钻石的仪器要比加工一般宝石的仪器精确度高。天然钻石的三棱相交的顶角对得准确无误，无交叉或碰尖、无尖现象，也无过陇或段碰尖现象的出现。

2. 代用品

一般钻石的代用品硬度小于天然钻石，其腰部都是抛过光的，用10倍放大镜观察其腰面的表面有不均匀的直线条，看不见腰面的表面像毛玻璃或砂糖状粗面。虽然部分代用品腰部也不需抛光，但由于硬度低，在其表面经常留下平行的抛光纹，或是光滑的抛光面。

折光率检验法

因为钻石的折光率为单折射率，在10倍放大镜下台面透过宝石观察亭部刻面棱线，天然钻石看不到刻面棱线重影，而合成假冒钻石可看出刻面棱线重影。

用热导仪和莫桑笔鉴别钻石

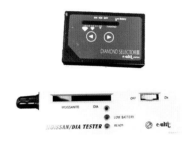

把热导仪的探针垂直于钻石台面，热导仪会发出较为响而清脆的声音，嘀、嘀……，这说明是天然钻石，或是莫桑石，如果发出别的声音则是假冒钻石。

合成钻石的鉴别

莫桑石的导热性与钻石导热性较为接近，单用热导仪测试莫桑石和钻石是区别不开的。所以只能参考其他参数来区别，如用硬度来区别，真钻石的硬度是10，莫桑石硬度是9.5，用10的硬度笔划莫桑石和钻石，则钻石没有划痕，而莫桑石会留下轻微划痕。

用双折射率区别，用10倍放大镜从略倾斜的角度观察莫桑石的台面，莫桑石的腰部全内反射影像呈现四条线。钻石是单折射的，它的腰部全内反射影像只有两条线。

用色散率来区别，莫桑石的色散率是0.140，大约是钻石色散率的3倍。所以莫桑石的下腰面呈现橙黄色至橙红色的色散。相同位置的钻石不出现红色的色散。

用包裹体来区别，莫桑石常见的是白线状的包裹体较多，天然钻石是在大自然中生成的，常见包裹体是矿物包裹体。

用比重来区别，钻石的比重是3.52，而莫桑石的比重是3.22，所以对未镶嵌钻石与莫桑石可用比重液或测比重的方法来加以区别。

莫桑笔的使用方法简介：

1.首先用热导仪检测，如有发出清脆声音，那么有可能是钻石或莫桑石；如果无反应则不是钻石也不是莫桑石，很可能是其他代用品。

2.用莫桑笔鉴别钻石

（1）用莫桑笔进行检测，测试仪显示绿灯亮时再进行检测。

（2）将莫桑笔垂直于被测戒面并轻压，按下检测按钮，当MOSSANITE窗口显示红灯亮并发出连续的嘟嘟声响，那么被测的宝石为莫桑石或碳化硅。当DIA窗口显示绿灯亮并无任何声响时，那么被测的宝石为天然钻石。

（3）在使用莫桑笔时，注意手不要碰到探头上，钻石放在桌面上，并用镊子轻轻夹住钻石。用力不能过重，以免夹飞，难以寻找。

世界上最大的钻石开发公司 —— 戴比尔斯英国目前基本上垄断了世界上大部分矿山和分级配售机构，现在我们经销的产品基本上是从该公司批发商手中购买过来的。

云南省当前珠宝名牌不多，要创出云南省的珠宝名牌，还需全省珠宝企业的共同努力，但是各位销售人员应在思路上清楚，不能含含糊糊，也不能只看外国、外省品牌，只要是天然钻石，性价比最高是最好的。

钻石是结婚最好的纪念物，"钻石恒久远，一颗永流传"，告知顾客他们购买的钻石不但是夫妻永恒的纪念，还可以子子孙孙永远流传下去，还是保值升值的最好饰品。

目前中国很多人对钻石纯净度的追求远远高于外国人，在外国，特别在欧美，他们不一定要买VVS级或极白的钻石，因为钻石有点包裹体还是天然钻石的标志。中国人常说"十宝九裂"，这"裂"字是指钻石包含在内部的各种矿物包体，在自然界结晶生长过程中，自然界的矿物或多或少都有可能被钻石包进里面去，不可能像在某一器皿生成那样只有一种矿物。所以片面的追求只会导致适得其反。

钻石形状和各人的性格有关，我们在销售之中还应该向顾客介绍，不同钻石的介绍应有不同的语言。例如：一位美国鉴赏人士提出，喜欢圆形钻石的人多委婉贤淑，是一位贤妻良母；喜欢梨形的人多数性情活泼，勇于创新；喜欢心形钻石的人，富于幻想，充满艺术细胞；喜欢方形钻石的人，处事

第四节
钻石首饰与营销

严谨，有领导才干；喜欢自然形（卵石形）钻石的人，个性独立；喜欢橄尖形状钻石的人，魅力四射，事业心十足。

当你穿上高雅服装，佩戴上晶莹的钻石饰品，您会显得气质非凡、光彩照人。话往好听处说，你一定会成为一名优秀的营销人员。下面就钻石的营销策略谈几点参考意见。

购买对象

如果顾客经常出入一些场面较大、档次较高的公共场所，向其推销时应介绍大一些的、价格较贵、中档次以上的钻石。

如果是投资型的顾客就讲一个故事给他听，买不买由他。

第二次世界大战后期，一位英国贵族夫人戴着一枚自己非常喜欢的钻戒。一天逛街看到售车处有一辆价值8000英镑的赛车非常漂亮，她一见中意，要购买这辆车。车主同时也看见她手上的这枚戒指，并对她说，要买可以，但不要钱，必须用她手上的这枚钻戒来换。她想了又想最后还是同意了。

事隔5年之后，这位女士又想卖掉这辆车，她醒悟了，这辆车5年后才值1800英镑，而她那枚戒指仍然价值8000多英镑。

经济实力

对要结婚来购买订婚戒指的，你应当为他们估算一下，预算较低的，建议购买重量轻一点的钻戒，告诉他们，钻石代表爱情永恒，相伴着您白头偕老，是永恒的象征物和纪念物。如果其预算较高，则介绍价值较高的，如果是一般的顾客，可依据其喜好进行针对性推销。

三

婚后来购买的顾客

这部分人都有一定积蓄，可以承担较大的开销，介绍中要向中高档次引导，要告诉他们钻石的价值始终是和人们生活水平相对应的，生活水平在不断提高，而钻石价值也是在不断上涨，既能装饰又能保值，是保值和储备资金的一种较好的方法。

四

关于色级和净度的推销

在推销过程中很多顾客会问："这枚戒指的钻石达到多少色度？净度是多少？"特别是中国百姓目前在这些方面的追求比西方人还要高，你要给他解释，色级可以要求高些，而对净度应要求低一些，因为有少量包体在钻石中对以后鉴别它的天然性会带来一些好处，也是天然品鉴别唯一的标志物。

五

钻石的定期保养

1. 避免猛烈冲击

钻石虽然是世界上最坚硬的物质，但事物都是一分为二的，它虽坚硬但相当脆弱，受较大力冲击之后易破裂，建议在从事体力劳动或维修之类的工作时，应取下存放好，以免碰坏或丢失。

2. 避免高温

钻石的主要成分是碳（C），在高温下会引起结构破坏，在1100℃以上可以使钻石燃烧，应尽量避免高温作业时佩戴。

3. 钻石饰品应分开放置

因为钻石混装在一起，可能会相互摩擦、相互刻划而损伤钻石，影响钻石整体美感和光泽。修理起来只能从头做起，要磨、镶，费事、费钱、费时间。

4. 定时清洗

钻石是亲油性很强的宝石，很容易在表面和底部沾上油污，影响其光泽，在佩戴一段时间后，应及时进行清洗，可用洗涤毛刷清洗之后用清水冲干净，晾干即可。要注意不要冲入下水道里，千万小心谨慎。

5. 定期检查

定期或不定期检查爪子是否松动，可以用牙签拨动钻石，或用镊子检查，如有松动现象应及时到店铺修理，以免脱落。

第五节　钻石常见的错误认识

俄罗斯钻＝假货＝立方氧化锆

在国内珠宝销售人员中，较多的人把立方氧化锆说成俄罗斯钻，从而得出俄罗斯钻是假货的讲法，但是俄罗斯也有天然钻石矿床，也产出天然钻石。不能把俄罗斯生产的锆石和俄罗斯产出的钻石混为一谈。

俄罗斯钻：应该是指俄罗斯天然矿床生产出来的天然钻石，属于真正的钻石产品，是天然可信、货真价实的钻石。

立方氧化锆：人们指的"俄罗斯钻"，实际上是俄罗斯人工合成的立方氧化锆，也并非假货。要询问清楚后购买。

钻石热导仪

有较多的人认为，凡是热导仪能正常反应的都是真正的天然钻石，但是目前有一种人工合成的宝石叫莫桑石，也叫人造钻石。热导仪对莫桑石一点作用也没有，所以说钻石热导仪也不是万能的。

莫桑石：实际上是一种合成碳化硅，香港把莫桑石也称为"美神来"宝石，是目前和钻石最容易混淆的宝石之一。

怎样区别钻石和莫桑石

1.莫桑石是一种合成碳化硅，六方晶体，双折射率，沿一定方向观察可见双影。棱面可看得见四条线，天然钻石只看得见两条线。

2.放大镜下观察内部包裹体，天然钻石可见细小针状包体分布，而莫桑石看不见包体。

3.放在二碘甲烷重液中（3.32），莫桑石上浮，天然钻石则下沉。

南非钻石是最好的钻石

南非的钻石矿床较多，产出的天然钻石也多，只要有钻石矿床产出的地方，生产的钻石都是有好也有差。一般情况下，差的多，好的少，这样才合乎客观事实。并非是南非产的钻石才是好的，有关专业人士介绍，我国辽宁产的钻石也是当前世界产出最好的钻石之一。

五

只要是钻石就很值钱还能保值

　　所谓值钱和保值都是相对的，钻石是宝石中的名贵品种之一，但是，并不是所有钻石都能值钱和保值。若要达到这两个目的，必须具备稀少和高品质两个条件。一般钻石矿山产出的钻石大部分都是差的、小的较多，而大的、好的较少，差的、小的又怎么能谈得上值钱和保值呢？

第六节
实例分析

钻石是怎样变成立方氧化锆的

一天下午，营业员打电话叫我说一位顾客在前几个月买了一枚钻戒，拿到广东去鉴定后说是立方氧化锆，叫我马上去一下。

我匆匆赶到门市，那位顾客把收款发票、标签和首饰盒一起拿给我看。我跟他要鉴定证书，他说在改指圈的时候，营业员就没有给他，所以没有。

我把戒指拿到手里用放大镜一看，指圈里面有18KGP的字印，而且非常清楚，我当时告诉他说，不用再次鉴定了，这枚戒指是假的，这枚戒指不是我们售出去的。当时他就发脾气了，并争吵起来。我向他解释说我们从来不销售18KGP的戒指。如果我们柜台有这类戒指，我接受你提出的任何处罚，这是因为18KGP是镀18K金假戒指。

经过商场和我们耐心细致的解释，由他到柜台任意挑选对比，他最后走了。

通过这次事件可得出几点教训：

1.营业员不要见到我们的标签不经过细看就说是我们的饰品，要经过证实后才能下结论。

2.在销售后，或销售过程之中，预防用我们的标签、别人的饰品假冒我们的饰品。

3.售后一定把鉴定证书给顾客，并说明证书和饰品一定要妥善保管。

4.售后服务一定要把所有单据带来公司才能提供服务。否则，不能确认是否是我们售出的商品。

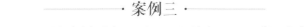

·案例二·

29 万元钻石女戒是怎样被盗的

　　一天，钻石柜来了三个外国女人，看她们蓝眼睛、金发，像是外国的有钱人。她们自称是中东的女富豪，对价格低、钻石小的一点都不感兴趣，专挑选净度、色度好且重量在3ct以上的大钻。她们左挑右选，就是迟迟不买。两个多小时过去了，由于是"大客户"，营业员不敢掉以轻心。最后，三个外国女人才说，明天带母亲来参谋再说。营业员让她们把电话号码留下，等她们走后，按她们留下的号码打过去，发现都是空号。

　　没想到一个星期后，其中一个女子带着一男一女来了。上次接待她们的那位营业员下了班，这次上班的营业员会一口流利的英语，同这一男二女三个外国人交谈起来。他们叫营业员拿出5颗大钻不停地看，最后又说去取钱来买。等他们三人走后，营业员一点货，才发现最贵的一颗标价29万元、重量为2.1ct的大钻不知去向。

　　营业员报知经理一起向当地派出所报案，派出所调出监视器一看，他们站在监视器看不到的地方，只有进到柜台的时候监视器才拍到其中一个女子的一点头发。专业人士认为，偷盗者均具备钻石知识，不仅是珠宝行家，还是具有偷盗经验的"专业钻石国际团伙大盗"。希望珠宝行业的同事们要多加注意，提高警惕，以防上当受骗。

·案例三·

46 万元铂金钻戒轻易得手小偷怀疑是"假货"

　　一天，一位约30岁的中年男子来到柜台前，一位营业员热情接待了他。他说把你们柜台上最贵的拿来给我看看。营业员把标价1万多的钻石拿给他看，他说价低了。营业员又把标价10万的拿给他看，他还是说价低了。营业员又把标价为30万元的钻石拿给他看，他还是说价太低了。营业员只好把标价46万元、重2ct多的大钻石拿给他看。他左看右看，大约看了半个小时，然后又把标价10万元的钻戒拿过来比较，最后下决心说就要这枚46万元的吧！

　　中年男子又说："你给我打多少折，包装盒是什么样？"营业员跟他讨价还价，又请示经理，又把包装盒拿出来给他看。总算谈成了，他最后对营业员说："你拿着，我去取钱去。"

营业员心想，今天遇到了一个大老板，这个月完成销售任务是不成问题了，工资能保证了。可是等了一个多小时，还是不见那位男子来取。营业员打开首饰盒看，偌大的钻戒不见了踪影。她清清楚楚地看到，那位男子明明是把这枚钻戒放在了首饰盒里，怎么就会不翼而飞呢？钻戒到底去了什么地方，她怎么想也不明白。

营业员只好把这最重要的事报告给了部门经理，并向总经理汇报，及时到当地派出所报了案。

原来，这位男子是一位犯有偷盗罪、刑满刚被释放回家的老盗手。那位营业员哪里知道，这位惯偷的手段之高明是超出常人意料之外的。

这位惯偷得手后，就把这枚大钻戒拿到花鸟市场上去变卖换成钱，问了好几个买主，先要二万元，后降到一万元都没有卖出去。他开始怀疑这枚轻易到手的钻戒的真实性，心想难道是一枚假钻戒？

他拿着这枚钻戒到了宝协办做鉴定，鉴定人员看出这枚钻戒与不久前媒体报道的被偷钻戒相似，一边认真鉴定，一边向当地派出所报案。经审问，才知道这位"神偷"的来历和作案经过。

这事使我们认识到：销售的任何环节都不能马虎，一定要认真负责，看护好每一件饰品。

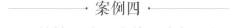

· 案例四 ·
3.2ct 的钻石戒面小偷三次都没得逞

钻石柜台中有一颗钻石戒面重3.2ct，净度为VVS级，色度为96，零售价为人民币50万元。

上柜不到半个月，就有两位大约40岁的中年男子，说着普通话来到柜台前，指着那枚戒面叫营业员拿给他们看看，问要多少钱才卖，营业员说打95折。他又说："46万卖不卖？"当时，在营业员心里，以为是遇到大客户，要开大张了，因为营业员的收入是按提成绩效发工资。营业员急忙说："我去请示一下经理。"经理说卖给他，他说今天没带钱，明天来拿。日子一天天过去了，一直没见那个男子来拿。

营业员感觉有些不正常，为了安全，就把装戒面的盒子口用透明胶带封起来。今后，无论是谁来看这颗钻石戒面，只能透过盒子的玻璃看，不能把戒面拿出来，避免被调包。

一个月后，上次来的另外一位男子又来到柜台前，说要买这颗钻石戒面，并要求营业员把它拿出来看看，营业员告诉他，公司规定要交钱后，才能拿出来，如果和鉴定证书不符，公司可退可换。经过一番讨价还价后40万成交，他又说今天没带钱，明天来拿。

又过了一个月后，这位男子又来到柜台前，又经过一番讨价还价后38万成交，他又说今天没带钱，明天来拿。结果至今全无音讯。

经过三次的接触，怀疑两个男子很可能是小偷。由于营业员警惕性高，他们无从下手，才避免了事故的发生。

· 案例五 ·
货品在邮寄中不翼而飞

一天，赵××和陈××两人共同对钻石饰品核对包装退货单（维修钻女戒、16条配送链和其他钻石饰品），然后委托快递公司寄货。当时由快递业务员直接到柜台取货，货品已包装好，快递员也没要求打开验货，填完快递单就拿走了。5日后收货方打开快递后发现里面货品没有了，而且包装有异样，打电话通知我们。我们马上到快递公司找他们负责人交涉，可他们说查不出来是哪里出了问题。随后我们就直接去派出所报案，派出所说不确定哪个环节出的问题无法立案，说属于民事诉讼只能通过法院解决。这情况随即也报告了厂家，后来不了了之。

通过这个案例，说明两个问题：

1. 估计在装好后，快递员到柜台一看是卖珠宝的，知道里面装的是珠宝首饰之类的贵重商品，由此起了贪盗之心。以后要告诫营业员不能在柜台之中交接货物。

2. 在收货的时候应当仔细检查盒子封带是否有异样。如果有异样用不签名、拒收等方式来处理。

———— · 案例六 · ————

2.24ct 裸钻标错价引起的思考

一天，来了一个叫李××的顾客，看上了钻石柜一颗重量为2.24ct的钻石戒面，这颗钻石戒面的编号为L24号，颜色为H色，净度为VVS级，配有国际认可的GIA证书。标签上的标价为126900元，讨价还价后以12.5万元成交，顾客交了500元定金，说明天带钱来拿。顾客说明要开文化用品方面的发票，销售人员也同意了，还承诺免费镶嵌钻石不收任何费用。

三天后，这位顾客来到柜上，销售人员说这颗钻石的价格标错了，愿意给顾客退500元的定金，自己愿意罚款3倍，也就是退给顾客2000元（押金500元和罚款金1500元），如果顾客同意当时退款。但是，顾客不愿意，坚持要买这颗钻石。

由于顾客坚持买，部门经理来协调不见效。部门经理告诉他，如果你要，我们不配合开具文化用品发票。只能卖什么开什么，也就是开钻石的发票。顾客也同意开钻石，销售人员还是不愿意卖这颗钻石，一再说明是标错价格请顾客原谅，但是一直没有达成协议。

这样，僵持了约三天后，最后销售人员妥协，说愿意拿出2万元作为亏损赔偿给顾客。顾客一听，现在就能得到2万元现金，更是得意得很，更坚定了购买这颗钻石的决心，部门经理才把这件事告诉了我。

因为考虑到信誉度和知名度，我也同意亏本卖给他。顾客胜利了，钻石柜台前也无人来纠缠了，一时间感觉清静了很多，但留给我们的是一个感叹号。

1.按照一般正常的标价，这颗钻石标价应该是532996元，就是53万元左右。

2.销售人员看到这个标价就应当知道，一般1ct的钻石，正常标价在20万元以上。如果颜色和净度像这颗钻石一样，1ct钻石正常标价在25万元左右。这种基本知识都不了解，怎样能卖好钻石饰品？

3.在发货的过程中不认真核对和检查，属于粗心大意，工作马马虎虎，犯了不应当犯的错误。希望大家引以为戒，珍惜企业的成本，以免再次犯错。

第
七
节
红
宝
石

化学分子式：Al_2O_3

重折率：0.008~0.009

摩氏硬度：9

解　理：无，贝壳状断口

光　性：$o = 1.757$~1.768　$e = 1.765$~1.776

比　重：3.9~4.1g/cm³

熔　点：可达2000~2050℃

色　散：0.018

　　红宝石和蓝宝石是同一种矿物，都属于三氧化二铝的矿种。在矿物名称上都统称为"刚玉"。其硬度、物化性质都相同，为什么颜色会有如此大的差别？这是因为致色元素不一样。如果致色元素是铬，那么刚玉显红色，叫红宝石；致色元素是钛，刚玉显蓝色，叫蓝宝石；致色元素是铁和铝，刚玉显绿色，叫绿宝石；没有含致色元素的刚玉呈白色，人们称为白宝石，也叫无色刚玉。

　　宝石级的刚玉，除了红色之外均称为蓝宝石。

红宝石是仅次于钻石的贵重宝石之一，国内外都相信佩戴红宝石会使人健康长寿、发财致富、聪明智慧、爱情美满，左手戴有红宝石具有逢凶化吉、变敌为友的魔力。

《圣经》上告诉我们，红宝石象征着犹太部落，自犹太人宣布建立以色列王国以来亚伦法衣上第四颗红宝石一直是皇家的圣物。

红宝石产地简介

1. 缅甸

所产的红宝石档次高，透明度好，光泽美丽，最高价值的红宝石是"鸽血红宝石"，颜色鲜艳、强烈、辉煌。大粒鸽血红宝石比钻石还难求得。

历史上缅甸的抹谷地区一直是世界上优质红宝石的主产地。

2. 泰国

红宝石产于泰国的尖竹汶地区河流的沙泥层、冲积层之中，距地面1.8~6米，用冲洗回收的方法开采。

3. 巴基斯坦

主要产于罕萨河谷，质量和成品类型、开采方法都和缅甸一样，但储量比缅甸要少些。

4. 斯里兰卡

产于拉物纳普拉市郊，是亚洲最大的宝石生产基地，宝石矿深15米，宝石质地和缅甸相比要差些。

云南红宝石简介

　　云南红宝石矿山可以说是中国唯一的一处红宝石矿山，这座矿山是1989年云南省地矿局区调队在淘重沙时发现的，并进行了深入细致的地质勘探，矿山地点位于元江县以南的小羊街乡巴仆村，其成因类型和缅甸抹谷一样，此矿山由于受红河断裂的影响，最大的缺点就是裂纹较多，这是哀牢山脉多期构造运动造成的。元江红宝石颜色鲜艳，透明度很高。

云南红宝石矿山地质特征

　　云南哀牢山红宝石矿床，属于缅甸抹谷型红宝石矿床。于1990年在1∶20万区域重砂测量时发现并探明，目前正在开发利用。该红宝石矿的发现，揭示了云南省宝石矿产的潜在远景，具有十分重要的地质意义和经济价值。从以下几点加以分析：

1. 地质构造概况

　　云南哀牢山红宝石矿床在区域构造上，位于扬子地块西缘由一系列逆冲—推覆韧性剪切带组成的哀牢山断块内。该断块为喜马拉雅期形成的一条陆内碰撞造山带的上覆单元，一般将其作为扬子地块的基底成分看待。

　　被红河断裂与哀牢山断裂切割和限制的哀牢山断块，呈NW—SE向帚状展布，出露地层为下元古界哀牢山群变质杂岩，是一套古老的由各种沉积岩和火成岩历经区域变质作用、混合岩化、动力变质和热力变质作用形成的巨厚而成分复杂的中深变质岩系，其岩石种类繁多，主要岩类为不同程度混合岩化的变粒岩、浅粒岩、角闪岩、片岩、片麻岩及大理岩。红宝石矿产于哀牢山变质带中部，赋存于哀牢山岩群阿龙组b段和下部。

　　矿区总体地质构造为NE—SW向展布的背形褶皱。背形位于红河断裂西侧强应变带和小营盘强应变带之间的弱应变域内，背形褶皱出露平距1.2~1.5千米，延伸长度超过25千米，背形轴面倾向北东，倾角＞60º，枢组走向315º，向南东倾伏，倾伏角约15º。背形核部和次级小断裂发育的地段是最佳矿化地段。

2. 红宝石大理岩和红宝石的岩石矿物

红宝石呈斑晶状、条带状、浸染状产于白色粗晶大理岩中。

红宝石大理岩总体上呈NW—SE向线状展布，已发现矿源层四层。大理岩产状一般倾向为25º~50º，倾角30º~50º，单层厚度小于2米到大于40米，顶底板一般为钙硅酸盐岩和斜长变粒岩，并可见伟晶质和长英质脉体顺层贯入大理岩中及大理岩与顶底板的接触面中，贯入体与大理岩的接触面上无烘烤、交代和蚀变现象。

红宝石大理岩外观上呈纯白色、灰黄色—中厚层状，块状构造和条带状构造，中粗晶—巨晶结构，矿物粒度为1~7毫米，主要矿物成分为方解石，主要伴生矿物为金云母、透闪石、钙柱石、石墨、镁橄榄石等。含大理岩的岩石化学特征是富铝贫硅、高钙低镁，铝碱比值大，MgO一般小于2%，Mg/（Mg+Ca）比值一般为1.1%~6.0%，Al/（Al+Si）比值一般为9.6%~40%，Al/（K+Na）比值大于1%~14.59%。

坡残积物中红刚玉的含量最高可达39.17克/吨，平均为0.58~5.88克/吨。

该矿区红宝石颜色纯正、浓厚、艳丽、匀净，粒度较大，并多呈短柱状、中柱状和等轴状，加工性能良好，在水中或加工厂琢磨后呈现夺目光彩。

根据红刚玉单矿物电子探针分析，红宝石中的成色元素主要是 Cr_2O_3（0.17%~3.02%）；TiO_2（0.16%~0.04%）；FeO（0.03%~0.21%）。由于 $Ti^{+4}+Fe^{+2}→2Al^{+3}$ 或 $2Cr^{+3}$，该矿区红宝石具有特殊的紫色色调，有人认为"略带蓝色色调者是最为罕见的珍品"，主要颜色为玫瑰红色—深玫瑰红色，约占总量的60%。

红宝石毛料的粒度组成情况主要为0.2~1厘米，占70%，最大可达5厘米以上（单粒重量达121.6克），一般透明到微透明，少数呈透明，宝石原料的粒度大小取决于瑕疵的多少。宝石瑕疵主要是裂纹呈片理纹、蚀痕、包裹体等，一般而言，粒度愈大则瑕疵愈多。

图示红宝石双晶就是产自元江县的红宝石，其特点是上面一个红宝石晶体和下面一个红宝石晶体生长在一起，具有很好的代表性。

各种粒度、颜色和瑕疵的红宝石原料，物理性质差异不明显，硬度为1892~2284 kg/cm^2，平均2084.05kg/cm^2，相对密度为3.68~4.052g/cm^3，平均3.91。

3. 经济和地质意义

（1）宝石矿产是一个国家和地区财富的象征，红宝石具有高档饰物和稳定硬通货币的双重意义，目前国际上对优质红宝石的需求很高。云南哀牢山红宝石矿的发现和开发利用，无疑具有重大的经济意义。

（2）云南哀牢山红宝石矿床在形成环境、大理岩石特征、矿床特征、伴生矿物组合等许多方面，与目前世界著名的红宝石矿床（点）几乎完全一致，但目前世界著名的变质红宝石矿床（点）集中分布在环绕印度次大陆北缘的阿尔卑斯—喜马拉雅造山带，而云南哀牢山的红宝石矿则赋存于扬子地块西缘的造山带内，因此该矿床的发现可能揭示了一条新的红宝石成矿带存在。

（3）红宝石大理岩是红宝石矿床的最重要的成因类型，是目前世界上优质宝石级红宝石的主要来源，云南省中深变质带分布很广，因此，该红宝石矿的发现，揭示了云南红宝石矿产资源的潜在远景，有希望发现更多的红宝石矿床（点）。

红宝石的简易鉴别

红宝石就是红色刚玉，它色泽鲜艳美丽，是仅次于钻石的珍贵宝石。其代用品和仿制品不少，主要有红色尖晶石、紫牙乌（铁铝榴石和镁铝榴石）、红碧玺、红色锆石、合成红宝石等。

红色尖晶石，又称"大红宝石"，它常与红宝石在同一地点产出，地质上称为共生矿物，是天然宝石中最易与红宝石相混淆的一种宝石。它与红宝石一样，都有美丽的红色，外观非常相似。在我国古代，红色尖晶石常被当成红宝石。比如清代，亲王和一品高官的帽子上，常以红宝石作为"顶子"，其实，这些"红宝石"大多数就是红色尖晶石。

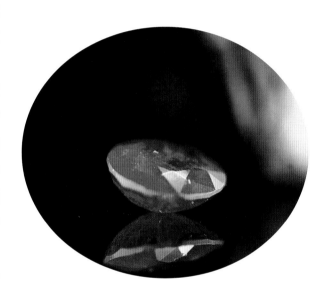

观察荧光是区别红宝石与红色尖晶石的可靠方法。用紫外线灯照射，就可以发现它们发出的红色荧光的光谱很不相同。这时用分光镜观察，若看到有两条明亮的红线组成的荧光，就是红宝石；若看到由一群五条以上的细红线组成的荧光，就一定是红色尖晶石。另外，红宝石光谱的蓝色部分有明显的吸收黑线的现象，而红色尖晶石却没有。

二色性是红宝石的一个重要特征。用二色镜观察，可发现在红宝石的两半视野不是相同的红色。

颜色也是区别红宝石与红色尖晶石的依据。两种宝石的颜色虽然相似，但仍有些不一样。红宝石多为鲜红色，而红色尖晶石则常为大红色；前者发艳，后者较浓。

除此之外，从绺裂、折光率、比重等方面均可对红宝石与红色尖晶石进行辨别。红尖晶石绺裂较少，而红宝石绺裂较多；红宝石的硬度高达9，极少有划伤，也不易磨毛，而红色尖晶石的硬度是8，低于红宝石，因而它的表面不如红宝石光亮；红色尖晶石的折光率为1.72，也低于红宝石，用光率计很容易区分。

紫牙乌的红色品种较多，故也常成为红宝石的代用品。这通常指紫牙乌中的铁铝榴石与镁铝榴石。

铁铝榴石，古称"纯红宝石"，多为红色和暗红色；镁铝榴石，以红、浅红、淡红褐色为常见。它们在外观上与红宝石相像，但性质上区别很大，主要表现：红宝石在紫外线灯照射下能发出纯红色荧光，而红色的紫牙乌则没有荧光；在X线照射下，红宝石的透明度很高，而紫牙乌则基本上不透明。

红宝石是非均质体，有显著的二色性，而紫牙乌则是均质体，不会有二色性。如用二色镜或偏光仪观察，即可发现二者的区别。

红宝石的硬度很高，因此测试硬度也就成了区别红宝石与其他代用品的一个较准确的方法。紫牙乌的硬度为6.5~7.5，方法是用红宝石与紫牙乌相刻，可用放大镜去观察宝石表面是否有划痕。

镁铝榴石往往有轮廓不太明显的黄铁矿包裹体，或针状结晶体物包裹体；而红宝石中则以丝状物、锆石晶体、平行管状包裹体为常见。

红碧玺：区分红碧玺与红宝石，主要从硬度和折光率入手，红碧玺的硬度为7，折光率为1.62~1.64，都比红宝石低得多，只要测试一下硬度和折光率就一目了然。

红碧玺的双折射较大，如用放大镜可以观察到底部的棱线有双影，红宝石则没有。

在X线照射下，红碧玺不透明，而红宝石透明，这也是区别它们的方法。

锆石：锆石中的红色品种也易与红宝石混淆，但锆石的折光率为1.92~1.98，比红宝石高得多，且双折射强烈，从成品顶面用放大镜观察，底面棱线出现的双影可以清楚看到。

红宝石具有玻璃光泽，而锆石则带有金刚光泽，它的成品表面有五颜六色的变彩，非常美丽。另外，锆石的硬度为7，通过测试硬度也可以与红宝石区别。

合成红宝石：它与天然红宝石不仅颜色相同，而且在物理性质、化学性质上也完全一样，所以，用测试硬度、比重、折光率等方法无法区分它们，这就使分辨红宝石的真假变得非常困难。不过，人造品无论多么逼真，因为它与天然宝石的形成过程不同，所以还是有办法分辨的，其方法如下：

人造红宝石

分辨包裹体：天然红宝石的包裹体多由锆石、金红石、尖晶石等天然矿物晶体构成，它们常常按一定的方向排列。此外，天然红宝石的包裹体还常常由许多细小的液体滴组成，它们大致处于同一平面上，形成羽状、指纹状花纹。而人造红宝石的包裹体常常是球形、长圆形的气泡，它们或孤单、或成串，多的时候可以形成不规则的凝块状。

分辨结晶生长纹：天然红宝石在自然界中形成很缓慢，因而宝石晶体上会形成与六边形晶形平行的六边形生长线，它们有规则地平行排列。而人造红宝石因结晶过程很短，它表面形成的是弯曲的圆弧形生长线，这是区分红宝石真假的可靠依据。

观察发光性：天然红宝石和人造红宝石在紫外线灯照射下都能发出红色荧光，但后者所发的荧光比前者要明亮。如用X线照射，天然品和人造品也都会发出红色荧光，可是一将X线关掉，多数天然红宝石的荧光会马上消失，而人造红宝石却有较明显的磷光。

分辨形态：天然品具有六边形桶状或柱状的晶体，而合成品在外观上看，很像一个倒置的梨，没有清楚的晶面和晶棱。

　　红宝石饰品以鲜红颜色引大家喜爱，从资料统计上得知，1970~1989年，同等的红宝石涨价8倍之多。它象征着璀璨和永恒，被人们喻为"爱情之石"，红宝石的红色象征着爱的热情似熊熊燃烧的烈火，也就是人们常说的"火辣辣的情，火辣辣的爱"，表示赤胆忠心，使男女之情得到升华，也是男女之心碰撞出来的激情火花。它的红色像热血般的殷红，像烈火中的激情，拥有它是美满幸福爱情生活的象征。

　　红宝石的红色，像火一样照亮着人们的前程，使人们能沿着光明大道勇往直前，佩戴着它，可以保持你的生活热情永不熄灭、生命之火永远熊熊燃烧。

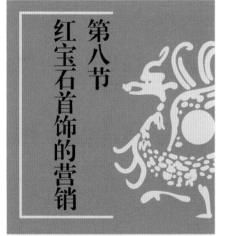

第八节
红宝石首饰的营销

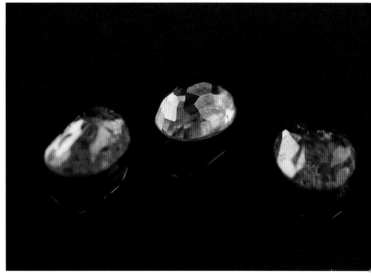

蓝宝石是红宝石的姐妹石，在地质矿物学上称刚玉，由于致色元素是钛（Ti）和铁（Fe），从而使刚玉的颜色像秋日的晴空，像平静的大海，蔚蓝明澈而深沉宁静，能使人产生无穷无尽的遐想。

"蓝蓝的天上白云飘，白云下面马儿跑"，蓝宝石把人们带进一片广阔而无边的画景中，使人们心旷神怡，赞叹不绝。

蓝宝石被西方人称为"使人聪明之石"，东方人视蓝宝石为护身符，认为是有德有望之人佩戴的宝石。

蓝宝石的产地

各国的蓝宝石产地很多，在前节介绍的产出红宝石的地方一般都有蓝宝石产出，因为是共生矿物。这里主要介绍一下蓝宝石产地的区别，各地的蓝宝石由于生态环境的改变而内在的色体也随之变化。

1. 斯里兰卡蓝宝石

斯里兰卡的蓝宝石是一种变质交代成因类型的矿床，以浅色或无色较多，其内部色体常有黑云母、锆石、磷灰石、金红石包裹体存在。

2. 印度蓝宝石

印度在300多年前曾发现一颗重543ct的蓝宝石，被命名为印度之星，现保存在纽约历史博物馆，其内部有电气石、云母、锆石、长石、沥青铀

第九节 蓝宝石

矿、褐帘石包裹体存在。

3. 缅甸

缅甸是产出有色宝石的大国，其颜色鲜艳纯正，其内部有长石、锆石、磁黄铁矿、二相熔体的包裹体。

4. 尼日利亚

尼日利亚蓝宝石是非洲蓝宝石重要产地，也叫"非蓝"，其颜色以蓝色和黄色为主，晶体呈板状、桶状或棱粒状，具有较强的色带和裂理，有次生的愈合包裹物及钠长石、铀烧绿石、负晶形两相包裹体的重要特征。

5. 其他国家

泰国、坦桑尼亚、美国的蒙大拿、澳大利亚、柬埔寨、哥伦比亚这些国家都有蓝宝石产出，这里就不多作介绍了。

6. 中国蓝宝 —— 山东昌乐

中国是世界最新发现的蓝宝石产地之一，分布于山东潍坊、江苏、海南等地玄武岩之中，成因类型属于热液岩浆型，和澳大利亚蓝宝石类型相似，颜色较深，大部分为深蓝色，二色性明显，平行色带发育特别丰富，而且相当明显，是鉴定天然性的主要标志。

内部特征为含有多种类型的包裹体，共存的流体熔融包裹体及锆石、长石、云母、铌钽铁矿结晶矿物。

蓝宝石的简单鉴别

蓝宝石与红宝石一样，珍贵程度仅次于钻石。它既珍贵、颜色又较多，因而替代品和假冒品比红宝石还多，主要有尖晶石、蓝碧玺、黝帘石、黄宝石、锆石、蓝色玻璃、人造蓝宝石和夹层宝石等。

尖晶石：它与蓝宝石很容易混淆在一起，要加以区别，主要从颜色、硬度、折光率、吸收光谱等几个方面入手。在颜色上，蓝宝石的蓝很纯正，而蓝色尖晶石则蓝中带灰。蓝宝石的硬度为9，表面很少有划痕，也不易磨毛，而蓝色尖晶石硬度为8，表面划痕比蓝宝石要多。蓝宝石为非均质体，有两个折光率，而尖晶石只有一个折光率，且低于蓝宝石。如用查尔斯滤色镜观察，会发现蓝宝石呈灰暗的绿色，而蓝色尖晶石则呈现出暗红色。

蓝碧玺：蓝碧玺在外观上极易与蓝宝石相混同，故有"巴西蓝宝石"之称。区分时可通过测试硬度、比重和折光率来鉴别。蓝碧玺的硬度为7，折光率是1.62~1.64，比重为3.1g/cm^3，都远低于蓝宝石。在X光照射下，蓝宝石透明，而蓝碧玺却不透明。

黝帘石：此种宝石的原石是红褐色，有些是紫水晶色，经过加热就可变成深蓝色，可以作为蓝宝石的代用品。它与蓝宝石还是比较容易区分的，因为它的硬度较低，仅为6.5~7。黝帘石的二色性非常强，从不同的方向观察，可以看出它有紫红和深蓝两种颜色，甚至用肉眼也能看清楚，而蓝宝石的二色性较弱。另外，黝帘石的折光率比蓝宝石低，可测量折光率来区分它们。

黄宝石：黄宝石中的蓝色品种要与蓝宝石区分，除了测试硬度（黄宝石的硬度为8）外，还可通过紫外线长波照射来观察荧光。蓝色黄宝石与蓝宝石尽管外观相似，但在紫外线长时间照射下，前者有杏黄色荧光，而后者则会发出淡黄色和绿色荧光。此外，在二色镜下，黄宝石的多色性明显，而蓝宝石则不明显。

蓝色玻璃（蓝料石）：过去，人们常用蓝色玻璃作为蓝宝石的代用品，但实际它们的区别很大。首先，蓝宝石的硬度高达9，而蓝色玻璃硬度仅为5.5，用放大镜观察，可看到蓝色玻璃上有磨损的痕迹。其次，蓝色玻璃无双折射现象，亦无二色性，这也是与蓝宝石的明显区别。第三，蓝宝石的比重为4左右，而蓝色玻璃的比重仅为2.6，同样大小的成品，蓝宝石手感很重，而蓝色玻璃却较轻。另外，因蓝色玻璃为人工制造，因而它们内部常常有气泡。

人造蓝宝石：人造蓝宝石与天然品在外观、性质上都相同，不大容易分辨。不过，它们的形状、包裹体、光泽等方面仍有不同。

形状是区分蓝宝石天然品与人工品的重要依据。天然品形状大都是同心六角形，与蜘蛛网有些相似；而人工品则多为同心圆形或半圆形。具体方法是将宝石放在水中，就可清楚地看到它们不同的形状。

天然蓝宝石的包裹体多为锆石、尖晶石、云母等天然矿物晶体，而人造蓝宝石的包裹体常常是气泡。

此外，分辨蓝宝石的天然品与人工品方法还有一些，可参考天然红宝石与人工红宝石的区别。

夹层石：它是由两种外观上相近的不同材料粘贴而成的，不细分辨，很容易上当，许多宝石都有夹层石假冒品。

用多层石假冒蓝宝石，往往是用蓝宝石、人造蓝宝石或蓝色尖晶石、蓝色紫牙乌等宝石充当上层，而下层则用不值钱的蓝色玻璃充当。鉴别时或用切尔西滤色镜进行观察，如果上层是蓝色尖晶石，则显出红色，下层的蓝玻璃在镜下会变成血红色。如用放大镜观察，还可以发现黏合的痕迹。

第十节 蓝宝石首饰的营销

　　蓝宝石是九月份的生辰石，是以静为主题的宝石，戴着它可以静制动，以水灭火，是外向性格的最好饰物。蓝宝石的蓝净清见底，像大海一样平静，戴着它是一种享受，能使你在关键时刻静而不乱。在我国清代，将红宝石列为一品，蓝宝石为二品镶嵌在帽顶上。西方人把蓝宝石作为君主的保护神。

　　传说蓝宝石还有医疗作用，一位古代作家写道："蓝宝石可以使人免受病痛、监禁、恶魔的伤害，可以除去眼中污物或异物。"英国查理五世收藏有一枚医治眼疾的椭圆形东方蓝宝石。

　　在西方，星光蓝宝石被称作"命运之石"；在东方，星光蓝宝石被作为"指路石"，使你沿着致富之路、平安之路、幸福之路前行而不偏向。

　　在性格偏急的人身上，能使其遇事不乱，火爆时得到平静。静则免灾，静是高尚品德，静中能得到超人的智慧和力量。

　　此外，恋爱中的女人佩戴蓝宝石可获得最大的幸福。按照西方的风俗，在结婚45周年时，夫妻要相互赠送蓝宝石。在营销时，遇到年纪较大男女购买戒指时，也可以推销蓝宝石对戒，你不妨试一试。

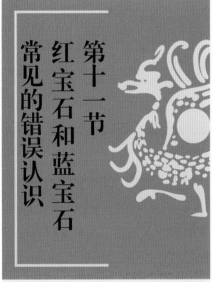

第十一节
红宝石和蓝宝石
常见的错误认识

没有裂纹的红宝石才是好的红宝石

在宝石行业中，红宝石是最容易出现裂纹的，宝石界的人们常说红宝石为"十红九裂"。也就是说红宝石矿山成因类型特殊，一般红宝石矿床产地的地质构造都比较复杂，造成红宝石大部分都有裂纹。要找到没有裂纹的红宝石是很难的，在市场上若有一点裂纹都看不出来的红宝石你应当特别注意，看看这颗红宝石是改色的还是人造的。

缅甸红宝石都是高档红宝石

任何一个矿山产出的红宝石都有好有差，并且差的多，较好的少，这才符合客观规律。所以说缅甸红宝石都是高档红宝石的说法是错误的。

只要能刻划玻璃的红宝石和蓝宝石就是天然宝石

一般玻璃的硬度是5～5.5，那么只要硬度高于5或者5.5的宝石都能刻划得动玻璃，而且大部分宝

石包括人造宝石的硬度都超过5，你能把它们都说成是天然宝石吗？所以，只要能刻划玻璃的红宝石和蓝宝石就是天然宝石这一说法是错误的。

蓝宝石的颜色不均匀不能买

现在市场上售出的蓝宝石有三种：一是人造蓝宝石，二是热处理蓝宝石，三是天然蓝宝石。按照目前有关规定后两种均属于天然宝石。但是，未经处理的蓝宝石大部分是有色带的，而天然蓝宝石的色带是相互平行的，并且色带的夹角60°或120°左右，这种色带也是鉴定天然蓝宝石的标志之一，因而蓝宝石的颜色不均匀不能买的认识是错误的。

蓝宝石的颜色越深越好

蓝宝石的颜色深浅是相对的，一般像晴朗的天空蓝的颜色为最佳色泽。过淡会变得无色，过深会变得发黑，所以，蓝宝石的颜色并非越深越好。

斯里兰卡的蓝宝石是世界上最好的蓝宝石

世界上产蓝宝石的矿山很多，每个矿山生产的蓝宝石都有好有差，斯里兰卡产出的蓝宝石也是有好有差，只不过斯里兰卡生产的蓝宝石好的要多一些。

红宝石和蓝宝石在销售中的差别

红宝石和蓝宝石在矿物名称上是一样的，都叫刚玉，由于致色元素不同形成不同颜色的宝石，在销售过程中，由于当地的消费习惯，人们对颜色的偏爱等因素都会影响购买。

第十二节 容易误会的名词解释

几种不相等宝石

合成宝石≠人造宝石≠立方氧化锆≠合成钻石≠拼合宝石≠再造宝石

合成宝石：指人工制造出来的宝石，其物理性质、化学性质、晶体结构、硬度都和天然宝石性质基本相同，如合成钻石、合成红蓝宝石、合成祖母绿等。

人造宝石：指人工制造出来的宝石，其宝石的物理性质和化学性质都没有与其相对应的天然宝石。如人造钛酸锶、YAG等。

拼合宝石：由两种或两种以上宝石材料经人工拼合在一起的宝石。

再造宝石：指人工把一些天然宝石碎块或碎屑经人工熔炼后制造出来的宝石，常见的有再造琥珀、再造绿松石等。

硬度越硬的宝石越不容易被打碎

实际上硬度和脆性恰好相反，宝石的硬度越高其脆性越大。当宝石受到外力碰撞或打击时，硬度越高的宝石越容易被打碎。从而可知，钻石的硬度最大而它的脆性也最高；所以在销售钻石饰品过程中,应当轻拿轻放,注意保护。

在宝石系列中相对密度越大其宝石质量越好

评价宝石的质量要考虑综合因素，不是凭简单的密度就可以得出定论的，相对密度只是宝石在单位体积的质量，宝石的好坏与宝石的颜色、透明度、杂质的含量等都有密切的关系。

测试硬度只有刻划一种方法

测试硬度的方法目前有用刻划的方法、用测试笔测试的方法、通过加工的棱边来判断的方法、用擦痕来判断的方法。所以，测试硬度只有刻划一种方法的说法是不全面的。

怎样认识宝石的多色性和变色性

宝石的多色性是指那些非均质宝石在不同的方向显示不同的颜色。而变色性是指宝石在同一个方向，不同的时间或不同的光源下，甚至在白天或黑夜，宝石会产生不同的颜色。所以，宝石的多色性和变色性说法并不是一回事，在本质上是有区别的。

六

有猫眼的宝石就一定很值钱

　　所谓猫眼宝石，是指宝石中的矿物包裹体沿一定方向定向平行排列而产生了像猫眼一样的光学效应。这种猫眼效应在高档宝石中出现时，其价值连城；若在低档宝石中出现，其价值也随之一落千丈。

　　但是，在同类宝石之中，有猫眼效应的宝石要比没有猫眼效应的价值高。

第十三节
红宝石和蓝宝
石案例分析

———— ·案例分析· ————
天然蓝宝石为何会变色

　　某年9月16日，一位顾客匆匆跑到金柜向售货员说，她去年购买了一枚18K白非洲蓝宝石，今年发现颜色变白了。怀疑蓝宝质量有问题。售货员向这位顾客讲了半天，说明了公司售出的货物都是天然的、货真价实，可是怎么也消除不了这位客户的疑心，售货员只好把她带到公司办公室。原来这枚蓝宝石是过脏，蓝宝石的底全被油污堆积了，从而产生折射率的变化，我用酒精棉把这枚蓝宝石洗了一遍。又问她，变了没有，她笑着说，没变，是和以前一样了。

　　由于宝石具有吸尘性，长时间佩戴而不清洗，部分光线透射不均匀，看上去透光部分明亮，不透光的部分暗淡。

　　所以，光和灰尘造成了这枚戒指变色，经过清洗处理，顾客满意而归。

矿物名称：绿柱石

化学分子式：$Be_3Al_2(SiO_3)_6$（铍铝硅酸盐）

摩氏硬度：7.5

光　　泽：玻璃光泽

比　　重：$2.63 \sim 2.91 g/cm^3$

折射率：$1.590 \sim 1.599$

双折率：$0.055 \sim 0.009$

色　　散：<0.014

断　　口：贝壳状

晶　　系：六方柱

祖母绿、钻石、红宝石、蓝宝石为世界上四大珍贵宝石。祖母绿具有艳丽的绿色为独特的魅力，受到世界各国人民的青睐。

祖母绿像春天的绿草，青翠悦目，像青松常在，像绿草地一样迷人，使人们百看不厌。在1521年西班牙侵略墨西哥时，祖母绿是主要掠夺对象。1532年西班牙侵略秘鲁，侵略者们为博得西班牙国王的欢心，收祖母绿作为贡品敬献国王。国王非常喜爱，还派人在自己的本土上寻找祖母绿。直到1555年西班牙人在哥伦比亚的姆佐科韦茨和伽沙拉等地也找到祖母绿，并进行不同程度的开采，造就了当今哥伦比亚祖母绿的美名。

1830年在俄罗斯的乌拉尔山脉南侧，靠近亚洲部分发现商业价值的祖母绿。1890年在澳大利亚的孟在斯发现了与乌拉尔祖母绿类型相似的祖母绿矿山。1927年在南非的德兰士瓦发现了祖母绿。1964—1981年在巴西方圆几十公里的范围内进行规模性的开采，成千上万的人为祖母绿日日夜夜地奋战着，得到了巴西祖母绿。

　　我国的祖母绿是在1993年一个偶然的机会发现的。当时是一伙开锰矿的工人在云南省哀牢山的东南部文山州马关大丫口地区开采锰矿时，突然间挖出一些绿色的石头来。随着时间的流逝，世界宝石业的崛起和发展，在非洲的坦桑尼亚、赞比亚、尼日利亚、马达加斯加，欧洲的奥地利、挪威，亚洲的印度和中国都先后发现祖母绿，只是质量不同、产量不同而已。

　　虽然矿山较多，可世界上优质的祖母绿还是有限的，有限的祖母绿产量是使其身价倍增的主要原因。

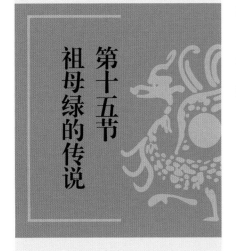
传说在塞浦路斯岛上，靠近坟地，有一尊很大的大理石狮子雕像，狮子镶嵌了两块美丽的祖母绿作为它的眼睛珠子，石雕狮子注视着大海。这两只眼睛明亮闪烁，目光深深地穿入水中，于是这海岸边的金枪鱼都感到害怕而不敢靠岸。一段时间里，渔夫们因打捞不到足够的鱼而感到惶惑，不知道什么时候，作为狮子眼睛的祖母绿被人用其他宝石更换了，后来金枪鱼又慢慢地游回来，渔民们的日子才逐渐好起来。

罗马人的这个故事，我们不去考虑它的真假。然而，罗马人确实相信祖母绿这种宝石有其神奇的功能，是神的眼睛。

祖母绿收藏最多的地方是伊朗王室，可以毫不夸张地说，他们拥有较好的祖母绿就有几千块，大部分镶嵌在皇冠、宝座上。

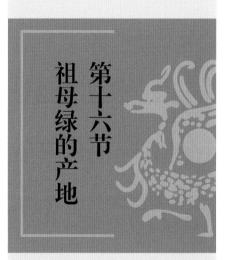

第十六节 祖母绿的产地

哥伦比亚祖母绿

世界上最好的祖母绿产地，纯绿色，绿中带点黄色或蓝色，包裹体和瑕疵较少。是目前世界珠宝行业产量最多和质量最好的祖母绿。

俄罗斯祖母绿

产于乌拉尔山区的矿脉之中，其特征是绿中带黄，较多瑕疵，颜色比哥伦比亚祖母绿稍微淡了一点。

巴西祖母绿

巴西祖母绿有两种，一种是产于伟晶岩脉中的祖母绿，这种质量较好，色正绿而瑕疵较少；而产于与云母片岩共生的矿物中的祖母绿色淡且瑕疵较多。

四

津巴布韦祖母绿

津巴布韦祖母绿是在伟晶岩的片岩中找到的，其颜色纯正，可以说达到最佳效果，不足之处就是包裹体较多，部分也存在着裂纹，也就是说晶体中带着瑕疵，而成材率较低，一般粒度都在3ct以下，3ct以上者较少。

五

坦桑尼亚祖母绿

产于坦桑尼亚的一个湖的岸边，生长环境是黑云片岩和伟晶岩接触带中，颜色为绿中带黄，宝石级祖母绿质量可跟哥伦比亚祖母绿媲美，一般粒度在8ct以下，大的可作为雕刻材料。

六

赞比亚祖母绿

赞比亚祖母绿颜色变化很大，从绿色到蓝绿色、暗绿色，绿中带点灰色。鉴定时可以在祖母绿中找到云母、角闪石、阳起石或透闪石的包裹体。质量只能算一般。

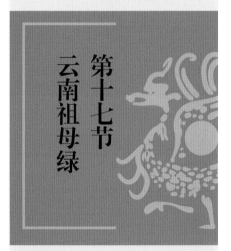

第十七节 云南祖母绿

我国唯一的祖母绿矿山位于云南马关大丫口，这个矿的发现很偶然，那是1993年我们公司在即将成立之前派我到文山参加云南省民族艺术节，我们主要目的是宣传展销我们开采的红宝石。我看到一些老乡在卖绿色绿柱石，本人就认定为祖母绿。以8元/克成交买了一水桶。后来第二年春天北京举办第一期全国珠宝展销会时我把它带到北京，到地科院找熟人用光谱法做了三个点含铬的鉴定，确定为中国唯一的祖母绿，不到半年，云南祖母绿由8元/克上涨到50元/克。

祖母绿鉴定通常是找包裹体，或用测光性，或用滤色镜及测比重方法来鉴别，作为销售也就不必了解得太多了。

根据民间采矿过程中提供的绿柱石线索，经云南省区域地质调查所工作证实，该矿为具有一定规模和较高经济价值的品质优良的祖母绿矿，现已进行开发利用。该矿的发现，在我国尚属首次，它填补了我国该类珍稀矿种上的一个空白，具有重要的地质科研意义和经济价值，已引起有关部门的高度重视。为了推动我国宝石矿产的寻找及开发利用，现将有关矿床地质特征简介如下。

矿区地质概况

矿区位于"越北古陆"北缘，产在燕山期花岗岩和中深变质岩系组成的穹隆状构造的顶盖上。经

研究发现，该穹隆状构造实际上是由花岗岩和中深变质岩系组成核部，周围被古生代地层所环绕的一个"变质核杂岩"构造。祖母绿矿即赋存于一区域性剥离断层上盘的"层状变质岩系"组成的北西西向形构造的核部。"层状变质岩系"由于经受了强烈的变质变形改造，原生构造基本消失，So已被So面理强烈置换，因此，矿区地层实际应属一套构造—岩（石）层，主要由黑云斜长变粒岩（或片麻岩）、二云二长变粒岩、黑云母片麻岩、夹斜长角闪岩、云母片岩、二云母片岩组成，中部见铬云母常沿面理富集形成条带，为优质祖母绿矿化的主要"层位"。上部则出现较多透辉石岩、透闪斜长变粒岩、浅粒岩和石英岩。该变质岩系中含磷较高，其原岩极可能为一套基性火山岩—沉积岩建造组成。该变质岩系底部在矿区靠主剥离断层面附近，出露以云母片岩为特点，其中见有蓝晶石，局部见蓝晶石富集形成透镜状块体。据上列岩石类型组成，该套变质岩系变质程度已达高绿片岩相—角闪岩相。

矿区出露的主剥离断层下盘的花岗岩体，一般均已受到强烈变形改造，主要为片麻状黑云二长花岗岩、片麻状二云二长花岗岩和糜棱岩化眼状黑云二长花岗岩，花岗岩的变质变形靠近主剥离断层增强，看来与伸展剥离作用关系密切，故其花岗岩中的片麻理与"层状"变质岩系中的面理与主剥离断层面间保持了近于平行一致的产状，总的形成向南东倾斜的具有一定波状起伏的"单斜"构造。主剥离断层之上覆"层状"变质岩系中，尚可见次级"顺层"剪切带发育，其中形成大量"顺层掩卧褶皱"或褶叠层，并发育大量布丁、香肠透镜体，由于强烈变形改造，岩石常具条痕、条带状特征。沿此"顺层剪切带"上部顺面理常有石英脉、含长石英脉和长英岩脉发育，与此类脉体相伴常有白钨矿化和祖母绿矿化，是矿区高品质祖母绿矿的重要赋矿构造。此类岩层之上覆部位，常为含云母质较多的岩石覆盖，应属成矿过程中的一个遮挡层。

另外，矿区内北东向及北北东向裂隙构造比较发育，似具等间距发育的特点。此类构造，常为石英脉、长英岩脉、伟晶岩脉所充填，岩脉普遍具有钨、锡、绿柱石等矿化，亦是矿区主要赋矿构造。此类岩脉所处围岩条件不同，祖母绿矿的品质差别很大。其品质较好部位多与"顺层剪切带"关系密切（尤其是暗色变质岩—黑云斜长变粒岩、角闪斜长变粒岩等接触部位）。顺面理发育的细脉型祖母绿矿化，多见产于暗色变粒岩或片麻岩中。从祖母绿和绿柱石的赋矿构造看，岩脉中的矿化由于具良好的矿物生长空间，多见形成粗大完整的绿柱石和祖母绿晶体或晶簇。而平行"顺层韧性剪切带"发育生长的祖母绿晶体，尽管品质上乘，颜色艳丽，但由于晶体生长缺乏良好的自由空间，一般难以找到结晶完好的晶体，因此影响了祖母绿的品质。但在一些有限的晶洞中仍有好的晶体出现，常成为祖母绿中的上品。

绿柱石和祖母绿的矿化特征

根据矿化赋存状态的不同可将矿体划分为白钨矿长英岩脉（石英脉型绿柱石）和蚀变交代型绿柱石两类。前者含矿岩脉常与变质岩面理产状斜切，老乡一般习称"反架"。脉呈北西西向倾斜的雁行状脉群，是矿区的主要含绿柱石和祖母绿矿体，脉一般长几米至几十米甚至到260米不等，厚几厘米至35厘米，计有20余条岩脉，其中主要见有四条规模大的岩脉。该类型绿柱石矿脉已产出的绿柱石和祖母绿占矿区产出量的80%以上。脉石矿物主要为长石、石英、电气石、白云母；矿石矿物则为白钨矿、绿柱石、祖母绿、毒砂等；后者矿化常沿"顺层韧性剪切带"发育，老乡一般习称"顺架"。其内常发育有含矿石英细脉和含长石石英脉，是矿区高质量绿柱石和祖母绿的主要类型。脉体规模一般小，长仅十几厘米到数十米；厚0.5~5厘米。脉体多沿面理断续分布，延伸极不稳定。主要脉石矿物为石英或有少许长石。常有绿泥石、铬云母、白钨矿、萤石、方解石、紫石英、黝帘石、电气石和毒砂等矿物伴生。绿柱石一般斜交或顺面生长，大多数晶体生长超出脉体范围与围岩直接接触。此类绿柱石一般颜色较好，透明度高，但晶形一般不完整，易含围岩杂质及电气石、角闪石包裹体。通过工作，已圈出7条矿脉。矿化围岩常为强烈定向片理化的含铬云母黑云变粒岩、条带状含磷灰石、铬云母黑云透辉变粒岩。此种类型的绿柱石50%以上可达宝石级祖母绿，有的深翠绿色，半透明者可与哥伦比亚优质的祖母绿媲美。

矿石类型：初步可以划分为单晶浸染状矿石、晶簇巢状矿石和囊状矿石三种类型。

矿物特征及品级划分

绿柱石的颜色、透明度、颗粒大小、晶体自形程度和瑕疵的有无和多少是决定宝石质量高低的主要因素。矿区绿柱石因产出状态、矿石类型、围岩条件的不同，其结晶自形程度、颜色、透明度和瑕疵均有明显差异。

1. 颜色

绿柱石具有深翠绿、艳绿、翠绿、浅翠绿、淡绿、无色。多数晶体常呈现不同颜色环节的变化，计有内深外浅的正环带和内浅外深的反环带（主要类型）；有深浅相间、总体上核部深、外环浅的正韵律环带和深浅相同、总体上核浅、外环深的反韵律环带。颜色的优劣，主要取决于绿柱石中的铬含量。该矿区绿柱石的不同颜色与Cr_2O_3含量有关，经分析测定，深翠绿色含0.4%；翠绿色含0.22%；浅翠绿色含0.11%；淡绿色含

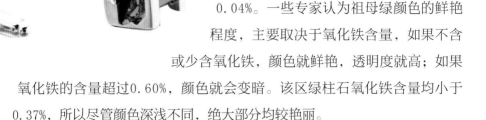

0.04%。一些专家认为祖母绿颜色的鲜艳程度，主要取决于氧化铁含量，如果不含或少含氧化铁，颜色就鲜艳，透明度就高；如果氧化铁的含量超过0.60%，颜色就会变暗。该区绿柱石氧化铁含量均小于0.37%，所以尽管颜色深浅不同，绝大部分均较艳丽。

2. 形态粒度特征

该区绿柱石除块状矿石中有少量他形到半自形颗粒外，绝大部分呈六方柱状，以{1010}最发育，其他晶形很难看到。柱面平行C轴的纵纹清晰。蚀变交代型矿体中绿柱石粒度较细，一般直径2~25毫米，长5~210毫米；长英脉型矿体中浸染矿石的绿柱石，粒度较大，一般直径5~80毫米，长20~300毫米，最长可达750毫米，晶簇巢状矿石的绿柱石，一般直径8~40毫米，长度10~180毫米，脉体顶部可见针状或粒状、块状矿石绿柱石，直径大，长度小，一般直径10~50毫米，长20~80毫米。

3. 透明度及瑕疵

该区绿柱石具有不太发育的{0001}解理，由于受成矿后构造成应力作用，以及采矿爆破等原因，绿柱石常具沿{0001}解理形成绵裂。晶体内部包裹体一般少，仅见与电气石共生的绿柱石中有少量毛发状黑电气石包裹体。该区电气石以半透明为多，蚀变交代型绿柱石透明度最好，晶族巢状矿石次之，块状矿石最差。

4. 品级划分

颜色、透明度、粒度、瑕疵及晶体自形程度是等级划分的主要依据。据此，可将该区绿柱石初步划分为如下品级：深翠绿色，全透明，晶体直径大于5毫米，绵裂小于5%的绿柱石为珍品级祖母绿，可加工成刻面的高档宝石，约占矿区绿柱石的10%左右；深翠绿色—浅翠绿色，透明—半透明，晶体直径大于3毫米，绵裂小于25%，包体1%，环带宽大于2毫米的绿柱石，归为宝石级，其比例约占60%，此类绿柱石，不需特殊处理即可加工成中—低档祖母绿素身戒面，其美感胜于普通翡翠；其余只能作观赏石、雕件料或需处理改良后才能作宝石的绿柱石全归为矿石级，比例为30%。

对该祖母绿矿的成因，仅据地质条件推测，成矿作用与大陆伸展作用条件下来自酸性岩浆的含铍高温气—液流体从"含铬火山—沉积变质岩系"萃取Cr^{3+}离子的热液沿先成面理和构造裂隙交代充填结晶而成。

四

地质意义及经济价值

（1）该祖母绿矿的发现，填补了我国祖母绿宝石的空白，已被地矿部命名为"中国祖母绿"。它将为我国祖母绿矿的寻找和开发利用起到积极的推动作用。

（2）从成矿地质条件看，该矿的形成与大陆伸展作用下的"变质核杂岩"形成演化过程中的岩浆活动和构造作用有关，这为寻找祖母绿矿提供了一种新的类型。该类构造在我国发育广泛，凡具有相似成矿地质条件的地区，均应注意寻找与此相似的矿产。

（3）祖母绿是世界公认的高档宝石之一，目前国际上对优质祖母绿需求仍然很高。中国祖母绿的发现无疑具有十分重大的经济价值。现已进行边探边采，部分已经加工投入市场，目前已获一定经济效益。

祖母绿是地球上罕见难得的珍贵宝石，优质的祖母绿可以和优质的钻石在经济价值上相并列。人们看到祖母绿会想起大地春暖花开、枝繁叶茂、绿草如茵的春天景象。古代人就曾经赞叹它赏心悦目的情景，使眼睛感到那么的舒服，看祖母绿就像看嫩嫩的草坪一样。祖母绿无论在什么光源下，总是发出柔和而艳丽的色彩，让人感受到鲜艳的自然美、颜色美。

罗马人相信祖母绿可以消除眼睛疲劳、恢复视力，起到保护眼睛的作用，并认定为五月的生辰石。

在西方，夫妻结婚55周年纪念日相互赠送的礼物是祖母绿戒指，它象征财富、幸福。

第十八节 祖母绿的推销

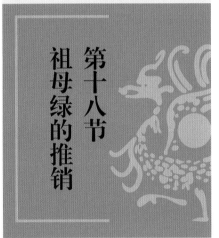

第十九节 祖母绿常见的错误认识

祖母绿不透明不值钱

祖母绿的矿物名称是绿柱石，它和海蓝宝石是同类矿种，只因致色矿物不同造成不同种类的宝石。祖母绿属于高档宝石，评价祖母绿的价值主要有三个方面因素，一是颜色，二是透明度，三是净度，而透明度只是其中的条件之一。所以，祖母绿只要颜色好、包裹体少、不透明也值钱。

祖母绿的价值不如红蓝宝石

无论任何珠宝都有好中差。不同类的宝石一般是无法比较价值的。不同类别和不同质量的宝石更难以比较它们的价值。

合成祖母绿一定很干净

当前科学技术较发达，任何一种人工合成的宝石都可能把部分杂物掺入进去，为了使人工合成的宝石更逼真，造假的手段也就更高明。在熔炼的过程中也会掺入别的矿物质，但只要认真区别也是可以分开的。

中国祖母绿质量也不差

中国祖母绿主要产于云南，其质量有好有差，差的多，好的少，再加上开采手段落后 —— 用爆破的手段开采，使得祖母绿裂纹过多，降低其固有价值。如果解决开采中的技术问题，其价值也是较高的。

第二章

高档宝石

碧玺的基本特征

碧　玺：复杂硼硅酸盐

分子式：（Na, K, Ca）（Mg, Fe, Mn, Li, Al）$_3$ （Al, Cr, Fe, v）$_6$（BO$_3$）$_3$（Si$_6$O$_{18}$）（OH, F）$_4$

矿物名：电气石

摩氏硬度：7~7.5

密　度：3.01~3.10g/cm^3

光　泽：玻璃光泽

光学性质：一轴光性，负光性

解　理：无解理，性脆

折射率：1.624~1.644

双折射率：0.020

多色性：随体色的加深而增强

碧玺矿物名称叫电气石。在18世纪的时候，一个晴朗的夏天，荷兰阿姆斯特丹有几个小孩在玩弄航海者带回来的几块色彩美丽的小石子，他们发现在阳光下，这些小石子有一种能吸引或排斥草屑和灰尘的力量，从此荷兰人把这种石头称"吸灰石"。

在中国，很多人把碧玺用谐音的解释叫作"避邪"，意思是戴上它可以躲避邪恶，保佑人们平安，中国有一部电影叫作《碧玉簪》，讲述了一块碧玺镶嵌的簪子丢失了的故事，动用了不少人力、物力才把这块碧玺追回，还导致死伤者无数。

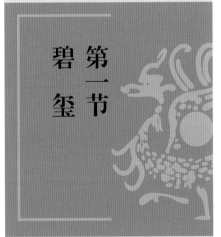

第一节

碧玺

碧玺的特殊性质

对于专业人员来说，判断碧玺只需根据碧玺的多色性就不难判断对非专业人员来说，如没有比重液、折射仪，可用以下几种简单方法来判断是否是碧玺：

1. 碧玺具有热电性质，当它受辐射或阳光照射后其表面会产生电荷，这种电荷可以吸附空气中的尘埃，所以即使不配戴，碧玺表面也会比其他珠宝要"脏"得多。

2. 碧玺具有很强的二色性，无论是什么颜色的碧玺，一个方向透光性极强，而另外一个方向则半透明或不透明。

3. 双折射率，一般情况下用放大镜透过台面观察亭部刻面的棱会有重影现象。

碧玺矿物种类物理化学参考表

名 称	光 性		重折率	比重	多色性	颜色	产 地
	O	C					
镁电气石	1.635	1.616	0.021	3.03	强	黑褐	肯尼亚
钙镁电气石	1.632	1.612	0.017	3.05	强	黑褐、绿	美国、斯里兰卡
黑电气石	1.655	1.625	0.025	3.1	强	黑蓝	俄罗斯
锂电气石	1.640	1.615	0.017	3.03	强	各种颜色	缅甸、纳米比亚
钙电气石	1.637	1.621	0.016	3.02	强	黑褐	美巴
布格电气石	1.735	1.655	0.08	3.31	强	黑褐	墨西哥

碧玺的特性

1. 由于碧玺生长需要一定的空间，所以原料的下半部分一般绵多，透明度较差。

2. 碧玺没解理，一般较脆，在拿放时应特别小心，轻拿轻放，在加工或镶嵌时难度较大。

3.碧玺一般裂纹、瑕疵较多，当无裂纹、瑕疵时，它的价格也就很贵。

4.碧玺的颜色较多，能满足人们多样化需求。一般在1ct以下的价格低，大于1ct的价格是小于1ct的同样品质的几倍。

四

碧玺的产地

碧玺的主要产地：巴西、美国、斯里兰卡、马达加斯加、坦桑尼亚、缅甸、俄罗斯。中国主要产地：内蒙古、新疆阿尔泰、云南哀牢山。

碧玺的推销

碧玺在云南出现的历史较早，据张鸿创先生考证，云南人原来把碧玺叫作"碧霞玺"，在明代传入云南。

由于碧玺有较多的品种，经久耐用，能令人称心如意，可使人获得最大的安乐和平静，所以人们又把碧玺称为安乐石，象征安于此地，乐在其中。其色调如同梦幻中的天堂境地，显示出人类美好的希望和未来。

"碧玺"和"避邪"是谐音，避免三灾八难是每个人的心愿，在推销时我们应当按照这方面的意义去推销。

图中的碧玺雕件是云南贡山的草绿色碧玺，无杂质、全透明的葫芦雕件。云南的碧玺色正、透明度高。还有一部分是红碧玺，颜色非常鲜红，令人神往。新疆碧玺多为深绿色，像啤酒瓶底一样，虽然透明度高，但消费者不喜欢这种颜色。

第二节
海蓝宝石

海蓝宝石：铍铝硅酸盐

其化学式为：$Be_3Al_2(SiO_3)_6$

光　　　性：一轴光性

折 光 率：1.570~1.580

双 折 率：0.006

多 色 性：二色性明显

光　　　泽：玻璃光泽

透 明 度：不透明~透明

摩氏硬度：7.5 ~ 8

密　　　度：$2.68{\sim}2.73g/cm^3$

Cr替代Al：绿柱石呈翠绿色 —— 祖母绿

Fe替代Al：Fe少绿柱石呈蓝色 —— 海蓝宝石

　　　　　　Fe多绿柱石呈黄色 —— 黄柱石

Mn替代Al：Mn少绿柱石呈红色 —— 红柱石

　　　　　　Mn多粉红色绿柱石 —— 铯绿柱石

海蓝宝石的特性

　　海蓝宝石和祖母绿一样，矿物成分也是绿柱石一类。祖母绿的致色元素是Cr（铬），而海蓝宝石的致色元素是Fe^{2+}（二价铁）。

　　很久以来，海蓝宝石深受西方人的偏爱。在中世纪，人们认为："海蓝宝石能给佩戴者以远见卓识和先见之明。"传说，一个罗马人在夜晚由于有心事难以入梦，他无意中将自己佩戴的海蓝宝石含入口中，不一会儿就进入梦乡。在梦里不少魔鬼来问他什么事要召唤它们来，他把心事告诉了魔鬼，魔鬼就把他所问的一一解答，并教他怎样去化解，他成功了。后来，人们就把海蓝宝石当作战胜邪恶的神物佩戴至今。

海蓝宝石光学特性

天然的海蓝宝石一般颜色都较浅，把透明的绿柱石加热也可以获得海蓝色，这种通过热处理的海蓝宝石现在也能被广大消费者接受和喜爱。

1971年在巴西曾发现一座海蓝宝石矿山，其海蓝宝石的颜色非常特殊，在阳光下照射几小时后，海蓝宝石的颜色就会自然褪去，这个矿山不久也就关闭了。现在可以通过高能辐射的方法使这类海蓝神物重新恢复颜色，但其颜色不持久。

海蓝宝石产地

海蓝宝石几乎都产于伟晶岩中，酸性岩浆为其提供了金属铍，裂隙或空洞为其提供生长空间。在世界上生产海蓝宝石的国家有很多，巴西、俄罗斯、美国、印度都有产出。最著名、产量大、开采历史悠久的是巴西。

近几年来，在斯里兰卡、尼日利亚也发现了海蓝宝石，并陆续投产开采，对世界上海蓝宝石价的格也产生一定的影响。

中国的海蓝宝石主要产于新疆阿尔泰地区花岗岩的伟晶岩脉中。在该地区，曾得到一块重16.7千克的晶体，颜色纯正，透明度高，属上乘大晶体。1991年6月又开采出一块长7厘米，宽5厘米，重150克的晶体，完美无缺，海蓝色，透明度高，晶体中含有4个黄豆粒大小的液态包裹体，是一块罕见的海蓝宝石珍品。

1986年，云南省地矿局区调队在红河州元阳县也曾发现过海蓝宝石。当时区调队6分队在残坡积层中发现，其最大晶体重4~5千克。其中发现水胆海蓝宝石晶体，最大的是305克，堪称佳品。目前还在开采中。

与海蓝宝石相似的宝石

与海蓝宝石相似的宝石有以下几种：

1. 蓝色水晶

我到元阳买海蓝宝石时，也曾把蓝水晶当成海蓝宝石买回来过，现在还在仓库里。

2. 蓝黄玉

和海蓝宝石在颜色上几乎无法区别，但可通过光性、比重区别。

3. 蓝色电气石

可以通过测比重、折射率来区分。

4. 尖晶石、蓝宝石

尖晶石、蓝宝石都和上述一样，只要掌握了它们的基本特征，就不难将它们区别出来。

5. 萤石

有不少人把萤石打磨成柱状冒充海蓝宝石，我们在购买时应在白天阳光充足的情况下看准再购买，以免上当。

在众多的宝石中，还没有哪一种宝石能像尖晶石那样有着迷人的罗曼史。因为红宝石和尖晶石是共生矿物，颜色又是那么的相近，所以好几百年来，人们都把尖晶石叫作红宝石。

尖晶石：镁铝氧化物

分子式：$MgAl_2O_4$

晶　系：等轴晶系、八面体、菱形十二面体、立方体、聚形

摩氏硬度：8

密　度：3.60g/cm^3

颜　色：红色、紫色、绿色、蓝色

光　泽：玻璃光泽至金刚光泽

透明度：半透明至透明

折射率：1.718

荧光性：红色尖晶石有红色荧光

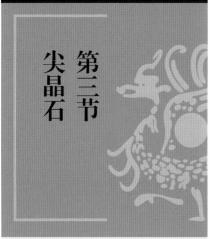

第三节
尖晶石

世界有名的尖晶石

1. 铁木儿红宝石（尖晶石）

这是一颗被世界上称为东方"世界贡品"的红宝石，深红色，没有切面，只有自然抛光面，重

361ct。宝石采自何处，一直无人知晓，到目前为止有人猜测是来自阿富汗。1398年英国征服印度新德里，这颗宝石曾落到过鞑靼人手中。1612年以后，这颗宝石归属英王室所有。1849年，又落到了大不列颠的东印度公司手中，一直到了1851年这颗宝石才和其他几颗较大宝石一起镶嵌在项链上，作为礼品送给了维多利亚女王，并保存在白金汉宫的印度展览馆里。这座宫殿里的宝石就像伦敦塔中拥有的王冠宝石一样，很少与外界见面，因此很少有人见过这颗宝石的模样，只是在官方清单上称它为"非常大的尖晶石红宝石"。

2. 黑色王子红宝石（红色尖晶石）

这是一颗镶在英国皇冠正中央的巨粒尖晶石，重约170ct，它的发现经过无人知晓。

1367年第一次见到这颗宝石，当时它是西班牙格拉纳德王的财富之一，他死后落到卡斯蒂利亚国王手中。后来，在一次重大战争中堂·佩德罗得到英王爱德华三世的儿子黑王子的军事援助，堂·佩德罗便将这颗宝石送给了黑王子。1415年，这颗宝石镶在了英国王冠上。第一次庆祝维多利亚日集会上，英王亨利五世遭到刺杀，幸运的是，这颗宝石遮护了他并保住了他的性命，奇怪的是这颗宝石未被打碎。1653年在克伦威尔统治

的共和政体期间标价4万英镑准备售出，后来考虑到它的历史价值，1660年又镶在王冠上，归英国王室所有。

其他尖晶石

历史上常把尖晶石当红宝石出售。尖晶石有很多颜色，红色、紫红色、橙红色、粉红色。

1. 中国尖晶石

我国尖晶石产于元江，其透明度较高，粉红色，晶形比较完整，但是粒度太小，大的透明度不好。宝石级尖晶石和红宝石矿共生。

2. 越南尖晶石

越南尖晶石产于越南的龙安和中国贵州，和红宝石矿共生，其宝石级尖晶石多数带紫色，一般显紫色、紫红色。其粒度较大，一般在$0.5 \sim 2ct$。

3. 缅甸尖晶石

产于缅甸扶谷，与红宝石共生，粒度和透明度较好，大部分尖晶石显红色、大红色、粉红色，透明度很高，是世界上红色尖晶石的好品种。

尖晶石的致色元素

1. 红色尖晶石

在尖晶石的成矿过程中，铝镁氧化物中如果含有三价铬（Cr^{3+}），那么尖晶石生成的颜色很可能是深红色、红色和浅红色，也是尖晶石中最受欢迎的颜色。

2. 蓝色尖晶石

在尖晶石形成过程中，如尖晶石中含有二价铁（Fe^{2+}）、二价锌（Zn^{2+}）、二价钴

（Co^{2+}），可能导致尖晶石颜色为天蓝色、蓝色、蓝绿色。

3. 绿色尖晶石

绿色尖晶石很少见，一般颗粒较小，透明度较低。其原因是它在成矿过程中只含少量的二价铁（Fe^{2+}），其他元素都没有。

尖晶石的营销

缅甸的抹谷地区，是世界上优质红宝石产地之一。尖晶石以漂亮、珍贵、耐久为普通老百姓所喜爱。尖晶石坚硬、韧性较好，价格适中，只是长期以来一直和红宝石相混淆。当顾客在购买红宝石或蓝宝石感到价格太高而犹豫不决时，你可以立即向他们推销一颗颜色相差不大，漂亮且价格不高的尖晶石，这样就能使你的生意达到意想不到的效果。

推销大红色的尖晶石可以参考推销红宝石的方法。

矿物名称：硅酸钙铝（黝帘石）

分子式：$Ca_2Al_3(SiO_4)(Si_2O_7)O(OH)$

折射率：1.69～1.7（±0.005）

双射率：0.008～0.013

摩氏硬度：6.5

解　理：一组完全解理

光　泽：玻璃光泽

光　性：非均质体，二轴晶，正光性

比　重：3.35（+0.10，−0.25）g/cm^3

常见颜色：坦桑石呈蓝色、紫蓝色至蓝紫色；其他呈褐色、黄绿色、粉紫色

晶　系：斜方晶系，柱状或板柱状

紫外荧光：无

吸收光谱：595、528、455nm吸收线

坦桑石命名

坦桑石，从矿物的角度来看，应该是黝帘石。那么，为什么叫坦桑石？名称是出自该宝石的发现者斯洛文尼亚一位贵族的名字，翻译成中文为坦桑石。

坦桑石的颜色

坦桑石由于含有V、Cr、Mn等微量元素；这些

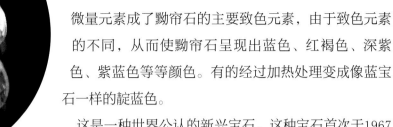

微量元素成了黝帘石的主要致色元素，由于致色元素的不同，从而使黝帘石呈现出蓝色、红褐色、深紫色、紫蓝色等等颜色。有的经过加热处理变成像蓝宝石一样的靛蓝色。

这是一种世界公认的新兴宝石。这种宝石首次于1967年在赤道雪山脚下的阿鲁沙地区被发现后，为纪念当时新成立的坦桑尼亚联合共和国，它被命名为坦桑石（TANZANITE）。

产地

于1967年在非洲的坦桑尼亚发现该宝石。具体位置在坦桑尼亚北部城市阿鲁沙附近、世界著名旅游点乞力马扎罗山脚下。该宝石透明度高、块体大，就目前而言，能达到宝石级的黝帘石，这里是世界上的唯一产地。

包裹体

在10倍放大镜下，可观察到宝石内有气液包体，有阳起石包裹体、石墨包裹体、十字石等矿物包裹体。

坦桑石的发现

中国认识坦桑石的人较少，很多人把它当蓝宝石。它的发现因一个放牛的牧民。据

说，在一个雷电交加的夜晚，雷电引发了草原的一场大火，火烧得很大，火熄灭后原来土黄色的石头变成了蓝色的石头。

一天，一个放牛经过此地的马赛游牧民，看到这蓝色的石头很好看，就把这些石头带回家去。村子里的人们都来看，消息传遍整个村子。

在1969年的一天，一个珠宝商人经过此地，便在买了一些回去，并把它磨成宝石戒面销售，市场反映较好。

最后被美国一家珠宝公司发现，该公司就以出产国的名字来命名这种宝石，并把它迅速推向美国市场，并得到美国消费者的喜爱，随之也得到全世界的广泛喜爱，其价格也随之上涨，赢得国际珠宝市场逐步认可。

到目前为止，坦桑尼亚的阿鲁沙市附近地区是坦桑石的唯一产地，坦桑石在美国市场价格已经升至与红宝石价格相当。

目前，坦桑石的价格在坦桑尼亚国内也上涨了三倍。顶级和A级坦桑石的市场价为每克拉5000美元以上，B级在2000美元左右，C级一般也要数十至600美元。

坦桑石的特点

坦桑石少量呈湛蓝色，大部分略偏紫，其紫色越少价格越贵。有人把浅色的坦桑石比喻成"海洋之星"。由于它的个体大，容易加工成各种形状的戒面，可以镶嵌成各种不同的首饰，佩戴时格外引人注目，所以深得美国人的喜爱。

七
坦桑石资源情况

1. 由于非洲比较落后，坦桑石的开采管理比较混乱，当地人无秩序地乱挖，在很大程度上破坏了矿床。

2. 坦桑尼亚对坦桑石的加工技术落后，开采出来的坦桑石原料大部分都送到国外加工。其加工成本高，再加上又无能力推销，所以，只得就地低价出售。

3. 坦桑尼亚没有成熟的宝石市场，其内销和出口都受到市场条件的限制。坦桑尼亚的宝石商人每年要去埃及或美国的宝石交易会销售他们的坦桑石。

目前，坦桑尼亚政府已经意识到资源的重要性。逐步采取了保护矿区和控制非法交易等措施。

八
坦桑石仿制品

坦桑石也有许多仿制品，例如合成镁橄榄石，市场商家曾经称为"合成坦桑石"，实验室合成的镁橄榄石通常具有和坦桑石相似的晶体结构和化学组成。经化学分析得知有铁、钒、钴等元素，这些元素可使其呈现蓝紫色外观。

坦桑石产出的地区包括：坦桑尼亚、奥地利、挪威、澳大利亚西部、美国的北卡罗来纳州、奥地利萨乌阿尔斯等地。但是，品质最好的还是坦桑尼亚出产。

名　　称：铍铝氧化物

分子式：$BeAl_2O_4$

摩氏硬度：8~9

密　　度：$3.73(\pm0.02)g/cm^3$

折射率：1.746~1.755

双折率：0.008~0.010

色　　散：0.014

光　　泽：玻璃光泽至亚金刚光泽

透明度：半透明、透明

颜　　色：黄绿色、灰绿色、褐黄色

解　　理：无

金绿宝石的物化性质

金绿宝石由于有变色效应，所以也称变石，由于颜色的原因也称红绿石，是世界五大宝石之一。同时也有猫眼效应，故被人们称为猫眼。致色元素多为Cr。

金绿宝石的成因

金绿宝石产于变质岩、花岗岩、伟晶岩和云母片岩之中。由于地壳运动风化侵蚀作用，开采都存在于残坡积层、河流冲积层之中。

第五节

金绿宝石

金绿宝石主要产地

世界主产地较多，一般为巴西、斯里兰卡、俄罗斯、印度、津巴布韦、马达加斯加、赞比亚、缅甸等国。

变石也称亚历山大石，人们称它为白天里的祖母绿，黑夜里的红宝石。这里有着一个传奇色彩的故事。

1830年4月29日，俄国乌拉尔一个祖母绿矿山里，矿工们正在沿伟晶岩脉挖寻祖母绿，偶然发现一些与祖母绿不同的绿色矿物晶体。这些晶体的形状比祖母绿扁平，晚上，当把这些绿色矿物晶体放在灯下看时，出现了一种十分奇怪的现象，白天明明是绿色，而晚上却变成了红色，这种异乎寻常的变化，使矿工们几乎不敢相信自己的眼睛。有的怀疑是白天看错了颜色，可是等到第二天天明时，再拿出晶体来看，晚上明明是红色的晶体，现在又变成了绿色，人们就称其为变石。

矿工们发现这种会变色的矿物晶体时，正值俄国王子亚历山大·尼古拉维奇，也就是后来的沙皇亚历山大二世21岁的生日，消息传到王室，王室决定以王子的名字命名变石为亚历山大石，同时将其镶嵌在王冠上。许多诗人、作家对变石有过描写，"白昼的祖母绿，黑夜的红宝石"，这实质上都是光的作用造成的。

变石价格昂贵，一般0.3~0.4ct就相当于中档宝石，几克拉优质变石和祖母绿、红宝石价格相差不多。斯里兰卡曾发现过重1876克的巨大变石，琢磨后成品重量为65.7ct，现收藏于美国华盛顿密森博物馆。

第四章

中档宝石

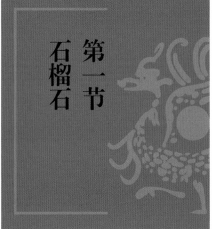

第一节
石榴石

石榴石又称"紫牙乌"，它是一月份的生辰石，是坚贞、纯朴和信仰的象征，有人说佩戴它会带来好运。以前在波斯王朝的王室里被认为是君主的偶像，是人们的信仰之石。

石榴石 —— 称为种子之石，名称来自拉丁语，意思是种子或很多种子。自然界产出一个个圆圆的红色石榴石的确很像石榴中的籽，其颜色没有红宝石那么红，但紫红色也深受人们喜爱。

一

石榴石的一般特性

化学式：$A_3B_2(SiO_4)_3$

摩氏硬度：6.5~7

折光率：1.72~1.75

比　重：3.62~3.87g/cm³

颜　色：红色、紫色、绿色

光　泽：玻璃光泽

透明度：半透明、透明

断　口：贝壳状断口

荧光性：强荧光

石榴石的种类

石榴石是一个庞大的家庭，在这个家庭中，有许多相貌相近而化学成分不同的成员。其种类分为镁铝榴石、铁铝榴石、锰铝榴石、钙铝榴石、钙铁榴石、钙铬榴石以及中间部分。

三

石榴石的产地

石榴石一般产在超基性的金伯利亚岩的蛇纹岩中，还产于结晶片岩、灰岩、片麻岩等变质岩系列接触变质带中。

产出的国家有南非（阿扎尼亚）、美国、捷克、巴西、坦桑尼亚、澳大利亚、俄罗斯、中国。

四

石榴石的品种

1. 镁铝榴石

镁铝榴石是石榴石中最好的一种。一般颜色为橙红色、红色。致色元素为二价铬（Cr^{2+}），透明度高，金刚光泽。在阳光下观察一侧明亮一些，一侧要暗淡一些，包裹体较少，纯净度较好。

2. 锰铝榴石

锰铝榴石次于镁铝榴石。一般颜色为橙黄色、橙红色，玻璃光泽。致色元素为二价锰（Mn^{2+}）。半透明或不透明。由于颜色过深，所以价格比镁铝榴石要低一些。

3. 钙铝榴石

钙铝榴石有铁钙榴石、钙铁榴石、钙铬榴石、铁钙铝榴石。这类榴石一般颜色太深，透明度差。由于含矿物质过多，导致包裹体也多，几种元素叠加，降低了它的美观度和经济价值。

五

云南石榴石

云南石榴石产于哀牢山脉南部文山地区的马关一带，也称马关石榴石，基性和超基性岩脉之中，主要生成环境是高温、高压条件，产于风化的残坡积物和冲积河流之中。开采主要为淘洗，没有看到原生矿。产出的石榴石以镁铝榴石为主，有两种颜色，一种为红褐色，一种为淡红色，颗粒较小，一般直径为1厘米，最大的直径不超过10厘米，质地较好。

石榴石的营销

作为一月份生辰石的石榴石，数千年以来，被人们认为是信仰、坚贞、纯朴的象征，并坚信它有治病救人的功效。据说在医疗上将石榴石磨成粉末，加入其他物质做成染色剂，可以减轻发烧，是治疗黄疸病的良药。在美国西部的印第安人战争日记中记载，戴着石榴石的人可以逃脱敌人的追杀，逢凶化吉，而得到保护神的保护。

许多波斯人把石榴石当作君主的偶像崇拜。对于旅行者来说，佩戴石榴石出远门，可以保护你健康平安，不生疾病，在旅途中免受惊吓，不受别人暗算，平安而归。那么它为什么这样便宜呢？是因为它在地球上比别的宝石产量多得多的缘故，物以稀为贵，多了也就不值钱了。

第二节
橄榄石

橄榄石是一种镁铁的硅酸盐类物质，颜色取决于铁元素，斜方晶系，晶体习性为棒柱状，一般显扁平晶体，透明，抛光面为玻璃断口和玻璃光泽。

名　　称：镁铝硅酸盐

化学式：（MgFe）SiO

摩氏硬度：6.5~7

光　　泽：玻璃光泽

透明度：半透明、透明

颜　　色：草绿色、黄色、褐绿色

比　　重：3.27~$3.48g/cm^3$

折光率：1.654~1.690

双折率：0.035~0.038

色　　散：0.020

荧　　光：在荧光下无任何反应

橄榄石是宝石后起之秀，在地球上分布较广，特别是在东南亚及印度洋一带，早就是世界上著名的橄榄石产区。

橄榄石容易被酸侵蚀，在人体的汗液长时间侵蚀下，也会受一定影响，通常不要把橄榄石放到酸里去浸泡。

橄榄石被人们誉为"黄昏的祖母绿"，是八月份的生辰石，宝石的石性比较脆，应小心撞击并避免与粗糙石头摩擦。

橄榄石的成因类型

橄榄石主要产于基性、气基性岩体之中，伴生的岩体有辉长岩、橄榄岩、金伯利岩、玄武岩、苏长岩。最多的宝石级橄榄石产于碱性玄武岩中。

橄榄石的物理化学性质

橄榄石由于含Mn、Ni、Ca、Al、Ti等微量元素，在致色元素二价铁的作用下，随着含铁量多少而颜色发生变化。一般含铁量越多，颜色越深，颜色从橄榄绿到深橄榄绿。

橄榄石的鉴定特征

1. 橄榄石包裹体有"睡莲叶"状包裹体、圆形解理和气液包体。

2. 橄榄石是一种非均质宝石，二轴晶系，有正负两种光性。

3. 橄榄石和透辉石混淆时，可用二碘甲烷来鉴别。把两种宝石放入二碘甲烷中，橄

榄石下沉，透辉石上浮。

4. 吸收光谱：由于致色元素是铁元素，在蓝区和蓝绿区有三条强吸收线。

橄榄石产地

橄榄石产地很多，1979年河北省张家口地区发现了较大型的橄榄石原生矿床，年产5毫米以上的优质橄榄石达数万ct，最大的一颗名为"华北之星"，重130余ct。

近年来在黑龙江省、吉林省、山西省、新疆维吾尔自治区也先后发现了宝石级橄榄石。

第二节

黄玉

黄玉，宝石中的黄金，有些人把它叫作"托帕石"，也有些人称它为黄宝石。

黄玉又称"黄晶"，斜方晶系，晶体呈柱状，状面有纵纹，半透明到透明，浅黄色、浅绿色，产于花岗岩里的伟晶岩脉中。

名　　称：托帕石

化学式：$Al(SiO_4)(F,OH)$

摩氏硬度：8

比　　重：$3.52\sim3.57g/cm^3$

颜　　色：无色、红色、蓝色、褐色、绿色

解　　理：一组平行完全解理

端　　口：贝壳状断口

折光率：$1.619\sim1.627$

光　　泽：玻璃光泽

色　　散：0.014

托帕石的成因类型

黄玉主要产于花岗伟晶岩和酸性火成岩的晶洞里面。有部分也产于气成热液的石英脉和高温热液钨锡石英脉之中。由于风化作用，也有可能产于残坡积层中，如果经过搬运过程的作用，也可能产于河床冲积的冲积扇之中。

二

托帕石的品种和颜色

1. 红色黄玉

红色的黄玉一般呈红色、粉红色、浅红色、淡淡红色。这类黄玉一般透明度较高，包裹体也较少，价格也昂贵。但是，目前市场上销售的红色黄玉大部分是热处理过的，也算是天然的，不会褪色。

2. 黄色黄玉

黄色黄玉一般呈金黄色，酒黄色最多。肉眼看上去黄中带红或是黄中带橙。价格比红色的便宜很多。

3. 蓝色黄玉

蓝色黄玉一般呈天蓝色，部分蓝中带绿色调、带灰色调。部分含包裹体较多，有部分包裹体较少像海蓝宝石一样，很受消费者的欢迎。价格比海蓝宝石要便宜很多，是蓝色黄玉的主要销售品种。

三

黄玉的一般特征

黄玉一般洁白透明，光泽油亮淡雅。看上去似水晶、海蓝宝石、无色电气石。但是，由于比重较大，用手掂有重感。由于反光效果较好，反光面多，内部可看见多块反光面，认真观察可看到有气相包裹体，是其他宝石中所没有的。

四

黄玉的产地

黄玉产于中国大部省份，如云南元阳、禄劝、贡山；新疆、西藏等省也有产出。黄玉晶体较大，在美国自然历史博物馆中珍藏着一块308ct和120ct的灰蓝色黄玉，在英国博物馆中有一块巴西产的黄玉，43cm×41cm×40cm，重117千克，是目前世界上最大的黄宝石晶体。中国新疆维吾尔自治区也产有一块好的黄玉，最大晶体6千克。

我公司原来出售了两块黄玉到上海，上海方面检测结果是玻璃，从实际例子来看，白色黄玉和玻璃非常相似，但是其他参数是完全不同的。因比重的差异，黄玉和玻璃只要用手掂一下，坠手的是黄玉，无坠感的一般是玻璃。

第五章

低档宝石

水晶、玛瑙、玉髓、蛋白石都是硅酸盐物质，在地球表面这种二氧化硅物质遍地都是，人们时时刻刻都在和它们打交道，如你脚下的砂石，家中的玻璃，甚至在吃饭时不注意也吃到粒状二氧化硅 —— 砂子，统统都是该物质。其共同特点如下表：

二氧化硅家族成员的特点

名称	结晶程度	颗粒大小	其他特点
水晶	晶形完美	由很大至几毫米	常透明
石英	结晶、无晶形	几毫米至几微米	
玉髓	结晶差，显微镜下见细小晶体，肉眼看不出颗粒	几微米	
玛瑙	不结晶胶冻体	极细小、显微镜下也难看出任何颗粒	
蛋白石	含水胶体		含不定量水

二氧化硅是否是宝石呢？我们必须要求SO_2达到如下标准才能作为宝石：

1. 稀少罕见才能作为宝石。

2. 透明晶莹，杂质较少。

3. 颜色美丽而独特，看上去要吸引人。

4. 特殊的光谱，具有特殊的折射率和反射率。

5. 硬度大，至少大于一般玻璃。

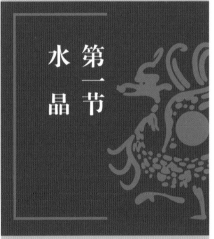

第一节

水晶

分子式：SiO_2（二氧化硅）

摩氏硬度：7

比　　重：$2.056\text{~}2.066\text{g/cm}^3$

熔　　点：1713℃

折光率：1.544~1.553

双折射率：0.008

色散度：0.0013

断　　口：贝壳状

晶　　系：六方晶体

水晶是一种无色透明的石英（SiO_2）二氧化硅单晶体，生长在伟晶岩体之中。从水晶的生长过程中来看，它是在地壳的运动中，矿物重新排列组合重结晶的结果。水晶在缓慢的变化过程中，它必须具备的条件是生长空间，空间越大，物质越丰富，长成的水晶就越大越透明。一般来说，水晶的上半部分纯度高其透明度要高，越往下含其他矿物越多，透明度越低。水晶从19世纪开始使用至今，经久不衰。

水晶又叫水精，看上去好似永远不溶化的冰，宋代诗人杨万里写过两句诗："西湖野僧夸藏冰，

半年化作真水精。"意思是说：西湖有个野和尚向他吹牛，他将冰贮藏半年就可以变成水晶。水晶的颜色是宝石之中最多的，而且，水晶晶体清澈透明，显示出它的纯洁、高尚、秀丽、温润、坚忍不拔的品格。它的化学性质稳定，无论是放在什么地方，什么环境都不腐烂、变质和褪色，是在工业、日常生活、科学技术上运用最多的宝石之一。

在中国关于水晶的传说有很多，最为广泛流传的是说在很久以前一位姓赵的人，他在外地做买卖，快要到年底的时候，在回家过年的路上，看见一位病入膏肓的老太太躺倒在路边，等他到跟前的时候，那老太太开口向他说："行行好吧，可怜可怜我这老太婆吧，我几天都没钱吃饭了，请您给我一点钱吧。"

他看那老太太最少也有六七十岁，一身破旧的棉袄实在难熬过这冬天，想到自己年迈的母亲，心里也难过，他急忙掏出自己辛苦挣来的钱分了一半给那老太太。可他怎么也没想到，那老太太拿到钱后，谢谢都没说一声，一转身就走了。他虽然心里不高兴，但也没跟老太太计较，忙赶自己的路。

不久，夕阳西下，夜幕渐渐降临。冬季的夜色说来就来，黑得伸手不见五指，他看不见大路，辨不清方向，心里越来越害怕。忽然，在前方不远处闪出一道白光，晶莹闪亮，照得大路清清楚楚，他高兴极了，随着亮光大步向前走。不久走到了一个村头，晶亮的荧光突然消失在一个山洞之中，他惊恐万分，这时他才渐渐清醒，感到东方已发白，鸡犬之声也渐渐入耳，他反应过来了，原来是回到家了。

其实，他在路上遇到的要钱老太婆是水晶仙子变成的，她受玉帝的指派，下凡来调查民情。她化作一个老太婆，刚好遇上他，他助人为乐的精神感动了水晶仙子，水晶仙子又帮助了他，让他平安地走到了自己的家门口。

当他回到家后，把昨夜的奇怪之事告诉他老婆，他老婆叫上几个亲戚到那山洞一看，啊！一个金光闪闪的水晶洞展现在眼前，他家从此发了大财，盖大瓦房，购买了牲畜，买了田地，日子一天比一天好了起来。

通过此事也可告诫人们：人生在世，要乐于助人，多办实事，多行善事，继承和发扬中华民族优良的传统与美德，给人间多添一些温暖。

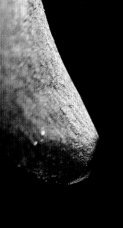

无色水晶

指无色透明，毫无裂纹，并且包裹体很少，无绵、无瑕疵的六边形柱状锥体。

在地球上较多，云南大部地区都产水晶，其中最有名而又最多的是哀牢山地段，如贡山、元阳、金平一带。

元阳水晶经过熔炼还能加进各种各样的颜色，从而提高它的商业价值。

紫水晶

　　紫水晶简称紫晶，是一种紫红色的透明水晶。古代传说"紫水晶具有神力，戴上它能避邪，能给主人带来幸福、长寿。"据说在宴会上戴上紫晶，还可以防止喝醉。传说在很早以前，有一个森林女神 —— 狄阿娜，她有一次说话无意得罪了酒神 —— 狄俄尼索斯。酒神恼羞成怒，到处宣扬说，从今天起，如果遇到第一个女人，他将变成一只老虎，将那个女人吃掉。森林女神狄阿娜心想，这要是变成事实，她将是个罪人。森林女神就一直跟踪酒神，想制止他的这一粗暴行为。

　　一天，一位漂亮的少女到森林中游玩，这位少女的名字叫紫晶。看她那无忧无虑的样子真是惹人喜爱，这时酒神出现了，酒神变成了一只凶残的猛虎向她扑来。森林女神狄阿娜着急了，她也来不及多想，顷刻之间就把少女紫晶变成了一尊纯洁的水晶雕像。当酒神老虎扑过来一看，才知道不是少女，心想是自己酒醉看花了眼，顺手就把手里的一瓶葡萄酒浇在紫晶的石化躯体上，当酒神走后，雕像变成了漂亮、光润的紫水晶。

　　从此，紫晶少女再也变不回来了，成了水晶女神。

　　其实，紫水晶是由于水晶在生长过程之中有低价锰离子和二价铁离子进入，从而改变了水晶的颜色，它是水晶中的"水晶之王"，价格也较高。西方人坚信，戴上它能让你永远保持清醒的头脑，夜中值班不打瞌睡，经商能让你赚钱，出门能让你防御传染病，打仗能保护身体，同时也是友情和爱情的保护神。

　　紫水晶由于透明、色好、稀少，在宝石行业中也算得上是中档宝石。1千克原料也要三四千元人民币。

三
黑发晶

从矿物的角度来讲，水晶里面含有黑色电气石。肉眼一看，针状的电气石就像黑头发生长在透明的水晶里面，故名黑发晶。

黑发晶里面的电气石商业名称又称为碧玺，民间又叫辟邪。黑色庄重具领导魅力，所以又称"领袖石"。

四
金发晶

从矿物的角度来讲，水晶里面含有红色金红石。肉眼一看，针状的金红石就像黄色的金丝生长在透明的水晶里面，因而得名金发晶。

金发晶是水晶中的上品，一般比未含包裹体的透明水晶要好，颜色美观耐看，金发晶不但代表着财，还代表吉祥如意。万事大吉，品德高尚。

　　蔷薇水晶也称为芙蓉石，是一种粉红色的水晶，绝大多数情况下晶形较差，裂纹较多，透明度也较差，一般用于雕件。

　　蔷薇水晶颜色越红越好，结晶时含有较多的水分子，当长期日光曝晒后会失去结晶水而褪色，泡入水中颜色略有恢复。

六

烟晶、茶晶、墨晶

　　这是由烟色也就是浅褐色过渡到茶色和黑色的一系列水晶，造成这种颜色差异的主要因素是碳元素参与量的多少。这类水晶大量用于眼镜行业、首饰行业。

七

发晶和鬃晶

　　这种水晶是含有针状、发状、纤维状矿物包裹体的透明无色水晶。被包含的矿物可能是棕红色的金红石，黑色或彩色的电气石，绿色的角闪石，白色的石棉，像绿绢丝一样闪光的阳起石等等。

　　这些包裹体在透明的水晶里像一幅幅美丽的风景画，是天然产出的精灵。

八

绿水晶

绿水晶是一种绿颜色的透明水晶，由于在水晶的生长过程中有低价铬离子进入，从而使白色的水晶神奇地变成了绿色。传说很早以前，在兖州城外有一座光化寺，一位赵姓大户的公子为避暑到光化寺读书，他吃完饭后，到寺庙的后院散步乘凉，夏天的晚风扑面吹来，让书生心旷神怡、精神倍增，一天的疲惫随风而去。不知不觉中，夕阳西下，夜色渐渐降临。

忽然，一位身穿绿衣的少女向他走来，少女的两条绿色飘带，在晚风的吹拂下翩翩起舞，让书生惊奇不已。估计她的年龄大约十五六岁，姿色天仙一般，细白的皮肤透出粉红，秀丽的身材配上那长长的头发很是让人神意欲飞。他情不自禁地朝少女走去，并与她搭起话来。

少女自我介绍说，她是兖州城外光化寺下的农家女，刚做完活计，路过光化寺。书生看天色已晚要送少女回家，那少女说我家就住在这里，你回去吧！书生依然不舍，执意要送她，少女不肯，书生只得怏怏而归。

从此，书生无心读书，时常想起那少女，被少女的倩影搅得心神不宁。

夏去冬来，岁月如梭，书生也该回家了。他回到家中，也和在光化寺中一样，只要一想起那少女，就无心读书、无心吃饭。父母知道了，请了很多医生，吃了很多药都不见效。书生精神恍恍惚惚，病情越来越重，不久就死了。据说那少女便是绿水晶神，是她把书生叫了去。

后来的人们就给自己心爱的人戴上绿水晶，使心爱的人永远不离开自己，表示灵魂永世相随。绿水晶就成为爱情的保护神。

第二节

玛瑙

分子式：SiO_2（二氧化硅）

摩氏硬度：7

透明度：半透明

比　重：2.61~2.65g/cm^3

折光率：1.54~1.55

断　口：贝壳状

结　构：隐晶质

构　造：环形状构造

玛瑙是二氧化硅的胶体溶液，在天然岩石的空洞或裂隙中一层层或一圈圈地沉淀而成。由于每层所含的微量杂质不同，呈现出不同的颜色，使这种矿物呈现出极多的颜色和奇特的花纹变化，因而价值倍增。

由于地壳的不断运动，风化、蚀变、搬运，形成了大小不同的小石头，也被称为雨花石。

玛瑙也是雕刻大师眼中的好材料，只要料选得好，构思独特，雕刻成功，也是价值连城。

名　称：青金石

分子式：$(Na, Ca)_{4-8}(AlSiO_4)_6(SO_4Cl, S, Cl)_2$

摩氏硬度：$5 \sim 5.5$

光　泽：玻璃光泽、蜡状光泽

解　理：无

颜　色：紫红色、靛蓝色、深蓝色

透明度：微透明至不透明

结　构：细粒—隐晶结构

青金石是一种青金矿物集合体，一般产于碱性岩与酸性岩的接触带中。常与黄铁矿、方解石、透辉石、白云石、金云母共生。次生矿物还伴有方钠石、蓝方石、方柱石、长石等。呈脉状、星散状、间杂状分布。光面时常看到有黄铁矿星点光产生。

产地：阿富汗、智利、俄罗斯。

青金石是一种古老而又名贵的玉石。它的颜色独特，在日光的照耀下，金光闪烁，灿烂若星空，深得人类的喜爱。

人类对青金石的认识具有悠久的历史。早在五六千年前，阿富汗人民就发现并开发了萨雷散格青金石矿床，并将青金石作为宝石销售到世界各地。在当时的印度、古波斯、埃及，青金石与黄金等价。人们把青金石比作蓝天，是通天的法宝、升天的道路，所以，青金石成为当时王公贵族的祭祀品和陪葬品。人们相信，只要你拥有青金石，那么你在人间时它会保护着你，你去世以后，它将带着你升天见上帝，不再进入地狱受苦。

在我国，在江苏的东汉墓中就发现了青金石，在宁夏的北周墓中也发现了0.8cm的青金石戒面。

唐代贞观十七年（公元643年），东罗马帝国派遣使者来到中国向唐太宗李世民进献的礼品中就有青金石制品。

据《清会典》记载皇帝朝珠杂饰："惟天坛用青金石，地坛用琥珀，日坛用珊瑚，月坛用白玉。"皇帝的朝带也很讲究，去天坛时戴青金石腰带；去地坛时戴黄玉腰带；去日坛时戴珊瑚腰带；去月坛时戴白玉腰带。

在清代官服中，官员的级别也是用宝石来区分的。其中帽子顶上镶嵌的宝石不同，其为官的级别也不同。一品官镶嵌的是红宝石；二品官镶嵌的是珊瑚；三品官镶嵌的是蓝宝石；四品官镶嵌的是青金石；五品官镶嵌的是水晶；六品官镶嵌的是碎磲石（白云质灰岩）；七品官镶嵌的是素金顶。

如何鉴别和选购青金石：

青金石颜色庄重、深沉、典雅。在阳光的照射下如同夜空星光灿烂。这种色泽给人

带来一种严肃、纯净、镇静的神秘感觉，给人深沉、内向、博大的心理感受。那么，怎样选购一块如意的青金石呢？我认为要从以下几点入手。

1. 颜色均匀

呈深蓝色，具有宝石光泽，也就是油脂光泽要强，青金石的含量在99%以上，不含或少含黄铁矿或方解石。概括说就是"青金不带金之选法"。

2. 颜色均匀

呈纯蓝色或紫蓝色，油脂光泽较强，青金石的含量在90%以上，有少量的方解石条带，少量星点状的黄铁矿。此类青金石为优质品。

3. 颜色不均匀

青金石矿物含量少于方解石含量，一般不含黄铁矿或极少的黄铁矿，色彩呈白花状，通常把这类青金石定为次品。这种青金石据说对孕妇有催产作用，人们称之为"催生石"。

从16世纪起，人们就把青金石与人的生辰日联系起来，一直到了1912年美国宝石界组织把青金石定为十二月份的天然宝石诞辰石。后来，英国、法国、澳大利亚等国又将青金石和蓝宝石定为九月份的诞辰石，象征着幸运。但是，日本人一直沿用为十二月份的诞辰石，象征着成功。

在历史的长河中，青金石的名称较多，有璆琳琉璃、青碧、金精、金青、蓝赤、碧琉璃等。

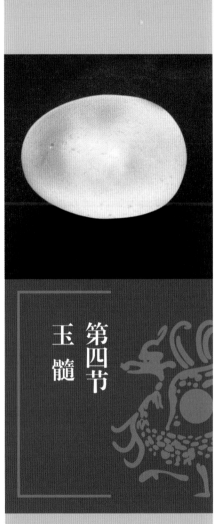

第四节
玉髓

分子式：SiO_2（二氧化硅）

摩氏硬度：6.5～7

透明度：透明、半透明

比　　重：2.55～2.70g/cm³

折光率：1.53～1.54

断　　口：贝壳状

结　　构：隐晶质集合体

玉髓分为多种颜色，有红色、葱绿色、深绿色、血红色。由于化学成分是二氧化硅，所以质地硬。用这些不同颜色材料雕成不同种类的图案，只要雕工构思好也价值连城。

玉髓和玛瑙较为相似，从本质上是难以区分的。

名　　称：黑曜石（火山玻璃）

化 学 式：SiO_2 二氧化硅

结晶特征：非结晶

摩氏硬度：5

比　　重：$2.35g/cm^3$

透 明 度：半透明、不透明

折 射 率：$1.48 \sim 1.51$

光　　泽：玻璃光泽

断　　口：贝壳状断口

黑曜石的地质成矿

第五节
黑曜石

黑曜石又叫火山琉璃，是火山喷发时高温岩熔流出地面，迅速冷却产生的一种非晶质黑色岩石。黑曜石是非晶质与微晶质胶体的二氧化硅，并且内部呈流动构造，有流体条纹，有结晶斑点。由于火山熔岩迅速地冷却凝结，晶体结构没有足够的时间成长。因为熔岩流外围冷却的速度最快，所以黑曜石通常都产于熔岩流外围。断口呈贝壳状，或有条纹，或有斑点，部分条纹呈椭圆形状，俗称单眼黑曜或者是双眼黑曜石，而少部分有"彩虹"，是因为内部的气泡或结晶产生一种"雪花"效果被看作闪光的虹彩色，有透明的和不透明的。作为低档宝石而言，还是透明度高的较好。由于它颜色是黑色，雕出的佛像较威严，所以，佛教中用于镇宅或避邪。

二

黑曜石颜色

一般为黑色、深绿色。

三

鉴别真假的方法

　　把在常温下放置的黑曜石贴在人中上，感受一下它的凉度，有极度冰感的就是真的。另外，如果你的黑曜石是带彩虹眼的黑曜石，即使不用前面的方法去鉴别也可以知其是真不是假了，因为彩虹眼是只有天然形成的中高品质的黑曜石才会有的。黑曜石中常常会有很多小的气泡包体，并且内部呈流动构造。不过由于黑曜石的颜色太深，所以如果没有强光手电筒，恐怕是看不到的。如果有了强光手电筒，只需要照射一下，你会发现黑曜石的颜色不是黑色，而是深褐色或深褐黄色，这时你就能够判定这个是真的黑曜石了。

四

黑曜石在中国古代佛教中的应用

　　1. 黑曜石在佛教中被雕成各种佛像，用于镇庙辟邪，是供佛修持的最佳宝石。

　　2. 黑曜石能避邪挡煞，具有强大且又精纯的能量，在煞气较重的地方，放黑曜佛像，据说效果更好。

　　3. 黑曜石是平和性宝石，是有助于改善失眠的最佳宝石。

　　4. 黑曜石在墨西哥用来做神兽和雕像的眼睛，墨西哥人用黑曜石来占卜算命。

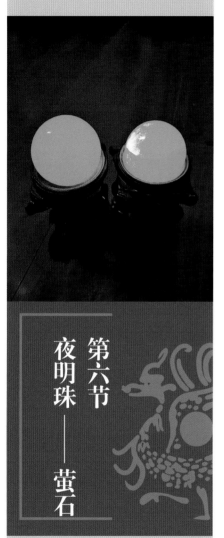

一提起夜明珠，人们对它并不感到特别陌生。因为很多神话传说把夜明珠描绘得神乎其神，令人心仪不已。但是，多年以来，人们对于夜明珠，却都是"不识庐山真面目"，至于真正能够亲眼见到夜明珠，并对夜明珠有所了解甚至研究的人士更是少之又少。

在笔者的想象中，夜明珠应该是光彩夺目或晶莹剔透的圆珠。但是，在王先生家中看到这颗名为"绿宝"的夜明珠的时候，不禁有点失望。这颗夜明珠既不光彩夺目，也没有像白玉那样的玉洁冰清。它是一颗直径约10厘米，半透明的玉石状圆球，球身在灯光下呈祖母绿或墨绿色，表面光滑，无粗糙感。看上去更像是一颗普通的玻璃球。在柔和的灯光之下，虽然也十分漂亮，但没有看出它有任何的发光迹象。

如果不懂它发光的窍门，就是盯上三天三夜也看不到它的光芒。

一个绿色的"玻璃球"怎么能够发出璀璨的光芒？笔者不禁产生了这样的疑问。这时，王先生仿佛看出了笔者的心思，笑着说："夜明珠不像传说中的那样，一拿出来就光彩夺目。要看它发光，是要讲求方法的。"于是，王先生先拿起一块布把"绿宝"遮了起来，然后拉上了窗帘，关闭了室内的一切灯光并紧闭房门："咱们先聊着，20分钟以后，你就可以看到夜明珠的神奇了。"这样一来，王先生的书房立刻成为一个暗室，基本上伸手不见五指。

王先生告诉笔者，他刚得到夜明珠的时候也不知道怎么看，曾经把窗帘拉上，看了三天三夜也没看出它发光。"夜明珠不是大灯泡，不是往那里一放就可以发亮的。要看它的光，必须自己首先在黑暗中待上个20来分钟。在人的眼睛里有一种叫作杆细胞的细胞，这是专门对黑暗中的光线敏感的细胞。人们要看夜明珠发出的光，必须通过杆细胞来看。所以，在黑暗处停留，就是要让杆细胞先活跃起来。"

在与王先生愉快的交谈中，20分钟很快就过去了。王先生说："现在可以了。"他揭去覆盖在绿宝上的那块布，于是，一颗晶莹剔透、发出美丽光芒的夜明珠出现在了笔者眼前。

只见刚才还并不起眼的这颗绿"玻璃球"发出了淡淡的牛奶色的光泽，整个球体变得晶莹剔透，远远看去，就如同晴朗天气里高悬在空中的一轮明月，所发光泽明亮却不张扬，给人以一种恰到好处的美丽之感。近观这颗夜明珠，球体里面的纹路清晰可见，轻轻托起它来，温度与20分钟之前变化不大，通过它所发出的光芒，可以看到自己掌心上的纹路，甚至可以看到距离10多厘米的王先生床沿的花纹。夜明珠散发出绮丽的光芒，给人以神秘之感。

王先生告诉笔者，如果此时开灯，则"绿宝"将马上恢复原样。果然，他把灯打开了大约两秒钟，笔者看到"绿宝"立刻恢复了绿色原样。但把灯关掉，它又开始晶莹发光。

通过与王先生的交谈，笔者了解到，夜明珠在我国古代又称"夜光石""放光石"，璧形成为"夜光璧"。夜明珠的材料是萤石，普通萤石就是一种透明、半透明，常为蓝色或紫色立方晶体的矿物，常产于岩脉中，与铅、锡及锌矿共生，是氟的主要矿石，萤石的化学成分是氟化钙。但不是所有的萤石均称"夜明珠"，可以称为夜明珠材料的是达到宝石级并可以在黑暗中发光的萤石。俗话说，"物以稀为贵"，夜明珠本是从萤石矿中采集而得，但它在地球上分布极为稀少，开采也十分困难，因此显得格外珍贵。

宝石受外在能量的激发，发出可见光的性质称为宝石的发光性。萤石的发光一般为蓝色或紫色，取决于杂质组分中存在的激活剂的种类和含量。激活剂在宝石矿物中含量很低。发光萤石激活剂含量应能在普通室温环境中，夜间所存在的微弱紫外线能量下，发出人可用肉眼辨别的光，并形成清晰轮廓，此条件极为苛刻。因此，能达到如此水平的萤石，极为稀有。

至于导致夜明珠在夜间发光的原因，长期以来众说纷纭。一些宝石学家认为，在夜明珠的萤石成分中混入了硫化砷或稀土元素钇。白天，这两种物质能发生"激化"，到晚上再释放出能量，变成美丽的夜光，并且能在一定时间内持续发光，甚至永久发光。

王先生是在5年前开始接触夜明珠的。当时，他作为一个奇石收藏爱好者，喜欢没事去逛逛北京潘家园、红桥等旧货市场。有一天，他看到一位农村老太太在卖一个石头状的东西。王先生上前一打听才知道，她在卖"夜明珠"。当时，关于夜明珠的报道与研究几乎为零，王先生对这个东西也是只闻其名，便要求把珠子拿来看了看。但是他背着白天的光线瞧了半天，也没看出这颗珠子能发出光来。他没有将其买下，但从这之后，他开始了解夜明珠这样东西，并且开始潜心研究。通过研究，他得知的确有夜明珠，也了解到了它的发光原理，更学会了它的判定方法。于是，他又到处去寻找这个宝贝。

但是，要想找到一个真正的夜明珠，并不容易。王先生曾经访遍整个京城的大小市场，却一无所获。有一对摆摊卖奇石的哥儿俩还告诉王先生说："我们干这行十多年了，从我们俩手中倒腾过的球不计其数，我们找了很多年，每天晚上都留心看也没发现过有真正好的夜明珠。"

功夫不负有心人，王先生买过假货、买过次品，最后终于在一位玉雕工艺师的帮助下找到了一颗他梦寐以求的夜明珠。

　　从这之后，王先生对寻找夜明珠更加有了兴趣。他现在手中的这颗夜明珠是由一个朋友发现，精选优质的矿石加工而成。王先生告诉笔者："加工过程非常复杂。尤其是在切割时，稍微一歪就会大大损害其价值。这么大的一颗夜明珠，加工成本都是不菲的。"王先生手中的这颗名为"绿宝"的夜明珠，其重量达到了2426克，直径为113.6毫米，是国内罕见的大型夜明珠，也可谓是国内极少的几颗知名夜明珠中的佼佼者。它的材料系特殊稀有的发光萤石，在黑暗中发光明显，亮度高，轮廓清晰，柔和美丽。在"绿宝"的鉴定书上，记者看到有关权威部门鉴定该珠为达到国际质量认证标准的萤石夜明珠，光洁、半透明，折射率1.44，密度3.18g/cm^3，见八面体解理，黑暗中发光。鉴定者为中国地质博物馆中国知名宝石界权威专家董振信博士。

　　谈及近些年夜明珠较过去而言被发现较多的情况，王先生认为主要有以下原因：首先是开矿手段的进步，过去人们开采不到的深层矿现在都可以探及。这样一来，原本就埋藏得比较深的夜明珠就更有可能被发现了；第二，夜明珠并不是闪闪发光，所以在白天人们很难看出来，这样在技术条件比较落后的情况下，人们常常会漏掉它，因此过去夜明珠一般都是偶然发现的。而现在人们有了精密的探测仪器，更好的技术手段，找寻起来自然相对容易。

　　所谓的夜明珠就是萤石，因含各种稀有元素而常呈紫红色、翠绿色、浅蓝色，无色透明的萤石稀少而珍贵。把萤石放到紫外线荧光下照一照，它会发出美丽的荧光。

　　据现代资料显示，自然界中有20多种矿物质如水晶、金刚石、萤石等，它们在外来能量的激发下均能发出可见光，这是因为这些矿物在结晶过程中的稀土元素进入晶格时形成所谓的"发光中心"所致。这种发光性明显地表现为昼弱夜强，也就是人们通常所说的"夜明"。"夜明珠"古称"随珠""悬珠""垂珠""明月珠"等，专业名称为萤石。夜明珠的形状多为打磨而成，打磨制作过程极为复杂、精细。

　　世界萤石总储量约9.35亿吨，中国占世界储量的35%。在我国，7000年前的浙江余姚河姆渡人已开始选用萤石做装饰品了。

第六章

有机宝石

分子式：$SiO_2 \cdot NH_2O$

摩氏硬度：5.5 ~ 6.5

比　重：2.0 ~ 2.23g/cm³

光　泽：玻璃光泽、油脂光泽

透明度：半透明、不透明

荧光性：长波紫外光下强荧光

在矿物学中，欧泊属于蛋白石，也有些人称它为"闪山云""白宝石""五彩石"等。世界上最著名的产地为澳大利亚的闪电岭。

欧泊最大的优点是它具有绚丽夺目的变幻色彩，这是因为这种蛋白石的结构的关系，欧泊是由直径约150~400μm的无数个二氧化硅整齐地排列成行形成的，这些小球像光栅一样，当光射在上面将发生衍射，散成彩色的光谱而形成美丽的色彩。

欧泊可分为白欧泊、黑欧泊、火欧泊几种。在紫外线照射下，黑欧泊不发荧光。

欧泊属于贵重宝石，价格很高，要注意买到的欧泊的真假和优劣。

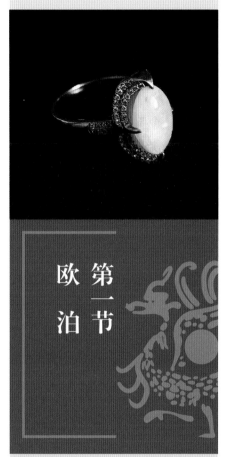

第一节

欧泊

矿物名称 ：有机宝石（珊瑚）

化学分子式：$CaCO_3$（碳酸钙、介壳素）

折射率：1.49～1.66

摩氏硬度：3.5～4

光　泽：玻璃光泽

比　重：2.68g/cm³

常见颜色：坦桑石呈蓝色、紫蓝色至蓝紫色；其他呈褐色、黄绿色、粉紫色

珊瑚的名称

佛教中以金、银、珍珠、珊瑚、琥珀、砗磲、琉璃为七宝，珊瑚为七大宝之一。珊瑚是波斯语翻译成汉语名称，狭义上的珊瑚指的是珊瑚虫，广义的珊瑚是指捕食海洋漂浮生物的低等腔肠动物群。珊瑚是由众多珊瑚虫及其分泌物和骸骨构成的结合体，指非矿物类的珊瑚礁钙化体。

珊瑚的形成

珊瑚虫是海洋中的一种腔肠动物，它以海洋里细小的浮游生物为食，由于珊瑚虫只有米粒那样大，它们一群一群地聚居在一起，一代代地新陈代谢，生长繁衍，同时不断分泌出碳酸钙，并黏合在

珊　第二节
瑚

一起。这些碳酸钙经过以后的压力、石化，形成珊瑚。

由于珊瑚虫具有附着性，许多珊瑚礁的底部常常会附着大量的珊瑚虫。珊瑚由很多珊瑚虫造成。每一珊瑚虫都有一个中空而底部密封的柱型身体，它的肠腔与四周的珊瑚虫连接，而位于身体中央的口部，四周长满触手。我们通常把珊瑚分为石珊瑚、八放珊瑚及水螅珊瑚，它们有不同的形态特征。除了生物学分类外，我们亦可按生态功能把珊瑚分为两大组，一是那些有共生藻即虫黄藻的珊瑚称为可造礁珊瑚；二是那些没有共生藻的则称为不可造礁珊瑚。

珊瑚的产地

地中海、红海、波斯湾古时皆产珊瑚，可做药材和装饰品。苏恭曰："珊瑚生南海，又从波斯国及狮子国来。"寇宗曰："波斯国海中有珊瑚洲。海人乘大舶，堕铁网水底取。"

珊瑚所生磐石上，白如菌。一岁而黄，二岁变赤。枝干交错，高三四尺。人没水以铁发其根，系网舶上，绞而出之。失时不取，则腐蠹。中国古代史籍《翻译名义》《外国传》《述异记》等多有记载。

四
珊瑚的鉴别

1. 纯天然珊瑚珠宝有如下的特征

（1）有自然斜横纹理，每一件珊瑚都不相同。

（2）有自然瑕疵，如小白点、小黑点、小斑点都很正常，不是不良品。

（3）是珠宝中唯一有生命的千年灵物，光泽艳丽、温润可人、晶莹剔透、千娇百媚。

（4）化学性质不稳定，遇酸会反应。

五
几种假冒伪劣珊瑚制品

1. 利用海柳、海竹仿制成的珊瑚饰品

有明显的纵纹理、颜色均匀，给人以呆涩的感觉，没有珊瑚独具的面无同心圆状构造，无不均匀条纹，用棉签蘸丙酮擦拭，棉签上呈现红色。

染色大理岩：

呈均匀的红色，具粒状结构。

粉色塑料：

遇盐酸不起泡。

合成珊瑚：

微细粒状结构，见不到天然珊瑚的颜色或透明度略有差异的条带状结构，密度 2.45g/cm^3，较天然珊瑚小。

六

佩戴珊瑚的好处

（1）美丽的珊瑚是佛教七宝之一，具有招财进宝和增进人缘的功效。

（2）对爱情而言，就像红色的珊瑚一样，代表着热情与激情。

（3）有助于提高人的心灵层次，保持高度的敏感性，对混沌不清的局势有理清与调和的作用。

（4）小朋友佩戴珊瑚，有保护骨骼成长的效果，通常是父母给予小朋友的珍贵礼物。

（5）珊瑚可以预防痛经等妇科病，红色或粉红色的珊瑚尤其对血液方面的疾病有探测的功能，如果越戴颜色越淡的话，很可能有贫血、血液循环不良等问题，心脏病及神经系统疾病患者也很适合佩戴，基本上珊瑚对皮肤、指甲、头发等生长都有帮助。

（6）红珊瑚由于具有多孔状结构，而具有吸水性的特点，很多佩戴过珊瑚项链、手链的女士都会惊奇地发现，晴天和阴天红珊瑚的颜色不一样，多雨和干燥季节的红珊瑚颜色不一样，在南方佩戴和北方佩戴珊瑚的颜色也不一样。身体不适，出虚汗的时候和平日健康时候珊瑚的颜色也不一样，因而我们认为珊瑚是人体精气神的观测站。

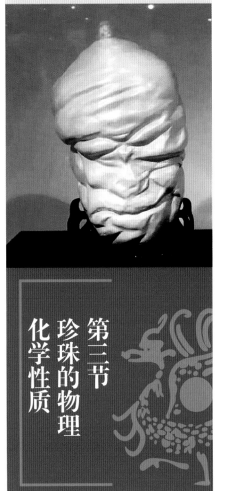

珍珠是一种有机宝石，珍珠中的化学成分主要有：无机物91%~96%，有机物2.5%~7.0%，水0.25%~2%；以分析数据得知：主要是$CaCO_3$，占90%以上，其次还有CO_2、PbO、Al_2O_3、Fe_2O_3等，此外还有10多种微量元素，如：钠、锰、锶、铜、锌、钡、铬、镍、钴、硒、碘等，还有人体必需的有机成分壳角蛋白，这是一种含有天门冬氨酸、苏氨酸、丝氨酸、赖氨酸、谷氨酸等10多种氨基酸的硬蛋白类，还有部分水。

珍珠显层状、同心圆圈状生长，珍珠层中矿物成分主要为$CaCO_3$，少量方解石或六水碳酸钙石$[CaCO_3 \cdot 6H_2O]$等组成。其具有以下物化性：

摩氏硬度：2.5~4.5

比　重：$2.60 \sim 2.80 g/cm^3$

天然海水珍珠：2.68~2.74

海水养殖珍珠：2.65~2.76

淡水珍珠：2.65~2.78

折光率：1.532~1.685

透明度：呈半透明至不透明

不耐酸，对酸的抵抗力很弱，被酸溶解时产生CO2，不耐碱、不耐热，易被化妆品、汗酸腐蚀失去光泽、变暗，能溶于丙酮、苯、二硫化碳等。

第四节 珍珠的传说

隋侯救蛇而得珠的传说

《淮南子·览冥训》："譬如隋侯之珠。"注：隋侯，汉东之国，姬姓诸侯也。隋侯见大蛇伤断，以药敷之，后蛇于江中衔大珠以报之。珠径盈寸，纯白，而至夜有光明如月之照，可以烛室。故谓之"隋侯之珠"。

又《汉魏丛书》中《搜神记》称，隋侯奉命出使齐国，路救伤蛇，两月后经此道返回，忽有小儿，手拿一明珠，挡道送与隋侯，隋侯拒绝，不顾而去。至夜，又梦见小孩持珠与侯，说："儿乃蛇也，早蒙救护生全，信日答恩，请受之。"侯惊醒，果见一珠在床头，侯乃收之而感："伤蛇犹知恩重报，在人反不知恩乎！"传说演变，情节更趋细致生动。

隋珠在我国历史上与和氏璧齐名，广为流传。

割股藏珠

合浦白龙村居民世代均以采珠为生。相传明代万历年间，村里有个叫海生的青年，父亲早亡，和母亲相依为命。他练就一身潜水采珠的好本领，采得一颗拇指般大的夜光珠。海生用这颗明珠为全村人照明，使得夜里照样可以补网、修渔具，全村人都喜欢这颗珍珠。

有一年皇帝要用珍珠装饰宫殿，派太监谭政带铁骑一千到合浦监采夜光珠。谭政带人驻扎白龙海域监采，经过三天三夜不仅未采到夜光珠，且死伤很多珠民，到第四天海生舍生忘死才采得一颗夜光珠。谭千岁见采到夜光珠欣喜若狂，用红绸布包好将珍珠装入檀香木盒中，盒上还加了锁，亲自抱着木盒片刻不离，马不停蹄地赶回京城，将珠盒献给皇帝，但当皇帝打开盒子时却空空无珠，谭政因犯欺君之罪，被处死还株连九族。皇帝又命内侍太监赵兰率三千铁骑到合浦采珠。赵千岁征船三百艘，调集珠民三千，再加三千铁骑云集白龙海域采珠。赵兰采用更残酷的办法，不管珠民死活，几天之内就死人数百，弄得人心惶惶，民不聊生。一个月过去了，只采得几斤细珠，急得赵兰像热锅上的蚂蚁一样。廉州知府献策道："听说白龙村有颗夜光珠，藏在海生家中，可乘海生出海之机去搜！"官差到海生家强行搜查，翻箱倒柜，搜到了夜光珠。因有谭千岁前车之鉴，赵兰悬赏征求护送宝珠回京的办法。一位老珠民被召来询问，珠民称："因为合浦珍珠不过杨梅岭，要想平安带走，只能'割股藏珠'才能过这一关。"开始赵兰不肯，老珠民又说："以前胡人来此贩珠，为怕有失，都是用这种办法带走的。"太监无奈，只好忍痛把腿割开，纳珠其中，包扎好后赶路回京，当走到杨梅岭时，突然天色大变，雷声滚滚，风雨交加，赵兰坐骑受惊，腿部伤口剧痛，看南海方向一片珠光，股内宝珠已不知去向，太监知道受骗，赶回合浦找老珠民算账时，珠民早已躲得无影无踪。赵兰失掉了宝珠，不敢回京，怕重蹈谭政的覆辙，只好吞金自杀。

"割股藏珠"在唐代《广异记》等古籍中都有记载。记载胡人得到宝珠后，为怕有失，不惜割股、割腋等处纳珠带回本国。至于说合浦珍珠不过杨梅岭，那只是一种传说而已。

第五节　珍珠与健康

一　珍珠与长寿

　　中国历史上第一个称帝的秦始皇（公元前259~前210年）为了长生不老，曾派方士徐福，带三千童男童女，乘船入海，赴蓬莱、方丈、瀛洲三神山去找不死之药，结果一去不返。秦始皇以后的历代皇帝，也都想长生不老而研制金丹。到了晚唐"长生不老"丹变成羹。据明《独异志》称：唐武宗李炎在位时，宰相李德裕以珠玉为宝贝，雄黄、朱砂煎汁为羹，每食一杯约费钱三万，过三煎则弃其渣，认为服羹可长生不老。到了晚清慈禧亦知道珍珠对人体保健养颜的好处，每隔十天按时辰服食一银匙珍珠粉，产生了良好的保健养颜效果。

二　珍珠的药用价值

　　珍珠药用不仅可治病健身，而且可养颜美容。公元9~14世纪欧洲行符咒治病，重用珍贵之物，珍珠才被药用。随后，特别是小型芥子珠被大量使用，珍珠的医药价值得以充分开发，如锡兰岛的小珠马西尤尔是专供药用的，我国广西合浦的小珍珠也多被药用。

1. 治病健身用珍珠

用珍珠入药治病在我国已有悠久的历史，珍珠的药用功能在19种历代医药古籍及现代药典上都有记载，可概括为止咳化痰、镇惊安神、清热解毒、杀菌消毒（对金黄葡萄球菌杀灭力最强）、止血生肌、明目去翳等。目前，用珍珠制成的中成药丸、散、丹、针剂很多，如珍珠粉、珍珠层粉、珍珠散、六神丸、行军散、牛黄丸、鸡骨草丸、眼药水、眼膏、消炎片、镇安丹等几十种。广西珍珠公司生产的珍珠母注射液获国家金奖，对妇女输卵管结扎出血和产后出血有特效。

戴珍珠项链能防甲亢、咽喉炎，且具安神镇惊作用。不少妇女在经期烦燥时戴珍珠项链可以调解，更年期妇女戴珍珠项链亦有类似作用。佩戴珍珠项链部位的皮肤光滑细腻，这是珍珠的护肤作用所致。另据报道，广州某女士购600元珍珠项链一条，戴了一年之后，发现项链变黄了，但自己的失眠症治好了，皮肤也有些变白，女士认为这钱花得值。

2. 保健防衰用珍珠

人体内的脂褐素是随年龄增长而增加的，人体衰老的快慢，由脂褐素增加的速度来决定。珍珠有抑制脂褐素增多的功能，可促使细胞活力增强，延缓细胞衰老，因此珍珠有延年益寿、长葆青春的作用。同时，珍珠对人体受伤组织有修复和再生作用，它能促使人体胶原细胞生长，当身体某处发生创伤时，胶原细胞能进去填充空隙、黏结裂隙，把受伤处修补起来，促使肌体再生，这对外伤的康复十分重要。

3. 美容养颜用珍珠

珍珠又是护肤养颜佳品，中国明代李时珍《本草纲目》中载有："涂面，可令人润泽好颜色，涂于手足，去皮肤逆胪，除面（斑）。"古埃及克莱帕托拉的记事中称："贵妇人为了美化皮肤，在临睡前常用珍珠粉混在牛奶中涂擦身体。"现在开发的珍珠护肤美容制品种类更加繁多，只要质量有保证，都能起到良好的护肤效果。珍珠膏、珍珠霜、珍珠液等可以被人体表皮细胞吸收，增强细胞活力，促进新陈代谢，具有防止皮肤衰老的独特功效。合理使用可保肌肤柔嫩白净，滋润光滑，永葆青春。

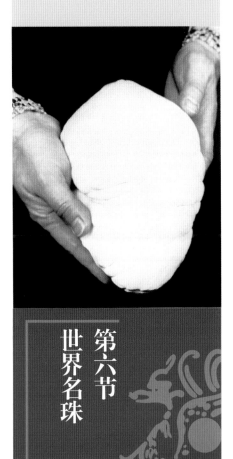

第六节
世界名珠

世界名珠和名钻一样珍贵，并且每一颗都有一段奇闻轶事，都具有民族宗教色彩，由于珍珠稀少昂贵，加之宗教信条、教义、经书、礼仪和法器上对珍珠的特殊用途，从而增加了珍珠的神秘感。

老子珠 —— 也称真主之珠

"老子珠"在世界天然大珍珠排名中居第一位。1934年5月7日，在菲律宾巴拉旺海湾中，一群小孩下海采捕海生动物，上岸后发现少了一个孩子。经过寻找打捞，发现小孩在潜水时，被一只砗磲贝夹住了脚，因而溺死。打开砗磲贝发现一颗极大的珍珠，它长241毫米，宽139毫米，珠重达6350克（见图）。这就是世界上已发现的最大天然海水珍珠，被命名为"真主之珠"，也叫"老子珠"。1969年美国医生哥普因为治好了"老子珠"的主人—— 当地酋长长子的病，酋长为感谢他，将"真主之珠"送给了哥普。此珠当时价值高达408万美元。现存于美国旧金山银行保险库中。

亚洲之珠

"亚洲之珠"在世界已发现的天然大珍珠中排名第二位，是1628年在波斯湾采到的。珠长径约

100毫米，短径60~70毫米，珠重达121克。在"老子珠"未发现之前，它是当时世界上最大的珍珠，被命名为"亚洲之珠"。发现后100多年，"亚洲之珠"由一位波斯国王送给了中国清代乾隆皇帝，成为乾隆的爱物。1799年乾隆驾崩后，"亚洲之珠"就成了殉葬品，被埋于地下。过了一个多世纪，1900年八国联军攻占北京时，此珠被人从墓中盗走，失去了踪迹。18年后，即1918年，它出现在香港，被当作债务抵押品，抵押给天主教外方传教理事会，后来，债务人还不起债，"亚洲之珠"便成了教会的收藏品。二战以后，这颗珍珠曾在巴黎出售，但售价和买主都秘而不宣。从此以后，"亚洲之珠"便失去了踪迹。1993年2月10日《日本经济新闻》报道，两颗过去认为去向不明的世界名珠"亚洲之珠"和"希望之珠"在日本露面。这是日本东京一家珠宝店，为纪念日本人工养殖珍珠成功100周年，从家住伦敦的所有者那里借来的。

希望之珠

"希望之珠"也是现今世界上发现的较大的天然海水珠，排名世界第三。"希望之珠"重117.10克，长50.8毫米，最小部位周长82.5毫米，最大部位周长104.3毫米。最早为伦敦某银行家所收藏，后来据说被藏入英国大不列颠国家历史博物馆，又称二战期间丢失，踪迹难觅。如果1993年在日本露面的两颗大珍珠，有一颗是"希望之珠"的话，那真是"昔日无价宝曾是帝王掌上明珠，今日奇珍已成富豪手中爱物"了。

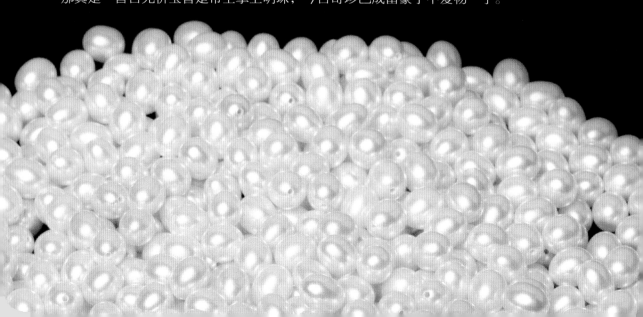

第七节

珍珠简易鉴别方法

一　手摸法

天然珍珠手摸凉爽；假珍珠有滑腻感、温感。

二　牙咬法

天然珍珠：牙咬无光滑感，常有肌理凹凸感、沙感。用牙咬若用力，响声清脆，表面无凹陷牙痕，无珠层局部脱落。

假珍珠：牙咬有光滑感，在牙上轻磨之，感觉光滑，用力咬，表面出现凹陷牙痕，甚至涂层局部脱落。

三　直观法

天然珍珠：表面有天然肌理纹，也看得出光泽颜色的不统一，在一串珍珠项链中，其大小也会存在一些差异，具有自然的五彩珍珠光泽。

假珍珠：仿珠钻孔处有小块凸片，形状多为球形，圆度较好，表面微具凸点，缺乏固有的珍珠光泽，所发出的虹彩，光泽颜色非常统一、单调、呆板。

嗅闻法

天然珍珠：轻度加热无味，嘴巴呼气，出现水汽。

假珍珠：轻度加热，仿制珠有异味、臭味，将之靠近嘴边，出现水汽。

放大观察法

天然珍珠：表面有纹理，能见到碳酸钙结晶的生成状态，好像沙丘被风吹的纹状。

假珍珠：只能看到蛋壳样的较均匀的装涂表面，高高低低的很单调的状态。

弹跳法

天然珍珠：将珍珠从60厘米高处掉在玻璃上，反跳高度20~25厘米。

假珍珠：同样条件下，仿制珠只能反跳15厘米以下，而且连续弹跳能力比真珍珠差。

溶液浸泡法

天然珍珠：放入丙酮溶液中摇振数分钟，光彩如常。

假珍珠：同样条件下，只需摇振1分钟，表面光泽全部消失。

烧灼法

天然珍珠：将之放置在石油气炉上灼烧，珍珠未出现黑烟色，表层完好，未见脱落，仍有珍珠光泽，灼烧时间延至1~2分钟，有微小爆裂声响，用指甲刮时出现珠层脱落，呈多裂片状、弧状、银灰色，具光泽，易变成粉末，加压珠核裂成两半。

假珍珠：同样条件下，仿制珠出现火光，灼烧时呈黑色，如锅底状，水洗后表面珠层脱落，露出珠核，失去光泽，烧灼时间延到1~2分钟，珠核裂成两半。

偏光镜观察

天然珍珠：几乎全透光或半透光，不透光部分有珠核，轮廓较圆。

假珍珠：透明层不是一个均匀的圆环形。

荧光法

天然珍珠：一般会发出淡蓝色荧光。

假珍珠：一般无荧光。

察孔法

天然珍珠：观察珠孔处，因质硬有钻孔处显得锐利些。

假珍珠：质软、孔口处会呈现凹陷情况。

其他方法

天然珍珠：相对密度在2.73g/cm³左右，并溶于盐酸。

假珍珠：仿制珠大多为玻璃珠、塑料珠等，可根据两者与珍珠相对密度、特征的明显差异区别，与酸无反应。

只有白色珍珠才是好珍珠

在自然界中，天然珍珠的颜色是很多的。但为了人们的需求，也便于销售，从而进行人工漂白处理后销售。

海水珍珠的价值高于淡水珍珠

海水珍珠有好有差，价值也有高有低，如果是用低价海水珍珠和高价的淡水珍珠相比，那么淡水珍珠也就高于海水珍珠；反之，海水珍珠也会大大高于淡水珍珠。也就是说，不在同一水平线上的同等产品是无法比较的。

只有天然珍珠才是真珍珠

天然珍珠是在自然界中生成的，但是在同一自然环境下，也可以通过人工养殖产生。部分人把人工养殖珍珠当成是假的珍珠是不对的，应当说天然和人工养殖的珍珠都是真的，人工合成的才是假的。

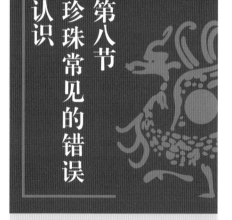

第八节　认识珍珠常见的错误

越大的珍珠价值越高

　　珍珠的大小是衡量价格高低的标准之一，但不是绝对的，其价值的高低由以下4点来评价：1.珍珠的大小；2.珍珠的种类；3.珍珠的光泽；4.珍珠的瑕疵。珍珠的大小只是其中的一个因素，不能以偏概全。

真珍珠是不会磨损的

　　真的珍珠硬度低，易打碎成粉，可以食用、美容，由于低硬度而产生磨损，所以佩戴过程中应避免与硬物接触磨擦。

同样的钱买海水珍珠与买淡水珍珠都一样

　　由于海水珍珠和淡水珍珠的价格不一样，同样的钱买淡水珍珠要好些，而海水珍珠从美感来讲也没有淡水珍珠那样好看。从佩戴角度上看，买淡水珍珠要好得多。

圆形珍珠都是海水珍珠

淡水珍珠和海水珍珠都有各种形态，其中包括圆形在内。

矿物名称 ： 有机树脂混合物

分子式：$C_{10}H_{16}O$

折射率：1.54 ~ 1.55

摩氏硬度：2 ~ 53

光泽：树脂光泽

光性：非均质

比重：$1.08g/cm^3$

晶体结构：非晶质

熔点：加热到150℃即软化，250℃ ~ 300℃熔融，散发出芳香的松香气味。琥珀溶于酒精。

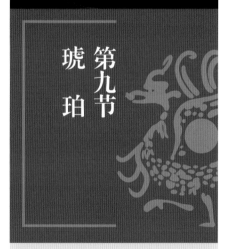

琥珀的形成

　　琥珀是中生代白垩纪至新生代的树脂在地质作用下，经过变质的有机混合物。数千万年前的树脂是古代松柏科、豆科植物的树脂。通常1500万年前被埋藏于地下，经过一定的压力、温度产生化学变化后形成的一种树脂化石，也是一种有机的似矿物。

琥珀常见的包裹体

　　琥珀常见包裹体的形状多种多样，表面常保留着当初树脂流动时产生的纹路，内部经常可见气泡及古老昆虫或植物碎屑。在中国古代，琥珀被称作兽魂、光珠、虎魄、育沛、江珠、遗玉等。

琥珀透明度划分

琥珀按透明度来划分可分为透明琥珀、半透明琥珀、不透明琥珀。

半透明至不透明琥珀叫珀。

金绞蜜 —— 指透明的金珀和半透明的蜜蜡互相纠缠在一起的琥珀。

香珀 —— 指具有香味的琥珀。

虫珀 —— 指包有动植物遗体的琥珀。

石珀 —— 指有一定石化程度的琥珀，硬度比其他的大。

血珀 —— 指出土年代久远的透明琥珀。颜色如同高级红葡萄酒的颜色。

骨珀 —— 指白色的琥珀。

金珀 —— 指金黄色透明的琥珀。

不透明的琥珀传统上习惯称之为 "蜜蜡"。

老蜜 —— 指出土年代久远的不透明琥珀，橙红色。蜜蜡 —— 半透明至不透明，可以呈各种颜色，以金黄色、棕黄色、淡黄色等黄色为最普遍，有蜡状感，有蜡状—树脂光泽，也有呈玻璃光泽的。

琥珀的评价

中国根据琥珀的颜色划分的品种为金珀、血珀、虫珀、石珀、花珀、水珀、明珀、蜡珀、蜜蜡、红松脂等，"千年琥珀，万年蜜蜡"之说乃谬误。香珀是指摩擦后香味明显的蜜蜡，因为通常蜜蜡的处理程度小，所以香味浓郁。水珀是指内含水滴的琥珀，也叫水胆琥珀。

现在琥珀的价值不高，除非是古董、精湛的艺术品或含有生物遗体。琥珀依昆虫的清晰程度、形状大小、颜色决定其经济价值。颜色浓正，且杂质不多者为佳。颜色以蓝色、绿色和血红色为好，但目前绿色琥珀仅发现在多米尼加、墨西哥以及中国抚顺等地，波罗的海绿珀多为高温下置于化学药剂中所致。

透明血珀大多为高温烤色所致，天然血珀会有可见的内含物。通常，颜色浓正伴随少量可见杂质，有种说法是微小的内含物是琥珀的致色因素。最贵重的品种是包裹昆虫的琥珀，俗称"琥珀藏蜂"，以昆虫清晰、形态栩栩如生、个体大、数量多为最佳。

琥珀的保养

琥珀的熔点低，易熔化，怕热，怕曝晒，琥珀制品应避免太阳直接照射，不宜放在高温的地方。

琥珀易脱水，过分干燥易产生裂纹。琥珀属有机质，不宜接触有机溶剂，如指甲油、酒精、汽油、煤油、重液，不宜放入化妆柜中，一般情况下，不要用重液测定其密度和用浸油法测折光率。

琥珀性脆，硬度低，不宜受外力撞击，应避免摩擦、刻划，防止划伤、破碎。

琥珀是一种古老的宝石饰品材料，作为宝石，也有近六千年的历史。在中国、希腊和埃及的许多古墓中，都曾出土过用琥珀制成的饰品。古罗马的妇女，有将琥珀拿在手中的习惯，其原因是在手掌的温度下，琥珀受热能发出一种淡淡的优雅的芳香。古罗马人赋予琥珀极高的价值，一个琥珀刻成的小雕像比一名健壮的奴隶价值都高。琥珀还能够消痛镇惊，有的地方常给小孩胸前挂一串琥珀，以驱邪镇惊。

（六）

琥珀的产地

琥珀主要产于新生代早期第三纪含琥珀的煤层中，欧洲波罗的海沿岸国家产的琥珀最著名，其他如美国、印度、新西兰、缅甸等国均有产出。

中国的琥珀产地有辽宁抚顺和河南南阳，抚顺产的琥珀呈黄色到金黄色，其中常包含有昆虫，清晰美观，是极珍贵的品种。南阳产的琥珀质量差些，只能药用和制作压制琥珀。

（七）

天然琥珀的鉴别

1. 天然琥珀比重很轻

天然琥珀放入水中时，不会沉入水底。但是，当放入1∶4的盐水时真琥珀就会慢慢浮起，而假琥珀是浮不起来的。

2. 声音

无镶嵌的琥珀链或珠子放在手中轻轻揉动会发出很柔和略带沉闷的声音。塑料或树脂的声音则会比较清脆。

3. 味道

未经精细打磨的琥珀原石，用手揉搓生热后可以闻到淡淡特殊的香气，白蜜蜡的香气比其他普通琥珀的香气略重，因此称为"香珀"。一般来说，经过人工精细打磨抛光或者雕刻的琥珀，很难通过手摩擦闻到香气。

4. 用眼观察

真琥珀的质地、颜色深浅、透明度、折光率等会随着观察角度和照度的变化而变化，这种感觉是其他任何物质都没有的。

5. 紫外线照射

将琥珀放到验钞机下，上面会有荧光，呈淡绿色、绿色、蓝色、白色等。而塑料假琥珀则不会变色。

6. 摩擦带静电

将琥珀在衣服上摩擦后可以吸引小碎纸屑。

7. 手感

琥珀属中性宝石，一般情况都不会过冷过热。而用玻璃仿制的会有较冷的感觉。

8. 热试验

将针烧红，刺琥珀的不明显处，有淡淡松香味道。电木、塑料则发出辛辣臭味并粘住针头。

9. 刀削针挑试验

裁纸刀削琥珀会成粉末状，削树脂会成块脱落，削塑料会成卷片，玻璃则削不动。用硬针与水平线呈20～30度角刺琥珀会有爆碎的感觉和十分细小的粉渣，如果是硬度不同的塑料或别的物质，要么是扎不动，要么是很黏的感觉甚至可以扎进去。

10. 洗指甲油的药水

用棉签擦点洗甲水反复擦拭琥珀表面，没有明显的变化。塑料和压制琥珀都没变化，但是树脂和柯巴树脂因为没有石化就会被腐蚀而产生粘坑，将松香放入药水中浸泡它会慢慢溶解。

11. 眼观鳞片

这是镶嵌琥珀辨认的最主要方法。爆花琥珀中一般会有漂亮的荷叶鳞片，从不同角度看它都有不同的感觉，折光度也不会一样，散发出有灵性的光。假琥珀透明度一般不高，鳞片发出死光，个同角度观察都是差不多景象，缺少琥珀的灵气。假琥珀中鳞片和花纹多为注入，所以大多一样，市面最常见的是红鳞片。

12. 眼观气泡

琥珀中的气泡多为圆形，压制琥珀中气泡多为长扁形。

13. 拿到专业机构中心去测折射率、密度等

14. 最佳的试验方法

除了眼观、紫外线照射、手感、盐水外，其他的办法，就算测出琥珀为真的或多或少都会对琥珀造成一定伤害，以上鉴别方法不能单独使用，可利用多种测试法。

15. 现在市场上还有半琥珀

真琥珀是整粒的琥珀原石，但半琥珀是用加工过后的琥珀下脚料熔化后制成。区别方法可以用眼观法，因为这样的半琥珀会有血丝，而真的只会有一些块状或粒状的天然杂质。

琥珀的净化

净化是指通过控制压力炉的温度、压力，在惰性气体环境下，去除琥珀中的气泡，提高其透明度的方法。

在压力炉中，加热使琥珀部分软化，加压有利于琥珀内部气泡的排出，惰性气体可以防止琥珀氧化变色。

琥珀加工一般都要经过净化，市场上大多数金珀都属于净化产品。对于透明度差、厚度大的物料，往往需经过多次净化，或者增加净化的压力、温度和时间才能达到使其完全透明的目的。

琥珀的改色

各种天然血珀中以缅甸血珀最有名，但是其颜色灰暗且杂质较多，所以市场上的血珀多是经过人工烤色而来的。

琥珀的烤色，即在高温高压条件下，琥珀表面的有机成分经过氧化作用产生红色系

列的氧化薄层，使琥珀的颜色得以改善。血珀的深红色可以掩盖内部杂质，甚至可以掩盖压制琥珀的立体"血丝"结构。

　　烤色过程也在密封的压力炉中进行，其工艺流程与净化基本一致，唯一不同的是压力炉内的气体成分发生了改变，为了有利于氧化反应的发生，在惰性气体中加入少量氧气是十分必要的。

　　一般情况下，加热时间越长，氧气含量越高，血珀的颜色就越深。琥珀半成品经过烤色可以直接获得血珀成品，血珀经过再加工可以获得阴雕血珀和双色琥珀等产品类型。将弧形琥珀加热处理成黑红色，抛去弧面表皮，保留底面并在底面上雕刻各种佛像、花卉图像等。

琥珀的爆花工艺

　　金花珀的工艺流程和净化工艺的前半部分一致，不同的是在加热完成后的开炉阶段：净化工艺在该阶段都有一个压力炉自由冷却的过程，而爆花工艺则是马上关掉电源，直接释放炉内气体。红花珀工艺同金花珀相似，只是其内部盘状裂隙需延伸至表面，在一定温度、压力及氧化条件下裂隙被氧化变红而成。爆红花常有两种途径，第一种是在血珀烤色的过程中当炉子停止加热时直接放气，瞬时的压力释放和温压条件的综合作用会导致血珀爆出红花；第二种是在爆出金花之后再回炉烤色，烤色过程如同血珀制作过程。

琥珀的含义

　　琥珀自古以来就是欧洲贵族佩戴的传统饰品，代表着高贵、古典、含蓄的美丽。

1. 金黄色的琥珀可以招来财富。

2. 琥珀在中医理论里一直有安神定气的功用，且可杀菌消毒及避免传染病，所以也会被做成香环或香来使用，也有人磨成粉末拿来止鼻血，治疗火伤或挫伤，但据说最有效的是在于预防喉咙以及其他呼吸器官的疾病，所以常做坠子挂在喉轮附近，另外对发烧、肠胃的不适也有舒缓作用，甚至可促进肝、肾细胞的活化，对于黑色与红色的血珀，则能对应海底轮，可增加生殖能力及性器官功能，对男女都有帮助。

3. 戴在不同部位有不同的其他功用：眉轮 —— 可协助去除杂念，让人更清明无惑；喉轮 —— 协助加强沟通能力，个性更开朗，更体贴他人，助人完成远大目标；心轮 —— 让情感在理性的约束下，找到真正的心灵伴侣。

名称：砗磲（贝壳）

化学成分：$CaCO_3$　碳酸钙

结晶特征：非结晶

硬度：3.5～4

比重：$2.7g/cm^3$

透明度：半透明到不透明

光泽：珍珠光泽

断口：贝壳状断口

砗磲的主要矿物成分

第十节　砗磲——贝壳

砗磲是一种贝壳，是一种有机质矿物，它的化学成分为有机碳酸钙化合物，碳酸钙的含量为86.65%～92.57%，壳角蛋白为5.22%～11.21%，水为0.69%～0.97%。另外含微量元素。与珍珠一样具有层状构造，外壳光洁明亮，在阳光下能出现彩虹。其颜色有白色、牙白色与棕黄色相间两个品种，但以牙白与棕黄相间呈太极形的品种为上品。以耀眼的金丝亮丝和绿色肠管为其特色。随年龄增长逐渐变硬，牙白与棕黄相间的品种密度可达$2.70g/cm^3$。外观牙白与棕黄相间形成太极图形并带有耀眼的金色丝光和晕彩，如带有青绿色之化石肠管隔在其间为高级者。

砗磲的形成

砗磲是分布于印度洋和西太平洋的一类大型海产双壳类物种。绝大部分种类是大型贝类，生活在印度洋温暖水域的珊瑚礁中，许多种类和甲藻类共生。它是海洋贝壳中最大者，直径可达1.8m。砗磲是稀有的有机宝石，白皙如玉，亦是佛教圣物。砗磲一名始于汉代，因外壳表面有一道道呈放射状之沟槽，其状如古代车辙，故称车渠，后人因其坚硬如石，在车渠旁加石字。砗磲、珍珠、珊瑚、琥珀在西方被誉为四大有机宝石，在中国佛教之中与金、银、琉璃、玛瑙、珊瑚、珍珠同被尊为七宝。

砗磲的基本特点

用珠宝的特点来分析，具有美丽珍珠光泽、洁白颜色、质地细腻的贝壳可作为宝石，而砗磲贝却是所有贝类制品中最漂亮的。在海洋中有一种生物，属于贝类家族，是一种介壳软体动物，形如蚌蛤，壳大而厚，略呈三角形，它的直径约有1.5米，体重可达300多千克；在此种动物的

外壳上有深大沟纹如车轮的外圈，故被命名为"车渠"。车渠的外壳通常呈白色或浅黄色，壳体光滑，厚达数寸，是由外层角质层、中层棱柱层和内层珍珠层三部分构成，是琢磨玉器的优良材料。车渠的肉呈白色，可供食用，其外套膜边缘（包裹着肉的一层薄

膜）为青色、紫色或黄绿色等颜色，极为美丽，正由于其颜色的关系，在佛经上记载的所谓的砗磲，应解作紫色或绀色的宝物，方合梵语的原意；但后世一般则称白珊瑚及贝壳所制之物为砗磲，可能由于砗磲的壳根本是白色或浅黄色的缘故。

四

药用价值

车渠，海中大贝，背上垄文，如车之渠。味甘咸，大寒，无毒。入肾经。有锁心、安神之效，能凉血，降血压，安神定惊，砗磲可护身健体，延年益寿，

附　宝石比重的测试方法

静水测比重法

准备蒸馏水一桶（水温4℃），或四氯化碳、乙醇、二甲苯各一瓶。量杯、量筒各一个，电子秤一台，细线一条。辅助性的备用材料备齐就可以测试了。宝石比重的计算公式如下：

$$比重 = \frac{宝石在空气中的重量}{宝石在水中排出同体积水的重量}$$

设：P表示宝石在空气中的重量

P_1表示宝石在水中的重量

$$比重 = \frac{P}{P - P_1} \times 液体的比重$$

例：宝石重10克，在28℃的四氯化碳中称重是9.18克，四氯化碳在温度为28℃时的比重为1.579。其宝石的比重为：

$$宝石的比重 = \frac{10}{10 - 9.18} \times 1.579 = 19.3$$

答：宝石比重为19.3g/cm³。

由于水具有较大的表面张力，在测比重时有一点误差，故多使用其他液体精确度会更高。所以，在测比重时尽可能用表面张力小一些的液体来测它的体积，而减少被测物体的比重误差，其参考液体详见下表，但是需要注意被测物当时液体的温度。

有机液体在不同温度下的比重（g/cm³）

乙　醇		二甲苯		四氯化碳	
比　重	温 度℃	比　重	温 度℃	比　重	温 度℃
0.837	7	0.839	6	1.630	3
0.830	16	0.829	16	1.610	13
0.829	18	0.824	22	1.599	18
0.827	19	0.819	27	1.589	23
0.821	21	0.814	32	1.579	28
0.817	26	0.809	37	1.569	33
0.810	32	0.804	42	1.559	38

标准比重液

标准比重液参考表

名　称	标准比重液体 g/cm³	备　注
二碘甲烷	3.33	
三溴甲烷	2.9	
克来里奇液	4.15	
饱和盐水溶液	1.13	水中加盐直到不溶为止
三溴甲烷中加乙醇稀释	2.9~2.5	系列密度液
二碘甲烷中加二甲苯稀释	2.9~3.33	系列密度液
克来里奇液加水	4~3.33	系列密度液

三 标准比重矿物

标准比重矿物参考表

名　称	比重 g/cm³
钻石	3.53
水晶	2.65
方解石	2.71
淡红色电气石	3.05
透明萤石	3.18
橄榄石	3.34
黄玉	3.56
人造刚玉	3.99

四 看宝石沉浮测定比重

（1）如被测宝石漂浮在标准比重液上面，则被测宝石比重小于标准比重液的比重。

（2）如被测宝石沉在标准比重液底部，则被测宝石比重大于标准比重液的比重。

（3）如被测宝石悬浮于标准比重液中部，则被测宝石比重等于标

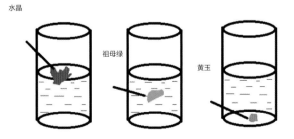

准比重液的比重。

例如：无色透明的水晶和黄玉外表特征十分相似，不易区别，如果放入密度为2.9g/cm³的三溴甲烷中，水晶在其中漂浮，而黄玉则很快下沉。又如海蓝宝石和改色黄玉也十分相似，放入三溴甲烷中海蓝宝石漂浮，黄玉快速下沉，这样就很快鉴别区分出来了。

注意事项

1. 比重液应放在密封避光的地方，这是因为比重液具有一定的挥发性，工作环境应最大限度减少空气的流动，用过的比重液可以继续使用。

2. 比重液大多数都有毒性，不要长时间地连续作业，测试后注意洗手。

3. 对有颜色、有孔隙的宝石，如欧泊、绿松石、青金石、珊瑚、珍珠及各种有猫眼效应的宝石均不能使用，因为比重液进入宝石中会污染宝石的颜色。

4. 对有粘胶的宝石、二层石、三层石不能浸没于比重液中，因为粘胶会被比重液溶解。

5. 对天然有机宝石和人造塑料制品均不能使用，因为比重液会溶解损坏这些类型的宝石。

宝石密度表

宝石名称	密度 g/cm³	宝石名称	密度 g/cm³	宝石名称	密度 g/cm³
锆石（高型）	4.6~4.8	淡红色黄玉	3.53	绿松石（伊朗、埃及）	2.80
锰铝榴石	4.15	钻石	3.52	绿松石（美国）	2.70
镁铁尖晶石	4.0~4.2	榍石	3.52	珍珠	2.70~2.75
锆石（低型）	3.9~4.1	水钙铝榴石	3.47	祖母绿	2.71
红宝石、蓝宝石	3.99~4.1	黝帘石	3.35	石英	2.66
钙铁榴石	3.82	橄榄石	3.27~3.48	珊瑚	2.60~2.70
镁铝榴石	3.78	硬玉	3.25~3.40	玛瑙	2.60

续表

宝石名称	密度 g/cm³	宝石名称	密度 g/cm³	宝石名称	密度 g/cm³
金绿宝石	3.73	锂辉石	3.03 ～ 3.22	月长石	2.57
人造尖晶石	3.63	萤石	3.18	黑曜岩	2.40
钙铝榴石	3.61	电气石	3.07	玻璃	2.3~4.5
铁铝榴石	3.61	软玉	2.90~3.10	欧泊	2.1
尖晶石	3.60	绿柱石	2.80	火欧泊	2.00
黄色黄玉	3.53~3.56	青金石	2.80	琥珀	1.08

第七章

翡翠（硬玉）

玉瑞屏开热浪潮，
翔鹏鱼跃似比高；
烽火硝烟似晚霞，
烤醒夜月弯躬腰；
年年度度秋风尽，
无似春光胜似春光；
命运永恒奋辛劳，
大浪淘沙格外香，
晚霞不息永无恒，
街头巷尾永安好。

近年来，随着党中央政策的改变、市场的繁荣、人民生活的日益提高，珠宝玉石行业也随之繁荣起来。

随着缅甸翡翠的进入，云南瑞丽口岸的开发，边陲小镇瑞丽渐渐繁荣起来，缅甸人、巴基斯坦人、中国人像钱塘江的潮水一样涌向瑞丽口岸，各式各样的翡翠首饰源源不断涌向全国各地，人们对翡翠从不认识到认识，从低档到中档和高档，最后发展到收藏。

但是，很多唯利是图的不法分子利用人民群众对翡翠的认识较少这一弱点，以假乱真，以次充好，欺诈人们以赚取高额利润，影响了翡翠的正常经营，迫使我们必须认识翡翠，了解翡翠，以免上当受骗。下面介绍一些有关翡翠的基本知识。

硬玉（翡翠）是一种钠铝硅酸盐，化学式为$Na_2Al_2(SiO_4)_2$，是一种高压低温型变质矿物的辉石族矿物，和锂辉石、透辉石、顽火辉石这样的单矿物含量有关，也和长石类矿物有关，是一类矿物型组合体。关于辉石的含量是80%还是85%还有争议，众说纷纭。

有部分人认为翡翠矿床是岩浆侵入形成的（奇布尔，1934）；有的则认为是花岗岩浆脱硅形成的；也有人认为是钠质热液交代淡色灰石而形成。温克勒不赞成侵入成因观点，他认为翡翠矿床是在区域变质作用引起的高压条件下形成的。

在众多资料研究过程中，笔者认为翡翠的形成是印度板块和欧亚板块外岛弧带（或者说俯冲带）在低温高压下，由侵入于橄榄岩体中钠长石岩脉脱硅化作用形成的一种矿物。

硬玉（翡翠）的一般特性

化学成分：$Na_2Al_2(SiO4)_2$钠铝硅酸盐

结晶特征：粒状至纤维状集合体，致密块状，单斜晶系

摩氏硬度：6.5～7

韧　　性：特别强

解　　理：集合体结构，看不见解理

断　　口：细粒状到断裂片

比　　重：3.30～3.38g/cm³，常见3.34g/cm³

条　　痕：白色

透 明 度：半透明到不透明

折 射 率：1.66～1.68，常见1.66

光　　性：双轴正光性

荧 光 性：长波紫外灯下无荧光

光　　泽：玻璃光泽到油脂光泽，断面发暗

查尔斯滤色镜下：不变色或灰色

酸　　碱：不反应

翡翠的颜色

翡翠在变质形成的过程中所处环境的不同，也就是围岩所含的元素的不同，造成翡翠的致色元素也产生极大的差异，从而影响着翡翠的颜色，一般的致色元素有铬（Cr）、二价铁（Fe^{2+}）、三价铁（Fe^{3+}）、二价锰（Mn^{3+}）、三价锰（Mn^{2+}）等，根据致色元素的差异，又把颜色分为以下几种：

1. 翠色（绿色）

如果致色元素为铬（Cr），其翡翠的颜色很可能是绿色，翡翠行业又把绿色细分为祖母绿色、苹果绿色、秧苗绿色、菠菜绿色、油青绿、灰绿、蓝绿、墨绿、黑绿等。

祖母绿色

翡翠之中称为一等颜色，为最佳色，艳绿色，其价值也非常高，是翡翠中的上等颜色。

苹果绿色

翡翠中的二等颜色，像新鲜青苹果一样的绿色，绿中略带黄的感觉，其黄色色调不明显，也是翡翠中的上等色。

秧苗绿色

翡翠中的三等颜色，像秧苗的绿色一样，绿中微带黄，其黄色色调能明显感觉得出来，也是翡翠中的较好颜色。

菠菜绿色

翡翠中的四等颜色，像菠菜叶子一样的绿色，其颜色绿中有暗黄色，不鲜艳。部分绿色中带灰色。

油绿色

翡翠中一般的颜色，绿色较暗，并略带灰色。暗灰绿色，普遍在手镯中看得到。也是人们常说的油青色种。

灰绿色

翡翠中稍差的颜色，一眼看上去就能确切地感觉到灰绿色，绿色中灰色成分明显。少量灰中带黑，暗色偏重。

2. 翡色（红色）

一般致色元素为铁离子如二价铁（Fe^{2+}）、三价铁（Fe^{3+}）的翡翠，其颜色很可能显红色。翡翠行业把红色称为翡色，并把红色细分为血红色、红褐色、紫红色、浅红色、淡红色、褐红色、黑红色等。翡翠行业称为红翡色、红褐翡色、紫红翡色、浅红翡

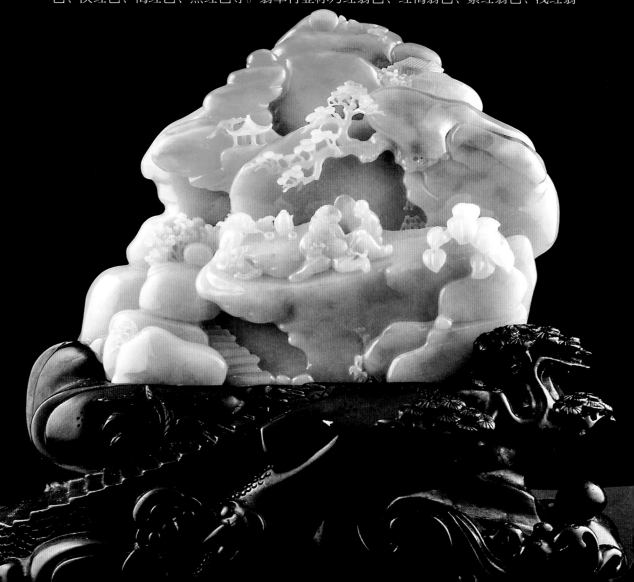

色、淡红翡色、褐红翡色、黑红翡色等。

3. 春色（紫色）

如果致色元素为二价锰（Mn^{2+}）或三价锰（Mn^{3+}）的翡翠，其颜色很可能显紫色。翡翠行业把紫色称为春色，并把紫色细分为深紫色、紫红色、紫褐色、浅紫色、淡紫色、褐紫色、紫黑色等。翡翠行业称为：正春色、紫春色、春褐色、浅春色、淡春色、褐春色、春黑色等。

4. 墨色（黑色）

根据颜色的浓度，如果致色元素的含量很深的翡翠，要在很强的光线下才能看得到它的颜色，一般自然光下看是黑色的，翡翠行业把黑色称为墨色，并把黑色细分为深黑色、紫黑色、黑褐色、浅黑色、淡黑色、褐黑色等。翡翠行业称为正墨色、紫墨色、墨褐色、浅墨色、淡墨色、褐墨色等。一般颜色越黑越值钱。

5. 白色（瓜色）

没有颜色的翡翠叫作白色，在翡翠行业中部分人又把白色叫作瓜色，根据白色的色度又分为白底清、蛋清、油清、豆清、灰清、蓝清等。翡翠行业称为白底瓜、蛋清瓜、油清瓜、豆清瓜、灰清瓜、蓝清瓜色等。

翡翠的透明度

在珠宝行业中，常把透明度说成是种，种好种差实质上是透明度好和差。如果有人问你，你该怎样跟行家谈论？介绍以下几个要点供你参考。

1. 玻璃地

翡翠中最透明的一种。顾名思义也就是说翡翠的透明度像玻璃一样能看透，指结构细腻、透明度很好的翡翠质地。

2. 冰地

翡翠中的第二位，透明度像冰一样。虽然透明，但不像玻璃那样透明，而透光的程度比玻璃差得多，但是也能看透，能看到对面的物体。

3. 蛋清地

翡翠中的第三位，透明度看上去如鸡蛋清那样透明。透光也较好，但是看不到对面物体，或是看到以后也是模模糊糊，分辨得不是很清楚。

4. 油清地

翡翠中第四位，透明度看上去像菜油一样透明，这种透明要有光照才能看出。在无光的情况下是不透明的，在强光的情况下是透明度较好的。

5. 干地

翡翠中最差的一种玉石，基本上不透明，看上去质地粗糙，结构中颗粒粗大，看上去无水也无种。

四

翡翠的透明度

由于矿物在形成的过程中所处的温度、压力、生成的环境特别是生长空间的不同，翡翠也会产生极大差异，从而影响到翡翠的透明度。生长的空间越大透明度越好，反之则差，翡翠行业把透明度叫作种。

所说的种一般有玻璃种、冰底种、糯化种、白底清种、干青种等。其意义是指翡翠的透明度像玻璃一样、冰一样、糯米稀饭一样、白布一样、白石头一样，用这种形象的形容透明度的词汇主要为了通俗好记。这样易记易懂的方法也是透明度普及的一项重要因素。

五

八三玉的说明

"八三玉"是1983年在缅甸一处无名矿山首次发现的一个新玉种。近几年，由于人们对"八三玉"了解较少，这种玉在国内报道中叫法也多，被称为"爬山玉""巴山玉""八山玉"等，这都是缅语音译有异造成的。

当前，很多"八三玉"源源不断地在各地玉器市场出现。这种玉初看很美观，易被人们喜爱，但价格相当于A货翡翠的1/5～1/3。有顾客问起时，应认真跟他们讲清楚，不要和B货混在一起。

"八三玉"和B货在外观上很相似，颗粒较大，较透明。其区别如下：

（1）"八三玉"是硬玉分子，钠长石和其他矿物小于30%，可称为硬玉质钠长石玉，而B货是硬玉大于30%，而透明部分是透明的玻璃胶和环氧树脂胶。

（2）"八三玉"有中—粗粒的矿物结晶，矿物内部解理发育，粒间微裂隙明显。而B货矿物间充填部分没有矿物结构，而是胶状结构。

（3）"八三玉"中岩矿物质密度和硬度、折射率、荧光都是和硬玉岩矿物质一样的特性，而B货密度、硬度、折射率都比"八三玉"要低。

（4）"八三玉"岩石呈白色，局部有淡紫色、淡绿色、蓝灰色及灰色，而B货无色，原岩石的有色部分也有可能断断续续。

（5）"八三玉"透明度差，不具备翠性，断口有"苍蝇翅膀"，而B货一般透明度较好，如果断口处有玻璃胶则没有"苍蝇翅膀"。玉镯敲击时，发出的声音不脆而沉闷。

（6）目前市场上出现的B货大多是用"八三玉"制成的，这是因为矿物颗粒较大的结构特征，从而容易进行化学处理而制成B货。

缅甸是世界上出产翡翠最丰富的国家，被誉为"翡翠王国"，因为优质饰用翡翠大多产自缅甸，其他国家如印度、美国等发现的硬玉岩只有地质科研意义，而无商业价值。

缅甸翡翠矿区地理位置及探采概况

缅甸的翡翠矿床是中国人发现的。缅甸从13世纪起才在乌尤河的冲积层中挖掘翡翠矿石，距今有700多年的开采历史，翡翠原生矿则于1875年才被发现。

翡翠矿区位于缅甸北部的克钦邦西端，矿区西缘与缅北的实皆省相邻，在行政区划上属于克钦邦的甘马因管辖。地理坐标：北纬25°42′，东经96°16′。

缅甸国有宝石企业勘察和开采翡翠的总部设在隆肯，隆肯东距密支那170千米，东南离莫冈122千米。孟拱是翡翠矿石的中转站，用火车运抵仰光和曼德勒加工、销售。宝石企业的翡翠矿山主要有三处，砂矿矿山二处，即帕敢和下游无名地。原生矿矿山在隆肯西北的道茂。私人或集团开采的翡翠采矿点则难以统计。

已查明的翡翠原生矿矿点近20处，翡翠矿区的地质勘查工作目前已停止，因为已查明的矿床（点）足够缅甸宝石企业开采若干年。

翡翠开采矿山主要分布于钦敦江支流乌尤河

第二节
翡翠地质简介

的冲积层中。乌尤河上游有两条东西流向且近乎平行的支流，发源于翡翠原生矿分布地区，度冒矿山即为南支流的源头。支流流经地区均为高山峡谷，河床处于切割状态，不利于冲积物沉积。两条支流汇合于隆肯北边，并折向南流，河流冲积层开始发育。乌尤河在霍马林处汇入钦敦江，全长240千米。

含翡翠矿石的沉积物属第三纪—近代河流冲积沙砾层，沉积在蛇纹岩山丘排水系统的宽河道内，主要由砂、泥和砾组成，砾石的成分为片岩、橄榄岩、火山角岩等。砾石大小不一，个别巨砾的直径超过1米，属急流搬运。冲积层主要发育在隆肯至帕敢之间的乌尤河东侧。

已发现的最大的翡翠巨砾重33吨。

开采翡翠矿主要在缅甸旱季，即10月至次年5月。目前缅甸宝石企业年产翡翠矿石300～500吨。主要以原石销售为主，销售金额约占公司出口总额的一半。

缅甸翡翠原生矿矿床地质特征

在地质构造上，缅甸北部处于印度板块和欧亚板块的结合部，按板块分类标准，自西向东可划分为印—缅外岛弧、葡萄—卑谬弧、内海槽及莫罕—劈磅内岛弧。翡翠矿床即赋存于印—缅外岛弧的低温高压变质带内。

印-缅外岛弧高压变质带的主要岩石类型为一组始新世侵入的阿尔卑斯型超基岩体（蛇纹石化纯橄榄岩、角闪橄榄岩和蛇纹岩）和广泛发育的各类片岩（蓝闪石片岩、阳起石片岩和绿泥石片岩）。片岩中局部见有花岗岩脉贯入其中。变质时代被认为是早第三纪（A. A. 马拉库舍夫，1971）。

翡翠原生矿主要分布于隆肯以西蛇纹石化橄榄岩中，矿带呈北东向展布，长约34千米，宽约11千米。形成时间25My（R. 韦伯斯特，1962）。

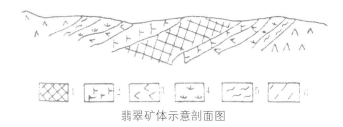

翡翠矿体示意剖面图

蛇纹石化橄榄岩体的东西两侧出露岩石主要为结晶片岩；岩体的东南方向出露乌尤河巨砾岩；东北方向与Mabaw硅质集块岩呈断层接触。矿区东部为大片第三系砾岩与少量安山岩、玄武岩、含火山角砾的蚀变苦橄岩分布区。

翡翠矿体呈岩墙产于蛇纹石化橄榄岩内，矿体倾向比较平缓，一般长度约270米，厚度约2.5~3米。岩墙呈环带状，最完整的矿体结构剖面，岩墙的中心部位是硬玉岩（即主要翡翠矿体），向外依次为钠长岩带、碱性角闪岩带、硅化蛇纹岩带、蓝闪石片岩带。各带之间呈渐变过渡关系，例如，硬玉岩带和硬玉钠长岩带之间，存在钠长硬玉岩带和硬玉钠长岩带。有的翡翠矿体在岩墙中心呈透镜体产出。

硬玉岩（翡翠矿石）是一种单矿物岩，主要矿物成分是辉石类矿物硬玉，此外尚有少量透辉石、碱性角闪石、钠长石、霞石等。有代表性的岩石化学成分：SiO_2（59.81%）；TiO_2（0.01%）；Al_2O_3（24.31%）；Fe_2O_3（0.03%）；MgO（0.58%）；CaO（0.02%）；Na_2O（14.37%）；K_2O（0.01%）；Cr_2O_3（0.01%）。由于呈色离子种类、含量和价态的变化，使翡翠呈现出丰富多彩和鲜艳迷人的颜色。

翡翠矿石岩石特征及质量分级

翡翠矿石一般分为原生矿石、半风化矿石（产于残坡积层）和漂砾矿石（产于冲积层）。半风化矿石节理发育，质地疏松，难以利用。

翡翠原生矿石，呈致密块状构造，表面一般没有次生风化膜，可以直接观察其岩石结构、矿物大小及颜色，易于判断其质量品级。次生翡翠矿石表面常覆有厚度不等、颜色不一（常呈淡黄色、黄色、褐黄色、褐黑色）的风化膜，俗称玉璞，无法直接观察矿石的质量状况，因此，在非正规的翡翠交易中，常会遇到以次充好、以假乱真和各种伪造现象。珠宝玉石行家们虽也有某些识别、判断的方法，但也不是绝对有把握和正确的，所以，翡翠矿石买卖中广泛流传"神仙难断寸玉"之说。鉴别翡翠矿石质量档次最有效和可靠的办法仍然是切开观察。仰光宝石交易会上拍卖的翡翠矿石，均一分为二地切开，切面磨平抛光，任商家自己鉴定评估。

翡翠质量分级的主要技术指标是颜色、粒度、结构、透明度和裂纹，缅甸国家宝石公司按上述技术指标将翡翠矿石质量品级分为三类五级（见下表）。

翡翠分类分级表

类别	名称	级别	颜色	透明度	粒度、结构	裂纹
I	帝王玉		鲜绿、祖母绿	透明—半透明	粒度细小、呈交织结构	无
II	商业玉		绿、蓝绿、紫红等	透明—半透明	粒度细小、呈交织结构 粒柱状变晶结构	无
III	普通玉	A	淡青带微绿	半透明	粒度较小，粒柱状变晶结构	无
		B	淡青	半透明	粒度较粗，粒柱状变晶结构	无或少
		C	白、灰白、灰	半透明—微透明	粒度粗，粒柱状变晶结构	无或少

第 I 类　帝王玉

帝王玉是翡翠中的珍品或上等品，颜色翠绿纯正，浓艳均匀，透明度高（水头足），粒度极细小，呈显微交织结构，帝王玉未见单独产出，一般呈脉状分布在商业玉中。产量不大，最高的年份不足翡翠年采矿总量的5%，因此价格昂贵，以克拉计价，缅方标价为＄320～900元/克拉，其价格是另两类翡翠的万倍以上。加工过程中采用手工操作，以尽量减少损耗。

第 II 类　商业玉

商业玉为绿、蓝绿、紫、红等各种颜色的致密块状，颜色杂而不匀，浓淡不一，透明—半透明，粒度细小，呈粒柱状变晶结构或交织结构，是翡翠中的一大类，占翡翠年开采量的20%～30%。主要用于制作中高档饰物（玉镯、戒面、挂件等）和贵重工艺品。以千克计价，缅方报价为＄40元/千克（平均数）。

第Ⅲ类 普通玉

普通玉是翡翠的主要类型，其产量占翡翠总开采量的60%～70%，是玉雕工艺品的重要和优质原料，亦用于制作低档玉饰品。普通玉一般呈白色、淡青色、灰白色致密块状，矿物粒度细粒—中粗粒，粒柱状变晶结构，微透明 —— 半透明，无裂纹 —— 少裂纹。价格＄5～25元/千克。

由于一块或一批翡翠矿石中，各类翡翠的含量变化颇大，其实际售价变化悬殊，可以相差几十倍甚至上千倍。

翡翠是以硬玉为主要矿物成分的单矿岩。其岩石特征随硬玉含量的多少和矿物粒度的大小而变化。主要岩石特征是一般呈隐晶—微晶致密块状构造和显晶块状构造，交织结构或粒柱状变晶结构。颜色多，不均匀，变化大。密度3.24～3.43，摩氏硬度6.5～7，折光率1.66。常含有细小的铬铁矿、磁铁矿、磁黄铁矿、黄铁矿等黑色包体。翡翠的岩石特征与其他玉石和人造制品是明显不同的（见下表）。硬玉具有辉石式解理，其中{110}为完全解理，在强光下可以见到{110}解理面的彩色反光（一定深度内均可观察到），俗称"苍蝇翅膀"。在油浸薄片中可进一步测得硬玉的光性数据，主要是薄片中无色，多色性不明显，解理发育，$\{110\} \wedge \{110\} \approx 87^\circ$，$Nm = 1.657 \sim 1.663$，干涉色二级，$C \wedge Ng = 33^\circ \sim 35^\circ$，$2V (+) = 68^\circ \sim 72^\circ$。

值得强调的是，翡翠作为一种岩石，总会含有以杂质形式出现的黑色矿物包体，最昂贵的帝王玉中亦会有杂质。因此，在鉴别、选择翡翠饰物时，应特别注意寻找杂质和解理面的彩色反光现象。

翡翠的颜色是翡翠质量、品级的重要标志和参数。关于翡翠的呈色机理一般认为与呈色离子的种类、含量和价态形式有关。

根据地矿部矿床所石桂华等提供的资料，翡翠中的主要呈色离子是Cr、Fe、Mn等。翡翠呈绿色显然与Cr、Fe离子含量有关，Cr含量明显高于Fe时翡翠呈翠绿色，随着Fe含量的增加，绿色逐渐变浓由深绿进而变为墨绿色、黑色。翡翠呈红色则与Fe离子含量高有关，呈淡紫色、浅蓝色与含少量Fe、Mn离子有关。当呈色离子含量很低时，翡翠呈白色或灰白色。有人认为翡翠呈蓝绿色、蓝色与含Ti、Fe有关，含Co、Ni、K离子时翡翠呈黄色。

翡翠与其他玉石主要特征对比表

名称	主要矿物成分	岩石结构	主要颜色	密度 g/cm³	硬度	折光率
翡翠	硬玉	交织状结构 粒柱状变晶结构	绿、蓝、紫、红、青、灰、白，颜色不均匀	3.26 ~ 3.34	6.5 ~ 7	1.66
软玉	透闪石	纤状交织结构 纤状变晶结构	白、黄、绿、黑 颜色均匀	2.9 ~ 3.1	6 ~ 6.5	1.62
岫玉	蛇纹石	纤状交织结构	黄绿、颜色均匀	2.5 ~ 2.6	2.5 ~ 5.5	1.56
独山玉	斜长石 黝帘石 单斜辉石	熔蚀交代，变余和等粒结构	白、绿、黄、紫 颜色均匀	2.7 ~ 3.2	6 ~ 7	1.66 ~ 1.7
贵翠、东陵石 密玉、京白石	石英	砂状结构	白、淡绿、绿 颜色均匀	2.65	7	1.54
钙铝榴石玉	钙铝榴石	粒状结构	淡黄绿、白	3.59	6	1.74
水钙铝 榴石玉	水钙铝榴石玉	粒状结构	淡黄绿	3.06 ~ 3.3	6	1.63
葡萄石	葡萄石	放射状针锥结构	黄绿、颜色均匀	2.9	6 ~ 6.5	1.63
染色石英石	石英	砂状结构	绿、深绿，颜色均匀	2.65	7	1.54
脱玻化玻璃	玻璃	玻璃质结构	绿、深绿，颜色不均匀	2.64	5.5 ~ 6	1.54

　　翡翠的吸收光谱研究表明，翡翠中可以同时存在Fe^{2+}、Fe^{3+}，分别处于晶体结构中的M_2、M_1位置上，由于Fe^{2+} ~ Fe^{3+}间的电子跃迁引起偏振而使翡翠呈绿色。

　　呈色离子以类质同象换Al、Na的形式可能是这样的：

　　（Ca^{3+}、Fe^{3+}）Al^{3+}　　　　　①

　　（Ca+Mg）

　　（Ca+Fe）　　　　（Na+Al）　②

　　（Ca+Mn）

以②　式做类质同象置换时，形成各种端元分子如透辉石、钙铁辉石等。统计结果表明，这些端元分子的含量变化与对翡翠的呈色现象有十分密切的关系（见下表）。绿色翡翠中，透辉石含量比较高，当钙铁辉石含量增加时，绿色加深呈深绿色、黑绿色。翡翠呈红色时与钙铁辉石含量高有关。白色、灰白色翡翠中，端元分子含量一般很低（<1%）。由于Ca、Mg是组成端元分子的重要成分，因此可以认为，翡翠的呈色现象不仅与呈色离子有关，而且与非色素离子Ca、Mg的综合作用有关。

翡翠端元分子含量表

端元分子＼翡翠颜色	白色	白色	淡紫色	浅蓝色	淡绿色	鲜绿色	深绿色	墨绿色	红色
透辉石分子	0.21%	0.62%	0.41%	1.07%	4.57%	6.76%	0.99%	5.13%	0.70%
钙铁辉石分子	0.10%		0.20%	0.50%	0.43%	0.66%	2.09%	1.72%	9.34%
钙锰辉石分子		0.21%		0.40%		0.77%			

翡翠的 A 货、B 货、C 货

1. 翡翠的 A 货

指翡翠（硬玉）是纯天然的，没有经过任何人工处理过的硬玉。这类翡翠的矿物质含量是自然形成的，所以其坚硬持久，长期不变色。

但要给顾客讲明白，A 货虽然是自然形成的，但也有好次之分，A 货不是都非常昂贵，A 货当中如果颜色好，透明度高，就贵重，反之则不贵重了。

2. 翡翠的 B 货

指翡翠（硬玉）经过人工处理，在翡翠行业中所说的漂白过的，但主要成分和颜色还保留在天然物质成分。

这类翡翠产出主要是自然界生成翡翠中含有铁或钙及其他物质，遇酸产生反应被酸溶解，经酸溶

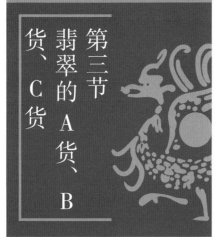

第三节　翡翠的 A 货、B 货、C 货

解后剩余物质就会形成很多空洞，这些空洞再用透明材料（环氧树脂胶或玻璃胶充填）增加透明度而形成的翡翠，由于这些胶质时间长了会产生氧化（老化龟裂），从而影响翡翠的耐用性、美观性，而降低其本身的价值。

但应给顾客讲明一个道理，也就是说，在个人经济收入不太好、手头拮据或从安全角度考虑的情况下，即实惠又能满足虚荣心理是可以购买佩戴的，不过收藏价值不高，随便玩一玩就行了。

3. 翡翠的 C 货

将翡翠（硬玉）经人工处理后再加上颜色，其主要成分和颜色都是人工的，但是保留的部分还是钠铝硅酸盐类的矿物质。

这类所谓C货，是在B货的基础上加工的，使质量较差的翡翠经人工处理后显得更美丽。

但需要给顾客讲明一个实际情况，B货、C货外观美丽无

瑕，但时间一长，其外观会发生明显变化，严重地影响到自身的美观效果和实用价值，同时会带来一些负面的感受。

马来西亚玉

马来西亚玉并非是马来西亚产的玉，有部分人称马来玉，市场上有两类物品都叫马来玉。

一种是绿色脱玻化玻璃，外表酷似高档翡翠，在查尔斯滤色镜下显灰绿色，长波紫外灯下无荧光，玻璃光泽，半透明。

一种是染色石英岩，其颜色是在颗粒间隙中充填进去的，颜色为网格状分布，在查尔斯滤色镜下呈红色，半透明状。

镀膜翡翠

当前有一种很薄的绿色塑料薄膜，将这种塑料薄膜贴在较透明或半透明无色的翡翠上，像人穿了一件衣服一样，把原来无色的翡翠装扮成艳绿。这类镀膜翡翠颜色均匀，查尔斯滤色镜下不变色，表面平整，光亮无沟槽。但要提醒大家注意，只要用小刀、指甲刻划就会轻易留下痕迹，用火柴烧，镀上去的膜也会被烧化显出本色来。

玻璃制品

玻璃制品在充当天然玉石的过程中是有明显差别的，对玉有基本认识的人只要认真察看就能区分出来，主要是由于比重轻，硬度低，绿色假得纯净，内部还有气泡。

老玉新玉的理解

玉文化在民间的应用和传播是非常普及与广泛的，但人们在接触玉的时候存在不规范性。有些是地域造成的，有些是环境造成的，有些是道听途说的，有些是即兴发挥的……这样造成了不同的顾客，在不同的时间、地点，对玉的理解形成了不同的观点。经营过程中，常遇到顾客对玉的认识提出疑问，希望得到确切的答案。

按翡翠产出地分有老坑玉和新坑玉，也就是指原来的采集地点为老坑，后面发现的产地称新坑，老坑产出的玉叫老玉，新坑产出的玉叫新玉。

按翡翠的颜色分，颜色深的叫老玉，颜色浅的叫新玉。

按翡翠的透明度分，透明度高的叫老玉，透明度低的叫新玉。

按翡翠的结晶程度分，把质地细腻的叫老玉，结晶颗粒粗的叫新玉。

按翡翠加工的时间分，早先加工的叫老玉，现在加工的叫新玉。

按翡翠购买的时间分，购买时间早的叫老玉，购买时间晚的叫新玉。

按翡翠收藏的时间分，收藏时间长的叫老玉，收藏时间短的叫新玉。

现在市场上有些人会把翡翠（硬玉）叫老玉，软玉叫新玉；把天然品叫老玉，优化处理品叫新玉；把优化处理品叫老玉，假冒品叫新玉等。

总而言之，不管怎样分，只要是含翡翠分子多的（划分上不统一），我认为含75%以上的翡翠都可称老玉，也就是翡翠，翡翠分子含量低于75%的都叫新玉。从地质的角度上讲，矿物含量和矿物名称都发生了质的变化，应当说，新玉是一种含有钾长石或钠长石的矿物集合体。

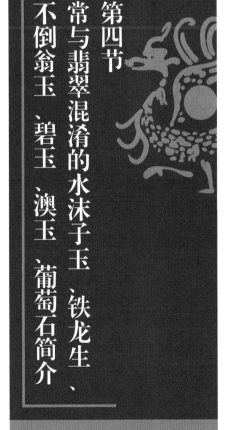

第四节

常与翡翠混淆的水沫子玉、铁龙生、不倒翁玉、碧玉、澳玉、葡萄石简介

水沫子玉（钠长石玉）

分子式：$NaAlSi_3O_4$

比重：$2.6 \sim 2.7g/cm^3$

莫氏硬度：6

折射率：$1.52 \sim 1.54$

透明度：透明 — 半透明

水沫子玉的起名，是因为这种玉的里面像流水中的水沫子一样，有白花的包裹体。透明度高，容易和较透明的飘花翡翠混淆。

这类玉石的比重比翡翠轻，敲击声沉闷，没有翡翠那样的清脆悦耳的金属声。用水晶能刻得动水沫子玉。

水沫子玉的主要矿物为（钠长石玉），含量为90%，次要矿物有硬玉、绿帘石、阳起石等。也就是说次要矿物是辉石矿物、闪石矿物和少量的硬玉矿物。

水沫子玉的生成环境和硬玉基本相同，所以，开采也同时开采出来，有些商家会把它当作中高档翡翠高价出售给不懂翡翠的客人。

铁龙生

主要成分：含铬的钠铝辉石

比重：3.3～3.33g/cm^3

莫氏硬度：6.5～7

折射率：1.66

透明度：微透明 — 不透明

铁龙生其实是硬玉的一种，主要以硬玉和闪石矿物组成，其中硬玉含量为95%。

铁龙生常为满绿色，其中夹杂着黑色或者暗绿色的斑点，这些斑点主要有铁龙生中含有大量的铬、铁元素造成。

铁龙生虽然透明度较差，但是满绿的眼色非常好看，很多人把铁龙生误认为干青种翡翠。由于铁龙生的微细裂纹较多，所以一般用来制作雕件和小挂件。

由于铁龙生的透明度较差，为了增加它的透明度，往往用处理B货的方法来处理铁龙生。所以市场上可以看到大量的处理过的铁龙生。

不倒翁玉（钙铝榴石玉）

分子式：$Ca_3Al_2(SiO_4)_3$

比重：3.41～3.44g/cm^3

摩氏硬度：6.5～7

折射率：1.71～1.72

荧光性：无

滤色镜下：显红色

不倒翁矿物成分以钙铝榴石为主，占矿物成分的90%以上。少量斜黝帘石类，符山石类矿物为次的矿物组合体。

肉眼观察，好像种头较差、裂纹较多、绿颜色的翡翠，但是，不倒翁一般的颜色为斑点或条带状分布，很容易和质地较差干绿色的翡翠混淆。

不倒翁的颜色有绿色、淡绿色、黑绿色、黑色，斑点状较均匀分布在玉石上。不倒翁一般是结晶颗粒粗，微细裂纹较多，透明度差，价格也较便宜。

碧玉

分子式：$CaMg_5(OH_2)(Si4O_{11})_2$

比重：2.55～2.70g/cm^3

折射率：1.53～1.54

摩氏硬度：6.5～7

光泽：玻璃光泽至油脂光泽

透明度：透明至半透明、不透明

按地质矿物学来解释是一种在海底火山喷发时产生的硅质隐晶质流体，可以称为海底硅质流体。这种隐晶质硅质流体必须具备致密状、块状结构。以透镜体的眼球状产出，是一种石英集合体，大部分以眼球状结构构造为特征。是一种玻璃到玉髓过渡性晶体。颜色有绿碧玉、红碧玉、黄碧玉。结晶颗粒比玛瑙要细，比玉髓要粗，常与绿泥石、赤铁矿、褐铁矿、黑云母、石英、长石、方解石矿物共生，是玉髓的一个亚类型矿物。

有些商家把碧玉染色作为其他品种销售，但是染色最多的是蓝色 —— 当青金石销售，如睿智青金、德国青金、意大利青金。

五

玉髓（澳洲玉）

比重：2.13~2.50g/cm³

摩氏硬度：6~6.5

折射率：1.45

透明度：透明至半透明

荧光性：白色荧光

滤色镜下：显红色或无色

玉髓也叫澳玉、绿玉髓、澳洲玉、蛋白石，以蛋白石、石英为主，含0.5%~1%氧化镍，是一种隐晶质的石英集合体，较绿的玉髓更像翡翠。次要矿物为少量粘土矿物组合体。

玉髓肉眼观察，可看到似长方形、正方形、不规则形，透明度较好，裂纹少，绿颜色分布比较均匀，一眼看似较好翡翠老厂水石毛料，很容易和质地较好的绿色上等翡翠毛料相混淆。

玉髓与翡翠的一般区别是：绿玉髓的绿色之中带微黄，颜色分布均匀，质地细腻，看不到色根，颜色也不成片，无粒状结构，玻璃光泽，无翠根，绿色之中透黄而透嫩，比重轻于翡翠，断口参差状到平坦状。

六

葡萄石

折射率：1.63

摩氏硬度：6~6.5

比重：2.80~2.95g/cm³

透明度：透明至半透明

玻璃光泽折射率：1.616～1.649（++0.016，-+0.031），点测常为1.63

双折射率：0.020～0.035

光性：非均质体，二轴晶，正光性

断口：参差状断口。

紫外荧光：无吸收光谱：438nm

光学效应：猫眼效应（罕见）

颜色：白色、浅黄色、肉红色、绿色，常呈浅绿色

1. 葡萄石形成

葡萄石是一种钙铝硅酸盐矿物，是基性斜长石经热液蚀变在相对低温的热水效应下形成的一种次生矿物。它产于基性玄武岩和超基性浸入岩、火山岩喷出岩的气孔和裂隙之中，少部分产于变质岩中。葡萄石的晶系为斜方晶系，常以集合体、板块状、片状、葡萄形状、肾状、放射状集合体产出，脆性较强。用十倍放大镜观察，具有纤维状结构，放射状排列。

葡萄石是一种纤维状非晶质体，葡萄石的结构是一种纤维状、放射状结构，常常可以看到像云朵形状的集合体产出。

葡萄石是一种葡萄状、钟乳状、半圆状或小球型的粒状集合体。常伴生有少量的方解石，遇盐酸会起泡，所以，鉴定葡萄石时常用盐酸滴到葡萄石上面，如果遇盐酸会起泡，可能是葡萄石，如果不起泡可怀疑是别的物质。

2. 葡萄石的鉴别

在加热熔解的情况下会产生气泡，并变成白色玻璃状集合体。用力划会产生白色条痕。

葡萄石通透细致的质地、优雅清淡的嫩绿色、含水欲滴的透明度，神似顶级高色翡翠的外观，具有经济实惠装饰效果。

3. 葡萄石的颜色

由于含铁、锰、镁、钠、钾等元素，可导致葡萄石形成不同的颜色，有深绿色、绿灰色、绿色、绿黄色、黄绿色、黄色和无色等，少部分会产生灰色。目前市场中有绿色、黄色或者灰色、白色出现，但是大部分以黄色、绿色为主，最好的葡萄石是深绿色。具备翡翠绿色的绿色为上等品。

4. 葡萄石产地

产于中国四川省泸州、乐山等地，以及加拿大、英国、法国、葡萄牙、德国、奥地利、瑞士、意大利、俄罗斯、巴基斯坦、印度、日本、澳大利亚、南非、纳米比亚等国。

5. 葡萄石的作用

（1）葡萄石能使人思考明晰，具有提高直觉感的力量。

（2）在资讯泛滥的现代，思绪也因此变得混乱，葡萄石能指引你选择最适合的道路。

（3）因挫折变得消极的时候，佩戴葡萄石可以提高耐性，引导你实现目标。

（4）葡萄石对心脏、肺有显著的功效，内含的磁石也让能量更强，带来生活的新希望和信心，创造新的机会。

（5）为对现状不满的人们带来新的转机和机会，也能增加人思考时的灵感，避邪化煞，成为不受外力侵犯的护身石。

（6）葡萄石和红玛瑙、石榴石、血玉髓一样都能够促进血液循环，美容养颜，对女性十分适合，随时散发动人的魅力。

6. 葡萄石的养护

平常可用清水清洗，勿接触碱类。葡萄石的硬度偏低，佩戴时请注意不要与硬物碰触摩擦。

翡翠常见的混淆认识

1. 名词解释

（1）青海玉 —— 特萨沃石

青海玉是一种水钙铝榴石，比重3.8g/cm³，折射率1.72，粒状结构，颜色均匀，有较多黑色斑块，滤色镜下变红。

（2）独山玉 —— 南阳翡翠

蚀变斜长石，比重2.73～3.18g/cm³，一般折射率为1.56～1.70，粒状结构，色泽不匀。

（3）澳洲玉

绿玉髓，隐晶质，质地细腻，颜色均匀，比重2.64，折光率1.53。

（4）马来西亚玉 —— 马来玉

矿物名称为脱玻化玻璃，质地细腻，颜色沿颗粒间分布，成网状分布，滤色镜下变红。比重2.40～2.50g/cm³，折射率1.50～1.52。

2. 翡翠的优化处理及简易识别

（1）B货

漂白加充填处理，光泽较差，常见玻璃光泽、树脂光泽、蜡状光泽混合，颜色有扩散现象，无次生铁质包裹体，表面产生沟纹，相对密度小于3.33，红外线光谱含碳氢（C—H）的羟基吸收峰。

（2）C货

颜色不正，颜色沿裂隙、晶隙分布，部分在滤色镜下变红，分光镜中650mm吸收带。

3. 翡翠、玉石中的常见错误

（1）只有绿色的翡翠才是翡翠

翡翠有绿色和其他的很多颜色，区别是不是翡翠主要是看矿物的结构、比重、折光率，不是用颜色来区分。绿色矿物很多，但不一定是翡翠，而翡翠不一定都是绿色。翡翠比重3.33，折射率1.72。

（2）真色真玉就一定是好玉

在区别玉石的好坏中，真色真玉 —— A货是评价的首要标准。没有这个标准也无从谈论玉的好坏。但要注意的是，真色的A货之中还有很重要的几个指标：种水、瑕疵、绿色的浓淡程度、绿色的多少、绿色的分布。绿的颜色也有好多种类，如祖母绿就是真色中的最佳颜色。一块好玉的评价是综合指标的浓缩，并非用单一的杠杆来衡量。

第五节　翡翠中的奇闻

翡翠发现的几种传说

1. 传说一

据说在13世纪的时候，中国西南的丝绸之路是从云南的昆明—保山—腾冲—缅甸—印度。中国和印度的商品是用骡马作为交通运输工具，源源不断驮来驮去，由于当时主要交通干道都是弯弯曲曲、高低不平的山道。要想驮马走得平稳，讲究的是驮马的垛子要平衡，这样才不会伤害到马，马也才走得快，不会驮翻后把物品打坏。

但是，即使刚出来的时候垛平衡，由于路上的颠簸和震动，垛子也会产生一些变化，甚至不平衡。赶马人需要及时调整垛平衡，在半路上会在不平衡的一边加一块块石头等。

有一次，一个赶马人从印度回云南，路经缅甸的帕敢一带，由于驮马的垛子不平衡，随便从路边捡了一块石头往垛子和马鞍的交接处一塞。到家后一看，这块石头被磨得碧绿碧绿的，甚是喜人，他找到石雕匠雕了一头狮子拿到市场上卖了一个好价钱。后来，他不断地去捡，不断地雕和卖，从此发了大财。

邻居们见他发财了，便悄悄地跟随他，发现了他捡石头的地方。他们也悄悄地去捡，也悄悄地雕饰品，然后也拿到市场卖，渐渐地富裕起来。这样越传越广，捡的人越来越多。这种石头的雕件才从云南传到广西、广东、上海、北京乃至全国，后来这种石头被定名为翡翠。

2. 传说二

传说，从前有一个跑单帮的人，走到一个荒无人烟的原始森林，他走累了，准备坐在眼前的一棵腐朽的老松树上休息。当他的屁股碰到老松树时，他感觉腐朽的老松树软软的，仔细一看，原来是坐在一条大蟒蛇的身上，他"啊"的一声，吓得滚下山去。他滚到的那个洼子，从来无人去过，醒来发现周围都是些大鹅卵石，再一看，这些石头透出斑斓的色彩，好看极了。他拿了几块到集市上去卖，结果卖了一个好价钱。

从此，他常常去背这种石头出去卖，卖了一天又一天，一次又一次，赚了很多的钱，盖起了豪宅。一天，邻居们悄悄地跟随他，终于发现了他捡石头的地方。他们也悄悄地去捡，偷偷地卖。大家都用这些石头发了财，也改善了生活。

这样越传越广，捡石头的人越来越多。这种石头做成的物件才从云南传至全国，后来这种石头被定名为翡翠。

3. 传说三

中国古代西南丝绸之路的重要驿站腾越，也就是现在的腾冲市，是历史上中缅、中印的贸易、物流的集散地，也是当时经济文化交流的商务云集地。腾冲当时成为中国通往南亚、东南亚国家的南大门，也成为一队队大马帮的歇息地。

当时，中原有一个大户到腾冲做生意，赚了很多钱。一天，他请几个朋友一起到他家吃饭，朋友喝酒时胡乱吹说："听缅甸人说，在缅甸有一个河谷里有金子。"

于是他便悄悄地雇了几个人到缅甸的那条河去淘金子，也就是现在的帕敢一带。结果时间一天天、一月月、一年年地过去了，从来看不到金子的踪影。他们害怕无法交差，于是就到河里乱抬了几块大石头用麻袋装起来送给老板，说是金矿石。

老板给了他们工钱，看也不看，叫他们放在库房。从此，他们天天用麻袋装大石头到库房。实在堆不下了，这些人感到过意不去便陆续地走了。

也不知过了多少年，这个老板生意垮了，清理他们抬回来的那些石头时一看，这些石头一个个碧绿剔透，甚是喜人，随便捡上几个到集市上去卖，都卖了好价钱。

这样越传越广，捡石头的人越来越多。这种石头做成的饰品传至全国，后来这种石头被定名为翡翠。

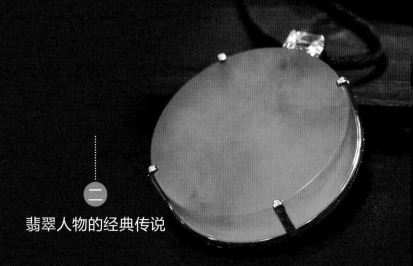

二

翡翠人物的经典传说

1. 玉石大仙

从前有一个人，经常把内地的盐用马驮到缅甸去卖，再从缅甸驮些烟土到内地。由于生意亏损不敢回家，不得不到缅甸玉石矿山上挖玉。他天资聪慧，肯学卖力，不久便学到了一门看玉的绝活，一般的玉他拿到手中，在阳光下一照，便能大致看出这块玉的好坏，八九不离十地估计出这块玉的基本售价，当地人称他为"玉石大仙"。

从科学的角度讲，玉里面的成色是难以估计得到的，即使表皮是绿的，里面也不一定是绿色的；即使表皮是透明的，里面也不一定是透明的，俗话说"神仙难断寸玉"，也就是说，神仙也难估计得到玉石毛料从外到里一寸距离的颜色和透明度的情况，何况是人。

传说，他以最低的价格买下玉石毛料，认真仔细地看好几天，找准玉中最好的地方切下一片，（玉石的透明度高，是糯种、冰种、玻璃种的，透明度不高的只要有绿色，价格就卖得很高）。有了这么一个口子，玉石毛料能卖出原来价格的几十、几百甚至上千倍。所以，他不但赚了很多钱，声望也随之高了起来。

最初替人看玉，他先是无偿服务，后来是帮忙，再后来是按块收钱，最后是按玉毛料的增值部分来提成。

2. 翡翠花瓶的故事

传说一个中国人到缅甸翡翠矿山开矿，一去就是好多年，渐渐年纪大了，也赚了很多钱，思念之情越来越强烈。他左挑右选，选好了一块色好种好的毛料，准备雕一对玉花瓶带回家作为传家之宝。

他带着这一块玉石回到家乡，请了一位老工匠设计这对花瓶，老工匠拿着这块玉颠来倒去地看：下面是碧绿，中间是白色，上面有紫有红。整整想了半月，老工匠告诉他，真是一块罕见的花瓶好料，建议雕成一对翡翠花瓶，并开始慢慢地雕刻起来。

半年后这对翡翠花瓶雕成了。他把雕成的玉花瓶拿到玉器行里估价，大家一看，只见花瓶里面盛满三分之一清澈如镜的水花，花瓶上半部分剔透可看对面人影，牡丹花上的甘露好似要滴下的水珠，栩栩如生。真是天造的神物、稀世之宝！玉器行不敢估价。一传十、十传百，不到一年的时间，整个珠宝行业都知道了。

随后达官贵人都知道他有一对稀世之宝的花瓶，有钱的人要买，当官的人要看一看，闹得他家从此不得安宁，他也无心做事，疲于应付。

当官的正为占有这对玉花瓶寻思着，一天，他家的狗咬伤了一个有钱人的小孩，他被抓进监狱。他的家人为了救他，到处找关系使尽了家中钱财，最后又把稀世之宝的花瓶送给官府，这才把他救回家来。从此，他家也穷起来，一切变成了回忆。

3. 李秀才发财了

李秀才其实不是秀才，是街头巷尾摆地摊的小本生意人，卖些玛瑙小石头。

一天下午，他正准备收摊回家时，有一个人从背篓里拿了一个大石头问他："这块玉石卖给你要不要？"秀才随便看了一下，心想这么一块石头要它做什么，但他又随口问了一句要多少钱，那个人说3000元。他回答不要，又低下头收他的东西。

那人又问李秀才给多少钱，李秀才随口说80元，讲来讲去100元成交了。李秀才拿给内行人一看告诉他说，这块玉石没有什么用处的，不值什么钱。他只好自认倒霉，心想破财免灾。

从此，他每天都把这块玉石摆在摊位上碰碰运气。可是，数年过去了都无人过问。老婆一看见这块玉石就骂他，他实在是忍受不了，想来想去，只好硬着头皮把这块玉石拿到一家玉石加工厂，问他们要不要。正巧有一些外地老板在加工玉石，李秀才便将石头递上去。一位老板随便看了一看："太差不要。"

另外一个老板看了之后告诉李秀才："如果你敢把它切开，说不定还能卖得出去。"

他想，反正没人要，拿回去老婆又骂，切就切吧，于是便拿到机器上一刀切成两半。

啊！上等满绿的翡翠料。在场的老板开始问价了。一个外地老板问李秀才："要多少钱？"李秀才说："你给多少？"李秀才心在发虚，他不知道这块玉值多少钱。

老板们开价了，这个5万元、那个10万元……但是，李秀才还是不开口，价格从5万、20万涨到80万，这样李秀才出手。这钱拿到家里差点把他老婆吓死。李秀才发财了，从此，他家过上了富裕的生活。

4. 现买现卖赚大钱

秋天的一个中午，天高云淡，我到一个玉器街，看到一个四十多岁的农村妇女来到卖玉的摊子前面，从怀中取出一对用旧布层层包裹着的翡翠挂件，冰种正翠绿色的颜色吸引住了周围的眼光。不待老妇开口，在旁边看货的外地人抢先抓住了妇女手中的翡翠挂件，还未来得及细看，就问她要多少钱。

这时，摊前挤满了许多翡翠经营者，大家都知道这翡翠挂件是一件好东西，大家都想要。但是，玉石买卖有个不成文的规矩，谁先拿到货，就得先等他谈完价以后，谈不成了，别人才能继续去谈。由于这个外地人眼疾手快先抓到了，所以只能由他先谈，别人再想要，也只好瞪着眼看他砍价。

那妇女听有人问她要多少钱，一开口说："要价10万元。" 这个外地人说："太贵了，5万元。"那妇女又说："8万元。"这个外地人还坚持5万元。这时有人推推他说："算了，8万就8万。"就这样成交了。

随后，当场就有很多人围着这个外地人要买。这个给20万元，那个给30万元，最后以80万元成交。

5. 一块假翡翠毛料的真实故事

那是一年的夏天，天气炎热，像火炉一样的太阳烤得人们喘不过气来。我和我的一个同事一起到瑞丽，碰巧遇到一个台湾老板正在看着一块翡翠毛料。一看这人对翡翠的了解就太少，像初学者。我一看便知道这块毛料是一块镶口玉，也就是把一块好的翡翠玉片镶在一块不好的翡翠毛料上做上假皮。

他看不出来，并要用高价买下这块翡翠毛料，我都为他着急。在场的人都不愿意看到他被欺骗，都在提醒他价高了，他不听，还是买了。翡翠买卖都有一个不成文的规矩，在人家谈价的时候，无论是真是假，价格是高是低，旁观者都不能干预的，否则，将会产生不必要的纠纷。付完钱后，我跟他讲，这块毛料明显是块假皮料，他也无奈地走了。

等到年底，我又遇见了那个台湾人，他问我看见前次卖翡翠毛料给他的那个缅甸人没有。我想，他来找那缅甸人麻烦来了。昨天我看到那个缅甸人了，但是，我怕惹麻烦，就急忙说："没看见，真的没看见。"

　　后来我才知道，他把这块镶口翡翠毛料拿到台湾后，一刀下去切两半，结果全是满绿碧透的高档翡翠戒面料，当时就有人出价100万美元，结果以240万美元卖出。这次是来感谢那个缅甸人的。

　　他哪里知道，那个缅甸人听说台湾人又来找他了，早溜回缅甸不敢露面了。我们深深地感到，真是"神仙难断寸玉"啊！假翡翠也能卖出高价来。

6. 百货大楼里面买来的"高档"翡翠戒面

　　在秋天的一个下午，我到一个珠宝店，看见一伙营业员围着两个缅甸人，只见那两个缅甸人从口袋里取出一包翡翠戒面，一枚一枚递给营业员看。这些戒面一粒比一粒绿，营业员心动了。其中一个营业员问缅甸人要多少钱一粒，缅甸人说是自己开自己磨的，批发价人民币800元一粒。营业员一听太贵。

　　这时缅甸人用手指指柜台里的钱箱，售货员笑了说："那是公家的，不能动的。"缅甸人显得无奈又说："本要卖800元的，看你们没钱，我也没钱回去了，就亏本卖30元赚点路费算了。"说着把翡翠戒面递到营业员手上，其他营业员一看30元就买到那么便宜的翡翠戒面，大家都掏钱买了起来，一下就卖了3000多元。我一看这些戒面都是染色的，一粒最多人民币5元，他们上当了。

专家买翡翠

　　某年7月的一天下午，我看见有三个人一起去盈江购翡翠毛料，听说其中一人是宝石界的专业人士。他们看到一块大新山玉，约有70千克重，表皮上有几条绿带子。他们认为在翡翠中这绿带子是不得了的，因为翡翠行业有一句门头语："宁可买一线，不要买一片。"石头又如此大，可做500对翡翠手镯，按一对800元最低价起算，就这样以40万元购下是不吃亏的，因为还有手镯心和一些边角料可以再卖一部分钱，他们经过一番讨价还价以32万元成交。

　　他们拉回瑞丽解下一片在市场上出售，一个月过去了，两个月过去了……半年过去了，一个看货的人都没有。等吧，一年过去了还是没有人要，就这样过了两年他们明白亏本了。

他们不知道此玉正是贵翠，内行叫泥玉，不是翡翠，虽有绿带子，但它是硅质物质，可以说经济价值较低。但是他们不甘心，要寻找一个"替死鬼"，终于第三年，翡翠珠宝行业好起来了，听说一个老板居然出了40多万元把这块贵翠买走了。

财运不佳

曾经有一位腾冲人到缅甸的一个开采玉石的厂帮缅甸老板开采玉石。时光如梭，一晃就30多年过去了，岁月不饶人，年纪将近半百，体力也渐衰。"举头望明月，低头思故乡"，由于思念家乡，他跟老板说愿意出钱买些玉石毛料带回家乡腾冲。征得老板同意，他把自己多年的积蓄拿出来，经过一番讨价还价后，买了四块自己认为是世界上最好的玉石毛料带回腾冲。

回到腾冲后，找到一家开石厂，准备切开卖个好价就盖上一栋像模像样的房子安度晚年。他对四块玉石毛料充满着美好的希望，结果第一刀下去，一片白色，第二刀下去也是如此……最后一刀下去也没有绿色，他当时就昏死了过去。人们对这个老人充满同情，经过一番抢救终于醒过来了，可他回过神来的第一句话就是他应该怎么样死去才好。

几天过去了，看着曾经满怀期望、充满信心切成的八块原料，心灰意冷。为求生存，他只好拿上一块玉石毛料去变卖度日。经过一番讨价还价，这块料虽然没有绿色，但透明度还过得去，最终以9800元成交。那人拿到玉石厂切成薄片准备做成手镯，结果惊人的一刻出现了，一刀下去全都是玉石戒面料，这一刀切出了260万元。

这一消息传到老人的耳朵里，他把剩下的7块又拿去切，第一刀下去，一片白色，第二刀下去还是一片白色……结果一无所获。他这时醒悟到："命中有时终该有，命中无时莫强求。"于是他就在开石厂以6万元的价格将全部玉石毛料卖给了别人，别人又在14块里切出了一块150万的翠料。这财运最终还是别人的，与这位老人无缘。

洗衣服的高档翡翠

在抗日战争时期，日本帝国主义占领了缅甸后，大部分玉石商家为了逃命，都丢下财产走了。一个日本军官发现一家玉石店有一块上等的翡翠毛料，非常喜欢，于是想把这块毛料拉走。由于当时日本战败无条件投降，无法运走，只好将此翡翠用土埋了起来，并把所埋的地理位置详细地标明在地图上带回日本。

时光如梭，转眼过了40多年，日缅关系改善，一伙日本游客到了该地，对照地图找那块埋藏了40多年的翡翠石头，发现那块荒地早已被开垦成农田，他心中的那块翡翠玉石早无踪影，他绝望了。

但是，当他路过一条河边时，一块搭着衣服的石板使他产生了极大的兴趣，这不就是他要找的那一块大翡翠玉石吗？

在河边供人洗衣服的这块大翡翠玉石，被洗得碧绿透亮。日本游客向当地政府提出要购买此石，当地政府得知这是一块翡翠玉石，经过协商讨价还价后，听说最后以250万元成交卖给日本人。

小桥上的翡翠玉石

在某江边有一块大石头，是搭着让人过路的，当地村子的人每天不知要走多少次，最近却突然不见了。原来被一个在那里摔倒的人发现是块玉石，抬去卖了几万元。此石是抗日战争中侨商路过遗失的一块好玉石。

买玉石戒面的经历

一次，我和小伟到瑞丽买戒面，我们就市场上的戒面做了一番价格比较后，就进行戒面的收购。有一个认识的缅甸人来找我，说有一批新到的戒面很对我们的桩口，我们就去了。经过一番讨价还价后成交了一小包，走到街上，我不放心就用滤色镜看了一下，全都是染色的，转身就往回跑，找到卖主把钱都退了回来。

和我一起去的小伟当时想起来，还有一个我们认识的四川老朋友也买了一包，如遇到他就对他说一声，不要让外国人骗了中国人的钱。由于瑞丽不大，半个小时后就遇到了那个四川老朋友，小伟跑过去对他说："你刚才买的戒面是染色的，快退回给他们。" 四川老朋友愣了一会说："不会吧，我干了30年的翡翠，难道我还不知道？如果你们买的不要了，我还想要呢。" 看着老朋友执迷不悟的神情，我跟小伟说，他不相信就算了，不用管他，我们就各忙各的去了。

结果不到十分钟，四川老朋友急匆匆地找到我们说这些戒面的确是染色的，并要我们跟他去退货，那些戒面是5万元成交的，不然他要损失掉5万元。我们不理他，也不跟他去退货，因为他先前的态度不太友好。他急得不可开交，又是大哥长、又是小弟好地夸个不停，一副无可奈何的样子，我只好叫小伟带他去退货。

当我站在那儿时，一个缅甸人走过来说300元卖一粒戒面给我，我看了后给价100元，最后以150元成交，我拿了200元给他，这缅甸人找我50元假币，不料这粒戒面也是染色的，等小伟回来时，我损失了200元人民币。

一块小玉石头的经历

小地摊铺的王瘸子，平时在旧货市场的地摊上摆一些杂货混口饭。有一天，一个十八九岁的小姑娘捡到一块玉，以50元卖给收旧货的王瘸子，过了很久都没有人看一眼。突然有一天，一个五十来岁的老头来到地摊前问他要多少钱，王瘸子心中无底，随口说："你看着给。"

老头翻来覆去看了很久，说："500元。" 王瘸子说："不卖。"最后谈来谈去，以550元卖了。

老头拿到加工厂一切两半，全是戒面料，加工厂的切片师傅求他卖一小块给他，他不卖，听说他这块翡翠以75万元卖出。

购买翡翠真实案例

某年秋天，翡翠市场还不是很发达的时候，我和公司同事两人到广州进翡翠。卖货的场地太小，每一家只有一米左右的摊位。我看到一包翡翠小挂件，大约46件，冰种带点翠色，最小的3cm×6cm左右但不多，大的10cm×8cm的较多，其中一块16cm×8cm的较好一些。我看了一会，大约10分钟，最后也没表态。

卖挂件的是一位30岁左右的中年妇女，个子不高皮肤黝黑，是广东本地人。我和她以前有过生意往来，也就是跟她买过一些翡翠小挂件之类的货，也算是有些熟悉。她看我有十多分钟没表态，没耐心了，开口问我要不要。

我回答她只要是价格合适就要，她讲最低3000元，我说贵了。她便拿起其中的一块说："你看这块有人给过我2000元我都不卖，我要你3000元还贵？"我顺着她的话就说："那么，你拿出这块去，减去2000元，我全部买了。"她还没有反应过来便答应可以，就这样成交了。

旁边的一位卖玉的妇女便骂她说："你这样卖怎么行？这是整包的价格，不能这样做买卖。"最后她也不好意思还是卖给了我。

后来听说她这块玉一直卖了两年也没有卖出去，最后只能降价卖出。

这个例子说明谈价过程中的一个方式方法。在玉石的这个行业里，玉石不同于黄金，有一个国际金价，由于玉石品质不同，也形成了不同的价格。翡翠的买卖形成了行内固有的规矩，需卖方以买方给的价格来判断是卖还是不卖，如果买方给的价格卖方接受，只要卖方答应卖，买方说错了也必须承认。如同是漫天要价，就地还钱。

但是，内行给价一般八九不离十，外行给价一听就知道，不是高很多就是低很多。这也是外行的人不敢进入此行业的主要原因。

第八章

软玉

凉州词

唐　王翰

葡萄美酒夜光杯，
欲饮琵琶马上催。
醉卧沙场君莫笑，
古来征战几人回。

软玉是除翡翠以外的其他玉石的统称。软玉顾名思义就是硬度一般比翡翠都要低一些的玉石。一部分人把中国所产的玉石，笼统叫作软玉。软玉和翡翠相比大部分都具有以下特点。

价格

由于软玉在地球上的储量比翡翠要大得多，也就是说，翡翠从稀有方面来说要比软玉和其他玉石稀少得多，"物以稀为贵"讲的也就是这样一个道理。

美丽程度

翡翠透明的较多，色彩艳丽，有些像一幅山水画，令人陶醉，令人向往；软玉透明度一般较差，颜色、外观和翡翠比较起来相对要差些。

比重

软玉的比重一般都要比翡翠轻，所以，在相同体积的情况下，一般软玉的重量都比翡翠的重量要轻。

四

硬度

除了软玉中硅质类的玉石外，其他软玉的硬度一般都要比翡翠硬度低。

软玉简单分为以下几种常见的类型

1. 角闪石为主的软玉

这类玉石在中国主要以新疆的和田玉为主，外国以加拿大玉为主。

2. 斜长石为主的软玉

这类玉石以中国河南独山玉为主要代表。

3. 蛇纹石为主的软玉

这类软玉主要以辽宁岫玉及河南淅川玉等为代表。

4. 石英为主的软玉

这类软玉主要以河南密玉、东陵石、木变石、贵州的贵翠等为代表。

5. 白云石类软玉

主要以新疆产的蜜蜡黄玉为主的软玉。

6. 绿松石玉类

主要以湖北绿松石为主的一大类软玉。这类玉石是一种含铜铝的基性磷酸盐，蜡状光泽，蓝绿色。

目前所说的软玉指的是以角闪石、斜长石、蛇纹石、石英、白云石、绿松石为主的几大类玉石，商业上都统称软玉。

7. 中国四种有名的软玉

（1）新疆的"和田玉"

（2）河南南阳的"独山玉"

（3）湖北郧阳区的"绿松石玉"

（4）辽宁岫岩县的蛇纹石玉 —— "岫玉"

摩氏硬度：6～6.5

比重：2.8～3.1g/cm^3

折射率：1.06～1.63

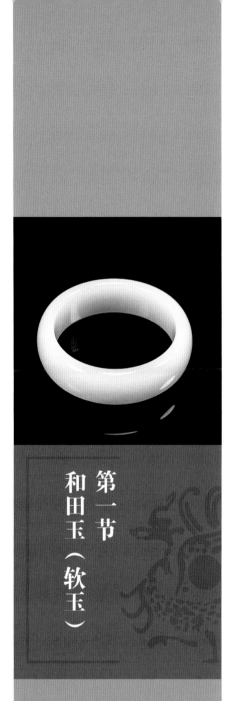

第一节
和田玉（软玉）

光泽：玻璃光泽至油脂光泽

透明度：半透明至不透明

结构：纤维状交织体结构

和田玉产于祖国富饶辽阔的新疆和田地区，其主要矿物是以透闪石为主的含水钙镁硅酸岩，伴生矿物有阳起石、透辉石、斜黝帘石、蛇纹石、滑石、磷灰石、磁铁矿、石墨石英和碳酸岩等。

和田玉按颜色分类

1. 白玉

指白颜色的玉，如羊脂玉 —— 像羊的脂肪一样白润细腻的玉石；梨花玉 —— 像春天开放的梨花一样白润的玉石；雪花玉 —— 像冬天的雪花一样洁白的玉石；象牙玉 —— 像大象的牙一样白润的玉石，另外还有白菜玉、白花玉、骨白玉等。

2. 青玉

指青颜色的玉，这类的玉石是白颜色的玉里面加灰色，灰色越多玉的颜色也就越青，一般叫法是从浅到深，浅油青玉、一般油青玉、深油青玉。

3. 墨玉

指黑色的玉，这类玉石是青颜色的玉里面的灰色太多，多得发黑，但是只要切成薄片在强光下看，它的颜色就比较好看，其颜色均匀并带绿色。如果玉石过厚光线又不强，那么，看上去就是一块黑玉石。

4. 绿玉（碧玉）

指绿色的玉，但不是像翡翠那样的绿，它的绿中夹灰色，从矿物的角度上分析，其颜色是由于阳起石、磁铁矿、铁透闪石所导致的，其颜色从浅到深分别为，浅油绿玉、一般油绿玉、深油绿玉。

5. 黄玉

指黄颜色的玉，这类玉石颜色很多，如鸡蛋黄玉 —— 像鸡蛋黄一样黄润细腻的玉石；菜花玉 —— 像秋天开放的菜花一样黄润的玉石；蜜蜡玉 —— 像蜜蜡一样黄润的玉石，这类玉石黄得越浓、色越正越珍贵。

另外，玉石的透明度也是一个重要参数，一般越透明、色越正的玉石越珍贵，反之，则是一般玉石，其价格也随之下降。

摩氏硬度：6～6.5

比重：2.73～3.18g/cm^3

折射率：1.56～1.70

结构：粒状结构

光泽：玻璃至油脂光泽

透明度：半透明

独山玉，也称南阳玉，产于河南省南阳市独山。在河南《南阳县志》上写道："豫山县东北五十里，又名独山，山出碧玉，其上多蕨。"有关资料证明独山玉的应用至今已有7000多年的历史了。

第二节 独山玉

独山玉原来一直被认为是一种次生斜长岩类，经过20世纪90年代大量的地质工作者分析证明得出，独山玉是一种以钙长石为主的，高钙、高铝、平硅的长石类矿物，含角闪石、斜长石化的一种变质岩。

独山玉是以钙长石、斜帘石、黝帘石、绿帘石、铬帘石、云母等矿物组成的一种钙铝硅酸盐的矿物组合体。从矿物的角度来看，它既不是钠辉石也不是钠铬辉石，也不是透闪石和阳起石。也就是说，独山玉既不是硬玉也不是软玉，是一种基性到超基性的高温热液交代变质型矿物。

独山玉的颜色鲜艳繁杂，一般在同一块玉石上有白色、绿色、褐色、墨绿色等。一般细粒致密状结构，玻璃、油脂光泽，透明度好，被称为我国的独翠。

它与翡翠的区别是硬度比翡翠低，结构上独山玉是显细粒状结构，断口上翡翠有"苍蝇翅膀"，独山玉没有此断口。

独山玉一般用于雕刻摆件，如果质地细腻透明度较高又带绿，才用于做手镯或挂件。在市场上的种类可分为特级、高、中、低四个档次，特级的价格一般要高于其他档次的价格10～30倍。

鉴定独山玉的方法：独山玉具有平行分布的色带，裂隙之中有白色的充填物。

第三节 云南黄龙玉

在云南省西部边陲和缅甸接壤的保山市龙陵县龙新乡小黑山一带新发现了一个新品种玉 —— 黄龙玉。

小黑山矿区距县城40多千米，交通不便，只有一条山村土便道通往该矿区，只能容一小车，两车相遇都难以通行。从县城开车到小黑山脚的小黑山村要走两个多小时。从该村到矿区还得步行山道一个多小时。矿区森林茂密，是一片国家森林自然保护区，该区属于亚热带雨林区。

由于该玉石产于龙新乡，意思是神龙安息的地方，是吉祥平安的发祥地。据当地的老乡讲，这种石头自古就有，还可药用，特别是一些外地人到这个地方，水土不服，身体不适，吃药又不见好的时候，他们就刮一点这种玉石的粉末用开水服下，即刻见效。以前不知是玉石，当地人都称这种石头为龙心石，从而得名为"黄龙玉"。如下图所示。

黄龙玉

该矿区的地质简况

　　该矿区位于云南三江断裂带中的怒江断裂带的边缘 —— 龙陵—瑞丽断裂带南侧，属潞西复式岩基外接触带上。受龙陵—瑞丽断裂带的影响，东北—西南向构造比较强烈，导致伟晶岩脉十分发育。底层及岩体如下图中所示：

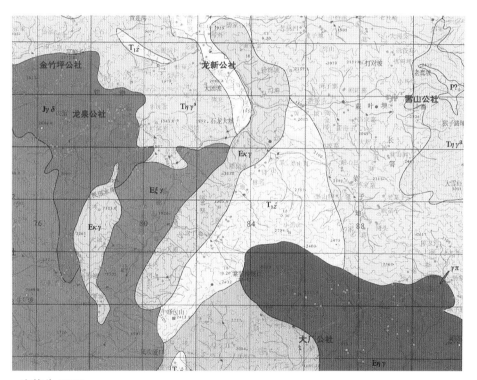

一方格为 2000m

　　黄连河岩体、大雪山岩体：岩性为浅灰、灰白色黑云二长花岗斑岩，斑晶主要为石英，斑晶含量30%～40%，局部达50%以上，局部斑晶长轴方向具有定向性，岩石具斑状结构，基质具微嵌晶结构、微—细晶结构、霏细结构；块状构造。斑晶主要为斜长石（9%～25%）、石英（15%～20%）、黑云母（2%～5%）等；基质由石英（10%～25%）、长石

（18%）、黑云母（2%~10%）组成。

平河岩体（大厂）：岩性为灰色、浅灰色似斑状粗中粒块状黑云二长花岗岩，岩石似斑状粗中粒花岗结构，块状构造。斑晶为钾长石（5%~15%），粒径0.8~1cm×1.5~2.5cm，分布不均匀，局部少量石英斑晶。基质矿物粒度变化较大，d=2~6mm，以粗中粒为主，矿物成分为钾长石（30%~35%），斜长石（25%~30%），石英（25%~35%），黑云母（6%~15%）。岩石多具较强之风化蚀变。岩石中可见黑云斜长变粒岩等包体，界线截然。基质局部以细中粒为主。

蚌渻岩体：岩性为浅灰色黑云角闪花岗闪长岩，岩石具似斑状粒状花岗结构，局部鳞片变晶结构，块状构造。斑晶为长石（5%~20%），少量为石英，粒径0.8~5cm，分布不均匀。基质矿物粒度变化较大，d=1~7mm，以中粒为主，矿物成分为长石（40%~60%），石英（20%~25%），黑云母（6%~10%），角闪石（10%~15%）。

黄团坡岩体：岩性为灰色、浅灰色似斑状粗中粒块状黑云角闪二长花岗岩，似斑状粗中粒花岗结构，块状构造。斑晶为钾长石（5%~15%），粒径0.8~2.5cm，分布不均匀，局部少量石英斑晶。基质矿物粒度变化较大，d=2~6mm，以粗中粒为主，矿物成分为钾长石（35%~40%），斜长石（20%~25%），石英（25%~35%），黑云母（5%~6%），角闪石（8%~10%）。岩石多具较强之风化蚀变。岩石中可见黑云斜长变粒岩等包体，界线截然。基质局部以中粒为主。浅灰、灰白色黑云二长花岗斑岩，斑晶主要为石英，斑晶含量30%~40%，局部达50%以上，局部斑晶长轴方向具有定向性，岩石具斑状结构，基质具微嵌晶结构、微－细晶结构、霏细结构；块状构造。斑晶主要为斜长石（9%~25%）、石英（15%~20%）、黑云母（2%~5%）等；基质由石英（10%~25%）、长石（18%）、黑云母（2%~10%）组成。

杨梅坡岩体、大坡岩体：岩性为浅灰白色中粒二云钾长花岗岩，岩石具中粒花岗结构，矿物粒度d=2~5mm为主，块状构造。偶见钾长石斑晶，0.8~2cm，含量多小于3%，局部可达5%~10%。矿物成分为钾长石（35%~40%），斜长石（15%~20%），石英（30%~40%），黑云母（5%~6%），白云母（2%~3%）。岩石多具较强之风化蚀变。岩石中白云母含量变化大，局部<1%。局部粒度也有微小变化，可呈粗中粒状或细中粒状。包体及脉体总体较少，仅于路线中段见泥质板岩包体。路线末段，在半风化岩石上，可见钾长石呈肉红色，约占长石总量之80%~90%。

龙河岩体：岩性为浅灰白色中粒二云钾长花岗岩，岩石具中粒花岗结构，矿物粒度d＝2～5mm为主，块状构造。偶见钾长石斑晶，0.8～2cm，含量多小于1%，局部可达3%～5%。矿物成分为钾长石（35%～40%），斜长石（15%～20%），石英（30%～40%），黑云母（5%～6%），白云母（4%～5%）。岩石多具较强之风化蚀变。局部岩石中白云母较少，仅在残转块上较明显。岩石中可见黑云斜长变粒岩等包体，界线截然。局部粒度变粗，呈粗中粒状。

公养河群下段［图上为三叠系扎多组］：灰色、浅灰色白云石英片岩、灰、浅灰色变质石英砂岩、变质岩屑石英砂岩为主，夹少量粉砂质板岩。岩石总体变形强，变质弱，最高变质矿物到雏晶黑云母，可能为热蚀斑点矿物，最高达低绿片岩相。产状总体近直立，局部直立倒转。未见形成褶皱。其中：白云石英片岩具鳞片粒状变晶结构，片径0.5～1.5mm，粒径0.2～0.5mm，片状构造，矿物成分为白云母（10%～15%），石英（70%～80%）及长石（5%～8%），片状矿物和粒状矿物分别呈条带状集中，定向分布形成岩石S1片理。岩石中局部可见黑云母，分布及含量极不均匀，可能为热蚀变矿物。个别地段，岩石中可见变余砂状结构，见少量中粒石英砂屑。

公养河群上段［图上为二叠系（P）浅黄色部分］：粉砂质板岩、灰色厚层状石英砂岩、灰色钙质粉砂质板岩及变质砂岩。粉砂质板岩与石英砂岩比例约为3∶1。其中灰色厚层一块状细粒石英砂岩单层厚60cm。岩石具细粒状变晶结构，块状构造。岩石主要由砂屑及胶结物组成。砂屑成分主要为石英（80%）、岩屑（10%）及少量（绢）白云母（5%），分选差中好等，滚圆、次圆、棱角、次棱角状，d＝0.1～0.15mm。长石及岩屑零星分布于石英砂屑间。灰、灰绿、灰黑色粉砂质板岩：变余粉砂质结构，板状构造，由变余粉砂质（80%～90%）及少量绢云母（10%～20%）等鳞片矿物组成，矿物定向分布形成板理，板理与层理大致平行（S0∥S1）。

从区域地质上看，该矿属于三江变质带、怒江变质带中的哀牢山变质带、下元古生界高黎贡山群高温低压变质带。（部分也称双变质带）下段三叠分扎多组（T_1Z）的公养河群之中。

由于该地区地质构造活动较频繁，加里东华力西期—中期花岩和燕山期—喜山期花岗岩体酸性和基性岩脉的不同时期的侵入，再与二叠系公养河群的板岩裂隙中形成的矿体。

就目前地质构造情况来分析，矿体的形成是可能是在二叠系公养河群板岩和花岗岩接触带上的裂隙中产生的。部分矿体也可能是后区的花岗岩的裂隙里形成的，矿体的走向大多数为北西—南东方向。形成透镜状产出，透镜体最宽的地方约2米，最长的部位约6到7米。矿体的倾角约70°，是坑探和洞采的最佳角度。

矿区由于风化壳程度较大，一般采用洞采，风化壳的厚度最浅的部位约8米，最深的部位约20米。表面看到风化壳大部分为花岗岩的细粒石英砂岩，土质酥松，用锄头能轻松挖出。目前含矿区40多平方千米。

该矿区还有一组裂隙为近似于东西方向的脉体。其东西向的脉体为较粗颗粒的石英脉，目前还没有发现有价值的矿体。

黄龙玉鉴定结果

黄龙玉是一种硅质岩（粉红色玉髓），颜色为浅粉红色、深粉红色。镜下观察为显隐晶质结构，块状构造。

岩体主要由粒径 < 0.004 ~ 0.06mm大小的显微隐晶质—微晶硅质和少量的铁泥质质点、微晶方解石、绿泥石等组成，硅质成分主要由隐晶质的玉髓和重结晶的后生石英呈它形镶嵌粒状产出，铁矿物含量为硅质97%、方解石少量、绿泥石少量、铁泥质2% ~ 3%。

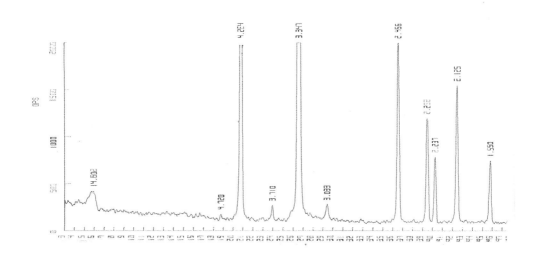

黄龙玉的成矿类型分析

该矿处于三江变质带中的怒江变质带中部哀牢山变质带之中。由于受多期地质构造、多期热液侵入的作用。加之亚热带雨林地区雨水的侵蚀。其氧化变质程度较高，从部分原生矿的表面观察，有一层葡萄状的风化淋蚀变晶结构。部分还出现钟乳状风化蚀度结构。如图3所示。可以看出，部分矿体是一类风化淋蚀形成。部分矿体还形成条带状的色带。

黄龙玉的颜色随着深度而降低，深度越深其颜色越浅。

云南黄龙玉最大的特点是油脂光泽特别强，国内很多玉髓的油脂光泽较差。较好的黄龙玉的油脂光泽有些像腌鸭蛋中的蛋黄一样，甚是喜人。如图4中所示。

四

黄龙玉的市场分析

黄龙玉由于它的颜色是浅黄色，其白色部分又是蛋白色，使人们百看不厌。如果将该石头精细雕刻，配上它那诱人的色调，其价值连城。

在2003年时该石头只是一些奇石爱好者收购出售，其原料并不值钱，老乡们从山上、河沟里捡来卖给他们，他们以人民币3角或5角收购，后来由于出售价格较高容易赚钱，所以收购价一直是直线上升，到2020年每千克为人民币8000元到万元以上。

在2005年人们开始开发到手镯上，其手镯价格

从原来20元一只上升到现在2000多元一只。由于手镯的开发成功，他们又把手镯心用于开发雕件、挂件。其手镯心原料从每块5元上升到现在的每块500元以上。挂件、手玩件从原来的几元上升到几千元以上，但是市场上还是供不应求，追求的人还越来越多，其价格越来越高。

质地晶莹剔透有暖黄色的黄龙玉，再加上要从石头中流出油来的油脂光泽，真是大地赐给人们的一块宝物。

除澳大利亚的绿玉髓可以跟黄龙玉比美之外，黄龙玉将是我国的上等玉髓。

目前矿区也暂时封闭，目的是杜绝乱开滥采、破坏资源。需进行较细的地质勘查后有序地开发和利用。

但是，现在由于价格的上涨，许多黄龙玉的爱好者还在追求更精美、更剔透的黄龙玉。他们还在不停寻找着上等黄龙玉。

在这里我要提醒人们，有少部分人为了追求暴利，把黄龙玉当作翡色的翡翠来出售。消费者要注意，翡翠不是玉髓，购买时要问清楚，同等品质的翡翠和黄龙玉其价值相差很远。

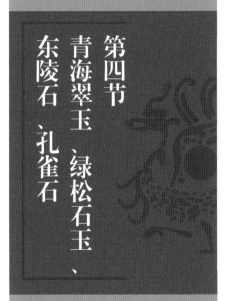

第四节
青海翠玉、绿松石玉、东陵石、孔雀石

青海翠玉（乌兰翠）

摩氏硬度：＞7

比重：$3.2 \sim 3.5 g/cm^3$

光泽：弱油脂光泽

透明度：微透明—不透明

结构：毛毡状结构

构造：块状构造

青海玉产于昆仑山脉东面的高原丘陵地带，位于青海省格尔木市纳赤台地区，青海玉生长于上元古界一套浅变质火山碳酸岩、碎硝岩集合体中。

青海玉所含矿物以闪长石、透辉石、硅辉石、方解石、白云石为主，成毛毡状、纤维状、叶片状、放射状结构，块状构造。

颜色很多，有浅绿色、墨绿色、灰绿色、白色、灰白色、黄白色、杂色等。是昆仑山脉造山运动变质带集合体。

青海翠玉是一种含铬尖晶石的硅卡岩，主要矿物为钙铝榴石，占含量的85%以上，无色、鳞片状晶体，有一组极完全解理，及干涉色，平行消光，绿泥石含量＞5%，同时还含有其他物质。

放大镜下，由油脂状白色隐晶矿物及少量白色解理完全的细粒状矿物组成，呈不规则团块状、细脉状分布，有翠绿色隐晶质矿物。

青海翠玉主要矿物为钙铝榴石、绿泥石、透辉石。该岩石呈现出鲜艳的翠绿色，是由于钙铝榴石和透辉石化学成分中的微量铬和铁离子致色，滤色镜下呈红色。

绿松石

分子式：$CuAl_6(PO_4)_4(OH)_8 \cdot 5H_2O$

摩氏硬度：5~6

比重：2.6~2.9g/cm^3

折射率：1.62左右

光泽：蜡状光泽

透明度：不透明

溶解度：易与酸发生化学反应

绿松石是古老的中国四大名玉之一，它像蓝天碧海一样的颜色，深得广大人民群众的喜爱。据中原裴李岗文化遗址的历史证明，我国利用绿松石的历史至今已有7000多年了。唐代的文成公主进藏时就是戴的绿松石首饰。在当时，绿松石被视为一种避邪消灾的护身符。

绿松石在波斯文中的含义是"不可战胜的造福者"，它象征的是大海和蓝天，并认为是大海和蓝天神物的精华，是成功和胜利的幸运石。人们把绿松石当作十二月的生辰石，由于它的颜色像蓝宝石一样，被藏族和蒙古族人民当作战胜之石。

我国清朝时候绿松石被称为天国石，是皇宫中的贡品，是镶嵌在皇帝帽子上的神石，成为权力和威严的象征，同时也是和平、太平、幸福圣石。优质的绿松石价格也非常昂贵，一般的绿松石经过精心雕刻其价格也很高。

绿松石是一种含水、含铜、含磷、含铝的硅酸岩，产于我国湖北荆州一带，所以有人又叫它"荆州石"。绿松石的颜色有天蓝色、淡蓝色、蓝绿色、蓝白色，颜色分布不均匀并伴有含铁较高的条带，成线状、不规则状分布。较好的绿松石在远处看就像陶瓷上的釉一样，非常漂亮。

绿松石是风化淋漓形成的，一般生成在酸性岩体的附近。所以部分人也称绿松石为"瓷松石"。绿松石质地细腻，大部分用来加工成摆件。

容易与绿松石混淆的矿物有：硅孔雀石、天蓝石、磷铝石和其他人工处理的染色绿松石玻璃等代替品。

产地：中国、美国、澳大利亚、墨西哥、俄罗斯、伊朗、智利等国。我国的产地有湖北的郧阳区上阳坡、将军河、马家河、姚家坡；竹山县的皇城、喇叭山等地；云南省的安宁市；新疆的哈密市；陕西的白河县月儿潭等地。我国绿松石主要以湖北郧阳区的质量最佳，称为绿松石之乡。

东陵玉

分子式：SiO_2

摩氏硬度：5

比重：$2.65g/cm^3$

折射率：1.5

光泽：玻璃光泽

透明度：半透明

断口：参差状

这种玉是绿色石英岩，显晶质集合体，含绿色铬云母石英集合体，玻璃光泽，在10倍放大镜下显灰色、灰白色，在查尔斯滤色镜下显红色、紫红色。

一般定义是含鳞片状云母和细云母片状地石英或细云母片状水晶都可以叫东陵石，也叫含铬云母的石英岩。

如果是含黄铁矿地石英和伴有铬云母的石英岩，也可以叫东陵石（也叫金沙石）。

孔雀石

分子式：$Cu_2(OH)_2CO_3$

摩氏硬度：3.5～4

比重：$3.95g/cm^3$

折射率：1.655～1.909

光泽：丝绢光泽

透明度：微透明—半透明

断口：贝壳状—参差状

孔雀石是一种含水的碳酸铜矿物，颜色显绿色、孔雀绿色、铜蓝绿色。孔雀石最大的特点是铜蓝颜色显同心圆层状分布，单斜晶，块状、柱状、放射状纤维结构。

孔雀石由于颜色分布的奇特性，结构又致密，硬度又不大，所以是雕件的最好材料。由于孔雀石特有的花纹给设计师一个美好的构想，使得雕件更加美丽，其雕件的内容、含义更加丰富多彩，使得雕件的自身价值倍增。

孔雀石是一种含铜矿的风化淋漓形矿物，铜矿在风化过程中，铜粒子顺着层面的裂隙分布，形成不规则的排列花纹，由于这些不规则的条带花纹，给雕件带来无穷的、神秘的色彩。

第五节
岫玉 萤石 煤玉

岫玉

分子式：$(Mg,Fe,Ni)_3SiO_5(OH)_4$

摩氏硬度：2.5~4

比重：2.50~2.60g/cm³

折射率：1.56~1.57

光泽：玻璃光泽，油脂光泽或蜡状光泽

透明度：透明—半透明

偏光性：非晶质

断口：参差状断口

据历史记载，我国新石器时期就开始使用岫玉，从新石器时期的玉斧到夏商周的玉跪人，从战国年代的兽玉佩到秦皇汉武的避邪玉，从东晋年代的龙头印到南北朝兽形玉镇，从唐宋的玉杯到元明清哪吒玉雕，所用的材料都是岫玉。

大量的事实证明，我国是世界上使用岫玉最早的国家，至今已有8000多年的历史，而岫玉也被称为天下第一玉。

我国的岫玉产地较多，全国大部分地区都有，以辽宁东部的岫岩县分布较广，质量最好。辽东半岛的岫玉产于古代辽河群大石桥组富镁碳酸岩层之中，是一种构造层控变质热液交代型矿物。矿体显大小不等的透镜状、半透镜状产出。

岫玉的油脂光泽比较明显、质地细腻、色彩耀眼，这里的岫玉有原生矿，也有残坡积矿，还有经过河流搬运在冲积扇中的卵石矿。所以，辽宁东部的岫岩县被叫作中国的岫岩玉的家乡。

岫玉（蛇纹石玉）是玉石里面常见的软玉种类，中国各地区都有销售。在矿物种类中属于含水镁硅酸类。颜色为淡白色、绿白色、湖水绿、苹果绿。一般在透明或半透明之间，具有以下特点。

无解理，参差状、贝壳状断口，岫玉质地十分细腻，用手去摸有滑感，它是由细粒状、纤维状、叶片状和胶状蛇纹石晶体组成。

目前，世界上蛇纹石产地较多，而又以产地命名，名字也多，如：祁连玉、昆仑玉、台湾玉、朝鲜玉、鲍文玉等。

中国古代记载的夜明珠就是会发荧光的岫玉，历史中的夜光杯指的就是岫玉杯，这种岫玉在白天日照下会吸收光谱，夜晚它会释放光谱能量，在岫玉的表层会产生一层荧光光线，也就是人们所说的夜明珠，说明我国应用岫玉的历史是比较早的。

2003年4月的一天下午，一个朋友拿着3个岫玉球，说是夜明珠来我公司，并说让我们公司代销。我公司的员工非常好奇，都说要等到晚上一起看看这个会发光的石头。说实话我也是在小说里看过，自己也是没见过。

好不容易等到了天黑，我们把门关好，把窗帘拉了起来，在伸手不见五指的情况下，渐渐地3个岫玉石球的表面出现一层淡淡的荧光。"啊！这难道就是夜明珠吗？怎么不像小说里描写的夜明珠？"我告诉他们，小说里描写的夜明珠是经过艺术加工后的产物。

萤石

分子式：CaF_2

摩氏硬度：4

比重：$3.18g/cm^3$

折射率：1.43

光泽：玻璃光泽

透明度：透明—半透明

断口：贝壳状

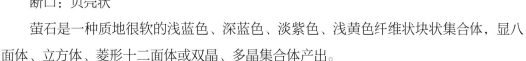

萤石是一种质地很软的浅蓝色、深蓝色、淡紫色、浅黄色纤维状块状集合体，显八面体、立方体、菱形十二面体或双晶、多晶集合体产出。

由于萤石较软，透明度和颜色又好，所以容易雕刻成各式各样的图案，非常美丽。

但是，由于萤石的产量很大，其本身还是廉价的。

煤玉

摩氏硬度：2.5～4

比重：$1.32g/cm^3$

折射率：1.66

光泽：树脂光泽

透明度：不透明

断口：贝壳状断口

煤玉是一种很致密很光滑的煤的精品，颜色是黑色的，把针尖烧红后刺向煤玉，会散发出一股煤气味道。

煤玉的工业要求是越黑、越致密、光泽越好、体积越大、瑕疵越少越好，一般用于制作耳环、胸坠、项链等，也有些用来做雕件。

第九章

玉雕件常见图案的解释

山灵地灵护山村，
村民日夕珍地耕。
风调雨顺惜万木，
国泰民安好收获。
玉润心宽万事宽，
玉灵心灵万事灵。
镯圆心圆灵气圆，
月圆花圆万事圆。

　　玉文化在中国文化发展史上是比较昌盛的，大部分有钱人家的小孩从生下的那天起，父母就给小孩买一块玉戴在身上，祝福以后消灾免难、茁壮成长，希望小孩长大以后，在社会上出人头地。这种玉文化精神陪伴人的一生，并一代一代流传。

　　在中国古代，喜庆吉祥和福寿平安是广大人民群众千古永恒的希望和追求。玉石文化是吉祥文化的一个种类，是广大人民群众热爱生活，创造幸福、美满、平安和财富是心灵深处的一种表现形式。

　　在人们的心目中，吉祥是多姿多彩的。古老的吉祥是福，并有五种解释，一是寿，二是富，三是健康安宁，四是有好的品德，五是善始善终。后来民间又把"五福"简化为福、禄、寿、喜、财，并有"人臻五福，花满三春，平安乃是福也"的说法。

　　华夏人民一般在喜庆节日都要高挂吉祥物和吉祥画，用来展望美好的未来。一件件吉祥物和吉祥画，都包含着一个个美丽的传说，反映着人们对平安、如意、美满、幸运、健康、财富的追求和期望。

第
一
节
玉
雕
件
一
般
的
解
释
方
法

玉雕件解释方法多样性

1. 谐音上的解释

中华文化历史悠久，在许多的音节上有同音字，这些同音字虽然同音，但意义上是不同的。由于华夏民族人口较多，产生较多地方音调称为"方言"，其意义也不一样，如普通话"鞋子"，云南地方方言称"鞋子"为"孩子"，如此类雕件，则可用谐音解释，如孩子佩戴则解释为"好孩子"，成人佩戴则解释为白头偕老，因人而异解释也是有差别的。

2. 意义上的解释

许多雕件从音调上是解释不通的，如"牡丹花"，这三个字从谐音上怎么去想都无法解释得通，只能从意义上解释，"牡丹花"表示富贵，花开富贵说的就是牡丹花，如雕件上有"牡丹花"，就从富贵上解释。同理，如"荔枝"只能从"仙"字上解释，"桃子"应从"寿"字上解释。王之然写道"牡丹是花之王，荔枝是果之仙，独有白菜不说百菜之王也"，说的也是这类意思。

3. 颜色上的解释

部分雕件在谐音上无法解释，在意义上也难以表达，从而给解释带来困难，这类雕件怎么解释呢？我们可以从雕件的物品在生活中表现出来的实际颜色上来解释。

如雕件是"玉米"（又称"苞谷"），玉米的颜色是金黄色的，可以从"金"或从"黄"色上来解释。"玉米"也可以从"玉"字上来解释，金和玉连在一起解释为金玉满堂、玉满金楼。如高粱从根到穗都是红色的，高粱的杆和竹子一样，都是一节一节往上长，可从颜色和形状上解释为日子过得红红火火、蒸蒸日上；从爱情上解释为火辣辣的情，火辣辣的爱；从杆上解释为红灯照耀你步步高升等。

4. 从形状方面去解释

如果从"谐音""颜色""意义"上都无法解释，可以从它的形状上来解释。如雕件是一只手，可以解释为"佛（福）手""抓财手"。如雕件像衣服上的纽扣，可以解释为"平安扣"，也可以依它圆的形状解释为"圆圆满满"等。

吉祥物可分为十二类：平安顺利、恭喜发财、吉庆有余、福喜临门、加官进禄、功名有成、荣华富贵、婚恋祝吉、早生贵子、吉祥如意、长寿百岁、避凶化吉。吉祥划分为三类：福、禄、寿。

分类解释

1. 如意

"如意"为清宫珍宝之一，在东汉时就已有之。它由云纹、灵芝样式做如意头，衔接一长柄而成。据有关文献记载，"如意"是由古代的笏和搔杖演变而来，因那时有人用它搔人手搔不到的痒处，可如人之意，故名"如意"。

我国古代的"如意"作用广泛。它曾是防身器物，战争中也用一代麾做指挥，及佛僧讲经时备忘的工具，但更多的是被古人视为吉祥之物。延至清代，"如意"已在宫廷广泛应用，如皇帝登基大典上，臣下必敬献一柄"如意"，以祝新政顺利。在皇帝会见外国使节时，也要馈赠"如意"，表示缔结两国友好。平时在帝后、妃嫔的寝宫中均有"如意"，以颐神养性，尤其是帝后大婚乃至宫中万寿，中秋元旦时节，都需臣下进贡数量可观的"如意"，以寓意帝后福星高照，平安大吉。可见，这小小的"如意"已是集宫廷礼仪、陈设赏玩为一体的珍奇用物。

福、禄、寿

1. 从翡翠的颜色上解释

福、禄、寿用三种不同的颜色来表达，其中：

福 —— 可以解释为翡翠的红色（翡色）；

禄 —— 可以解释为翡翠的绿色（翠色）；

寿 —— 可以解释为翡翠的黑色（墨翠）。

只要三种颜色同时出现在一块玉上，我们就可以称它为"福、禄、寿"翡翠。

2. 从中华历史文化上解释

福 —— 民间认为是长寿加富贵的象征，是儿孙满堂，兴旺发达，欣欣向荣的标志；还有一种说法为"平安就是福"，虽然不是大福大贵，但是能儿孙满堂、欣欣向荣、心想事成、无灾无难。

禄 —— 民间认为是俸禄。什么叫俸禄呢？俸禄是皇帝发给官员们的薪水，相当于现在的工资或收入。也可以解释为吃俸禄的人、当官的人，官为贵，富贵之人也。

寿 —— 民间认为是人们从出生到死亡的时间为寿。迷信的说法是人们自出生以后上帝就把一个人的生死定了，所以有"生死有命、富贵在天"之说，是不可抗拒的。添寿是指增加寿命。高寿指寿命很长。

路路通

路路通是一个四面体或八面体的小圆柱状或小圆球状，在各个面上都雕有一个古钱币，中间是镂空的，表示各个方面都畅通无阻，特别是在生活中一帆风顺、无所顾忌、无灾无难、一生平安。

有部分椭圆形、圆形的小珠，中间有一个洞的玉珠也叫路路通。

五彩玉

"家有五彩玉，胜似万两金。"

五彩玉一般地说是有五种颜色同时生在一块玉上的玉饰品。如果一只手镯上有白色、绿色、紫色、蓝色、翡色或黑色等色，那么，这只手镯就称五彩玉手镯。若玉雕件上也有五种颜色，那么，这雕件也可以叫五彩玉雕件。

一般五彩玉透明度比较高，部分五彩玉具备荧光性，代表吉祥如意、幸福美好生活。

第二节
人物类吉祥物

弥勒佛

"只个心心心是佛，十方世界最灵物。

纵横妙用可怜生，一切不如心真实。"

弥勒佛，五代时候的僧人，又名契此，法号长汀子，明州人（今浙江奉化区）。传说是弥勒菩萨转世，能知世间万物的变化，掌握世间万物的命运，保世界太平盛世，惩恶扬善。笑口常开，笑世间的不平事；两耳垂肩，耳能听万物之声音；抚膝袒腹，肚大能容万物。

"大耳横额方面像，肩圆腹漫身躯胖。

一腔春意喜盈盈，两眼秋波光荡荡。"

传说他能分身千百亿，时时保世人。只要你佩戴着他，他就随时在你的身旁，当你有灾难的时候，他会救你于水火，保你一生平安。

观 音

据说在周朝末年，中原列国刀兵四起，人民处于水深火热之中。那时西方有一个兴林国，风调雨顺，国泰民安，真是太平盛世。

兴林国国王名叫婆迦，年号妙庄，统治万民国富民强。妙庄王已经六十有余，膝下只有两位公主，没有一位王子，甚是苦恼。忽然有一天皇后夜梦明珠入怀而孕，妙庄王十分高兴。可是，皇后十月怀胎，产下一女，取名妙善。大公主妙音、二公主妙元为添妹妹而非常高兴。曾有藏头诗：

妙法从来净六根，善缘终可化元真。

观空观色都无觉，音若能闻总去寻。

妙善后来放弃荣华富贵出家修炼成为观世音菩萨。由于在不同的地方现身的身像不同，有时男，有时女，有时老，有时少，所以，各地的塑像也有不同。

观音就是观世音菩萨。何谓"观世音"？即世有危难，受苦众生口念菩萨大名，菩萨就会"观"到，立刻前往解救。所以，观世音菩萨是人们普遍崇拜的佛。

在印度，观世音菩萨为男身，刚传入中国时，

也为男身。后来，观世音菩萨被中国改造为女身。如果按照佛的观点，佛无所谓男身，也无所谓女身，其现身为男即为男身，现身为女即为女身。观世音菩萨由男演变为女，可以说体现了佛无处不在的真谛。

观世音菩萨给人间带来的吉祥，最重要的是送子，所以，观世音被称为送子观音。妇女在结婚后要专门去拜观音，以求早得贵子。没有儿女的妇女，要到观音庙里去"窃取"佛桌上供奉的莲灯。"灯"与"丁"谐音，偷来观音娘娘的"神灯"，自然就会"添丁"。有些人家，怕儿女活不长，便要送到观音庙里去"寄名"，意为把孩子交给观音菩萨"照看"，以求万无一失。

观音常被描绘为圣母的姿势，手臂抱着儿童。与观音在一起的，还有一个抱着花瓶的童子与一个手拿杨柳枝的童女，他们就是金童玉女，同样是吉祥的象征。

人类都有信仰，实际上是一种精神寄托。人们在困难重重的时候，都渴望得到帮助，特别是得到神的帮助，人们认为神无处不在，无处不有，他们每时每刻都在注视人们，帮助着人们，是解救劳苦大众，具有正义感的神，下面分别介绍如下。

妈 祖

妈祖是东南沿海地区特别崇拜的一位女神，她又被称为"天后""天妃"。由"千里眼"和"顺风耳"伴随，住在蓬莱山上，是海上的保护神。据载，妈祖实有其人，她原名林默，祖籍福建莆田湄洲。父亲林愿，做过兵马使。林愿之妻曾梦见南海观音送她优钵花，她把花吞下，从此怀了孕，十四个月才分娩，生下一女孩。女孩生下一个多月，从没啼哭过，因此父亲给她取名为"林默"。林默出生时，人地变紫，有祥光异香，香气飘出一里之外，十天不散。林默长大后，通悟秘法，能预知休咎，对海事有不同凡响的"灵感"。一次，林愿与四个儿子分别乘船去福州办事，林默与母亲留在家里。夜晚，林默在睡梦中手脚乱动，母亲赶忙推醒她，问她是否做了噩梦。林默睁开眼睛说道："不好，父亲他们的船遇上了风暴。"母亲大惊失色。林默埋怨母亲道："我两手各拉住一条船，两脚又挂上了两条，嘴里还叼着一条，本来没事了，可您一喊，我

嘴一张，叼着的那条船被风刮沉了，我大哥性命也难保了。"几天后，父兄们回来，哭诉海上遭遇风暴之事，大哥的船已沉没海中，并说风作之时，见一女子牵五条桅索而行，渡波涛若平地。全家才明白，林默当时闭目而睡，元神跑去救父兄了。此事越传越神，林默名声大振。后来，林默升化，变为女神，升化时，空中乐声大作，氤氲有绛云若车乘，自天而下，林默乘着向天升去。林默成神以后，曾救过很多商船渔民。宋徽宗时，曾救过出使高丽的使节路允迪。郑和七下西洋，也多次得到妈祖女神的庇佑。妈祖很灵验，后来被人们封为"天妃""天后"，并广建庙祠加以奉祀。对妈祖的祭祀由民间逐渐升为朝廷派大臣致祭，并载入国家礼典。

现在，沿海渔民都要常拜祀妈祖，家家户户都贴妈祖像，渔船上也设妈祖神位。很多人身上都要佩戴妈祖吉祥护身符。

刘 海

"刘海戏金蟾"是吉祥图案中经常采用的题材，刘海是主吉祥的仙道之一。刘海本名刘操，曾为辽朝进士，后为燕主刘守光丞相。一天，有一个自称正阳子的道士来见，刘操待以宾礼。道士让他拿出十个鸡蛋和十文钱，以一钱间隔一蛋高高叠起，叠成一个塔状，最下面的蛋也搁在一枚钱币上。刘操见状，说这太危险了。道士就对他说："居荣禄，履忧患，丞相之危更甚于此！"刘操听罢，恍然大悟，从此成了一个道士。刘操出道，改名为刘玄英，道号"海蟾子"，后被道教全真道奉为北五祖之一。元世祖忽必烈封刘海蟾为"明悟弘道真君"，至元武宗时，又加封为帝君。刘海蟾的名气越来越大，其名号后来被人拆开，称其名为刘海，剩"蟾"字，被衍为"刘海戏蟾"。

　　清康熙年间，苏州有个大商人贝宏文，世居阊门外南濠，行善乐施。曾有一个不相识的男子阿保，找上门来要当佣人。贝宏文就答应了下来。阿保干活很卖力气，给他工钱，坚辞不受，有时一连几天不吃饭也不饿。他刷洗瓷器时，竟能翻其里洗刷，刷完再翻过去。陶瓷在他手里，像羊肚般柔软。贝家感到惊奇。元宵节时，阿保抱着小主人去看灯，半夜未归，家里的人都十分焦急。直到三更才归，主人就责怪他。他说："这儿的灯会不热闹，我带小主人去了一趟福州城，那里的灯才漂亮呐！"贝家的人哪里肯信！不料小主人从怀中掏出一把鲜荔枝，让父母尝尝。大家才明白阿保是个异人。又过了几个月，阿保从井中捉到一只三足大蟾蜍，用彩绳系住，放在肩上，很高兴地对人说："这只东西逃走了，几年都没有找到，今天终于捉到了。"阿保捉蟾之事一下子传遍了全乡里，人们都认为是刘海到了贝家，争先恐后地跑到贝家一睹仙人风采。此时，人们只见负蟾者举手向贝家主人致谢，从庭中冉冉乘空而去。刘海所戏的三足金蟾，被认为是灵物，刘海也被认为是一位慈善的吉祥神。

　　在民间图案中，刘海并不是一位白发老人，而是一个可爱的胖小童，穿红披绿，笑逐颜开，两手各提一串金钱，足戏三脚金蟾。刘海被视为钓钱撒财之神，象征着生活富裕。旧时结婚，人们常张贴刘海戏金蟾的图案，以图吉利，预示生活越过越富裕美满。

　　在传统图案《福字图》中，刘海戏金蟾与和合二仙、天官、财神、麒麟送子、状元及第等合绘在一起，集吉祥之大全，充满着喜庆的气氛。

财 神

财神，富贵的象征，有文武之分：文财神有比干、范蠡、财吊星君；武财神有赵公明、关云长。

人们相信，人间的一切财富都由财神掌管着，只有奉祀财神并经常拜祭才能获得更多的财富。民间信奉的财神有多种说法，一说财神是五个神，称为五福神，据说他们是亲兄弟，但没人知道他们的名字。财神的职责是使人富贵，至于具体让谁富裕则无关紧要。一说财神是一对，他们是文、武二神。按照一般的排列，武神居于左边，文神居于右边。文财神是殷代忠诚的文臣比干，武财神是三国刚正的武臣关羽。也有说文武财神是药王和关帝。除了文、武财神之外，和合二仙也作为财神受到崇拜，这种崇拜在安徽省特别流行。不过，一般来说，这些财神总是位于主神之下的小神。还有一种说法，财神是一个利市仙官，特别在北方，每届新年，人们必将利市仙官的像贴在门上，以求吉利，商人更是如此。

赵公明，峨眉山仙人，被姜子牙以法杀死后受封为金龙如意神"龙虎玄坛真君"并分管四大天神 —— 招宝天尊萧升、纳珍天尊曹宝、招财使者陈九公、利市仙官姚少司。赵公明是道教的财神。传说赵公明自秦时避世山中，精修至道而成其功业，受天帝之命为神雷副元帅。赵公明头戴铁冠，手执铁鞭，黑面浓须，身跨黑虎，能驱雷役电，呼风唤雨，除瘟翦疟，防病禳灾。人们诉冤伸抑，公明能使他们得到公平；买卖求财，公明能使他们宜利和合。凡是需要公平处理的事情，都可以对着他祈祷，结果没有不如意的。因此，天帝赐他圣号"总管上清正 —— 玄坛飞虎金轮执法赵元帅"，民间称为"赵公元帅""赵玄坛"。赵公明掌管的事情很多，其中财富是重要的一项，买卖之人求拜都能得到好处，因此被奉为财神。

财神是普遍受到人们供奉的神灵，特别是商人，在其商号或家里都供有财神像，有供关帝武财神的，也有供赵元帅的。此外，赵元帅的两位使者招财和进宝也同样受到供养。每年春节，一些地方都要举行接财神的祭祀仪式。在除夕深夜，人们焚香供祭，大燃鞭炮，一方面辞旧迎新，一方面接财神进家。据说，阴历正月初五是财神的生日，平民百姓特别是家里有人做生意的，都要买鱼肉、三牲、水果、鞭炮，供以香案，迎接财神。在北方，有的地方传统认为每月的初二和十六两天，财神要回到上界向天帝汇报人间的事情。天帝根据财神的报告，来决定人们未来的吉祥祸福。所以，人们丝毫不敢得罪财神。

喜 神

喜神也就是吉神，是人们希望趋吉避凶、希冀喜乐而创造出来的一个抽象神。喜神一般没有什么具体形象，所在的方位也不断变换。

一般认为，公鸡鸣叫的方向就是喜神所在的地方。所以，在华北的一些地方，正月初一鸡初鸣时，人们就顺着鸡叫的方向去碰喜神，希望一年康宁，大发其财。

人们办喜事时，常奉祀喜

神。特别是婚嫁时，更离不开喜神。当新娘要上轿嫁到男家去时，必请阴阳先生择定方位，轿口对着喜神所在的方位稍停片刻，叫作"迎喜神"。民间也有人为喜神作画，画出来的形象跟福神差不多，只是多了个"囍"字而已。民间举行婚礼，常挂此画像。

福神

福神，是创造幸福的神仙。生活幸福是人们梦寐以求、极其向往的人生大目标。古人相信，人间之幸福掌握在福神手里，要得福，只能向福神祈求。

关于福神是何许人，各种说法不一样，主要有三种：一是福神即天官。东汉张陵创立道教，影响很大。张陵死后，其子张衡继续传道，并大力提倡"三官"信仰，"三官"即天官、地官、水官。其中，天官负责赐福。所以，人们就把天官作为降福人间的福神来信奉。天官的形象是作为史部天官的模样出现的，他一身朝官装束，五色袍服，龙绣玉带，手执大如意，足蹬朝靴，慈眉悦目，五绺长髯，一派喜容悦色、雍容华贵气象。"天官赐福"图案是天官站于海崖，手持一轴诰命，上书"天官赐福"或"受天福禄"四字，或加蝙蝠和小孩。还有一种天官图案，笑容满面，手抱五个善童，善童手中分别捧着仙桃、石榴、佛手、春梅和吉庆鲤鱼灯等吉祥物。一幅天官指向太阳的吉祥图案，就表示"指日高升"。

另一种说法是以真武大帝为福神。人们将其画像挂于床头，焚香祷请，福神有应，赐给此家庭福气。

　　第三种说法是福神为杨成。杨成是从一位历史人物衍变而来的。汉武帝时，道州刺史叫杨成，所在之州多侏儒，每年都要选数百侏儒供贡朝廷，给宫廷玩戏。杨成不忍贫民骨肉分离，上奏皇帝，皇帝遂罢侏儒之贡。当地人感杨成之恩德，立祠祀之，把他看作本州福神。后来，天下的老百姓都绘其像敬奉起来，把他作为福禄神。

关 帝

　　关羽是桃园三结义的英雄之一，亦叫"关云长""关公"。

　　刘备为汉中王时，拜关羽为前将军，假节钺，率众攻曹军。关羽水淹七军，擒于禁，斩庞德，威震华夏。后孙权派将袭荆州，关羽因骄傲轻敌，兵败被杀。死后追谥为"壮缪侯"，当地人在其死处湖北当阳玉泉山立祠奉祀他。后来，关羽被宋哲宗封为"显烈王"，宋徽宗封其为"义勇武安王"，元代加封为"显灵义勇武安英济王"。

　　在民间，关羽成了"古今第一将"。正如湖北当阳关陵的一副对联所云："汉朝忠义无双士，千古英雄第一人。"明代万历年间，明神宗加封关羽为"协天护国忠义帝""三界伏魔大帝""神威远镇天尊关圣帝君"。清代顺治皇帝给关羽的封号竟长达二十六字：忠义神武灵佑仁勇威显护国保民精诚绥靖翊赞宣德关圣大帝。

关羽就这样从一位武将被升格到神的地位。现在，在全国各地，关帝庙到处可见。关帝作为战神、正义之神、财神等而被奉祀。据说关帝具有司命禄、佑科举、治病除灾、驱邪避恶、诛罚叛逆、巡察冥司、招财进宝、庇护商贾等"全能"法力。因为关帝签最灵，所以各地方的关帝庙香火都很盛。在一些地方，每家门口都贴着一张画着关帝像的吉祥符，用于辟邪，并祈望"恩主爷"降恩降福。

禄 星

禄星是文昌宫的第六星，专掌司禄。后来，禄星逐渐转化为禄神，被奉为功名利禄的命根神，并且附会为张仙。

这位张仙，一说是四川眉山张远霄，五代时在青城山得道，得到一个四目老翁的弓弹，能击散人间的灾难。

一说是"送子张仙"，在福禄寿的传统图案中，禄神就常抱着或牵着一个小儿。

禄神最主要的职责是为人加官进禄，所以，对追求功名的人来说，禄神就是他们的命根神。不过，对一般人来说，禄神还是一个吉祥神，因为他与福、寿两神一起，给人间带来无限的幸福，广为民间所尊奉。民间的吉祥图案中常以"鹿"代"禄"。

魁 星

中国古时，人们崇拜奎宿。"奎宿"是官星名，又叫"天豕""封豕"，为二十八宿之一，是西方白虎七宿的第一宿。奎星被视为主管文运之星，过去常以"奎"称文章、文运。后来，奎星被附会为文运之神，或称魁星，这出于"魁"与"奎"谐音，并且"魁"又有"首"之意。所以，科举取得高第就称为"魁"。

人们对"魁"字望文生义，因声起音，把它附会为"鬼"抢"斗"，所以魁星的形象常被描绘为一赤发蓝面鬼，一脚立于鳌头上，一脚后翘，一手捧斗，一手执笔，谓"魁星点斗，独立鳌头"。

过去读书人崇拜魁星，正如崇拜文昌帝君一样，全国各地均设魁星楼、魁星阁。

明朝时，科举考试的考场之外出售泥塑小魁星，应考者争相抢购，祈望自己有点"魁星"样，那么，魁星就会在暗中保佑自己，一举高中，独占鳌头，金榜题名。

文昌帝星

古人将文昌帝星君解释为主"大贵"的吉星。参加科考的考生只要有文昌帝君保护则可以一举成名，封官进禄在魁星之上。

文昌是星官名，包括斗魁之上六星。古代星相家将文昌解释为主大贵的吉星，道教又将其尊为主宰功名禄位之神，又叫"文星"。在科举时代，文昌星尤为士人顶礼膜拜，认为文昌职司文武爵禄，乃科举之本。后来，文昌星与梓潼帝君合二为一。

梓潼神原是一孝子，名张亚子，对其母亲极其孝顺。在晋朝做官，不幸战死。死后，百姓给他立了一座庙，最初把他当作雷神祭祀，以后逐渐成为梓潼名神，称"梓潼神"。唐代安史之乱，唐玄宗李隆基逃往四川，梓潼神在万里桥迎接玄宗，玄宗便封他为左丞相。后来，唐僖宗因避内乱亦入蜀，封梓潼神为济顺王。由于皇帝的大力推崇，梓潼神从一个地方神变成了一个全国性的大神，而且主管着功名利禄。因为文昌星和梓潼神所司职能一样，元仁宗合二为一，简称"文昌帝君"。过去，凡参加科举考试，或欲以文武进禄者，均要拜文昌帝君，以图吉祥。

月 老

千里姻缘一线牵。千里姻缘，

都由月老红线牵。传说掌管人间姻缘的是月下老人，简称月老。据说唐代有个叫韦固的人，从小是个孤儿。长大后，有一年路过宋城，住在城里的客店。一天晚上，他碰到一位奇异的老人，正靠在一个布口袋上坐着，在月光下翻书。韦固上前问他所阅何书，老人回答说："天下之婚牍耳。"韦固又问袋中何物，老人说："赤绳子，以系夫妇之足，虽仇敌之家，贫贱悬隔，天涯从宦，吴楚异乡，以绳一系，终不可逃脱。"韦固听后就问自己未来的老婆是谁。老人翻书给他查了一下，说是店北头卖菜的瞎老头的小女儿，刚刚三岁。韦固一听大怒，暗中派人去刺杀这个小孩。仆人做贼心虚，没能刺死女孩，只伤了她的眉心。韦固和仆人就连夜逃跑了。后来，韦固当了兵，他勇武非常。刺史王泰看上了他，就把女儿许配给他。姑娘的模样长得很不错，可就是眉间老是粘贴着花饰。韦固感到奇怪，就问她何故，这时才知道她正是自己派仆人刺伤的那个女子。这女子是后来被王泰所收养的。韦固感叹姻缘难违，两人非常恩爱。

从此，月老名声大振，人们把他当作掌管婚姻之神，相信月老拿着红线牵配着姻缘，即所谓"千里姻缘一线牵"。在过去的婚礼上，必有拴红线的仪式，后来才逐渐演化为牵红巾。关于牵红线的习俗，唐朝有这么一个故事：荆州都督郭元振，年长尚未婚配。宰相张嘉振见他有才干，长得相貌堂堂，想纳他为婿。因一时找不到合适的媒人，也不知郭元振会看中哪一个女儿，于是张宰相想了一个办法，让他的五个女儿全坐在布幔子后面，每人手中各拿一根红线，将线头露在外面，让郭元振隔着幔子去牵，牵到哪个姑娘手里的红线，这姑娘就许给他为妻。郭元振一下牵到了漂亮非凡的张家三小姐，两人便结下了美满良缘。

青年男女都尊敬月老，祈望月老为自己牵一个理想的伴侣。在一些庵寺中，也设月老殿，拜求者都想着月老不会亏待他们，使他们结一门好姻缘。

和合二仙

和合二仙是一对星神，他们的名字是"和谐、结合、协调"的意思，为人们排解祸难、消除纠纷、化解不协调的事，是能使人间安宁欢喜的"团圆之神"。

和合之神本是一人。据说唐朝时有个僧人叫万回，俗姓张。此人生性痴愚，八九岁才能说话，但后来却啸傲如狂，乡党莫测。他有个哥哥在辽东当兵，音信久绝，其父母很是想念，日夜涕泣。见此情景，他就说："二老不用急，请准备好给兄长的食品衣物，我去看望他。"第二天一早，张氏离家，出门如飞，晚上就回到家里，告诉父母："兄长平安无事。"还带回去一封书信，父母打开一看，正是他哥哥的笔迹。他往返一日而行万里，故被号为"万回"。张万回行状怪异，传说是菩萨转世。万回原为西土菩萨，因犯错被佛祖贬到人间。玄奘从西土回国后，曾专门去拜访万回。唐高宗曾把万回召进宫，武则天还送他锦袍玉带。万回跟武则天谈天说地，所说之事多有应验。万回死后，宫廷、民间都信奉他，认为他能预卜吉凶，排解祸难。唐玄宗时，张天师驱鬼，曾请万回助道。唐明皇封万回为万回圣僧。后来，万回被视为"团圆之神"，称"和合"。宋时，老百姓在腊月要祀万回，这样能使在万里之外的亲人回家团圆。

由于其名称，后来的人认为和合当为二神。这二神是寒山、拾得两位僧圣，两人皆是隐居天台山的僧人，二人经常吟诗唱偈，交情甚好。关于他俩的交情，民间流传着这样一个故事：寒山和拾得同住一个村子里，亲如兄弟。两人同时爱上一个女子，但互相不知道。后来，拾得要与那女子结婚，寒山才知道，于是弃家到苏州枫桥，削发为僧。拾得了解到这件事，亦舍女子来到江南，寻找寒山。探知其住处后，乃折一盛开荷花前往见礼。寒山一见，急持一盒斋饭出迎。二人乐极，相向为舞。拾得也出家，二人在此开山立庙叫作"寒山寺"。

清朝雍正十一年，封唐天台僧寒山为"和圣"，拾得为"合圣"，两人就成为"和合二圣"，也就是"和合二仙"。和合二仙渐渐变成掌管婚姻的喜神，有"欢天喜地"的别称。

灶 神

民间称灶君、灶王、灶王爷、灶君菩萨，是主管吃的"神仙"，也称"种火老母之君"。他每天都得向玉帝报告各家各户的情况，是一位"上天言好事，下界降吉祥"的吉祥家神，几乎受到家家户户的奉祀。灶神除司灶火之职外，还掌管人的寿夭祸福。

火的发明和使用，在人类文明史上具有划时代的意义。先民们在住地烧起一堆堆长明火，用于取暖照明、烤熟食物、烧制器皿、防御野兽，这就是原始的灶。在当时的母系社会里，灶是由氏族里最有威望的妇女掌管着。

后人对灶、火的自然崇拜，也逐渐附会于掌管灶火的人物，所以，我国最初的灶神是位女性，她身着赤衣，状如美女。后来的道书则把灶神说成是昆仑山上的老奶奶，叫作"种火老母元君"。

汉代时男灶神开始出现，传说灶神是炎帝和祝融。炎帝神农，以火德而称王于天下。死后托祀于灶神。祝融吴回，为高辛氏火正，死后为火神，也托祀于灶神。

不管是女还是男，并不妨碍人们对灶神的奉祀。由于灶神要上天向天帝报告每个家庭的情况，人们怕一些不好的事被反映到天帝那里去，于是在灶神升天时用糖瓜供给灶王爷，使他只能讲一些好话。

灶神升天，每家每户都要祭祀，这一天一般是在腊月二十三日（北方）、二十四日（南方）。南方、北方都用糖饴祭灶。祭灶时要将所贴灶神像揭下，与纸元宝等一起焚化，到了除夕接神时，再贴新的灶神像供奉。也许是因为灶火所熏吧，近代民间的灶神像都是黑脸长须的。在神像两旁，人们还张贴一副对联："上天言好事，下界降吉祥。"

十五 麻姑

麻姑是一位美丽漂亮的女寿星，因为美丽漂亮，玉皇大帝每年过生日或开设蟠桃会都请她帮忙，以增添节日光彩。每年蟠桃会，麻姑都把她在绛珠河畔酿成的灵芝酒献给王母娘娘。男人做寿，人们送南极仙翁像或"寿星献寿"图案；妇女做寿，则有专门的礼物，那就是麻姑神像和"麻姑献寿"图案。

民间流传另一种说法：据说，麻姑是王远的妹妹（王远，字方平，曾举孝廉，当上了中散大夫。后弃官入山修道，成了著名仙人。）麻姑年岁看似十八九，长得非常漂亮。她头顶上打着一个髻，其余的头发散垂至腰际，穿着绣衣，光耀夺目，为世间所罕见。她还长着不同寻常的长指甲，常以此来搔背。

王远有个徒弟叫蔡经，虽学道十余年，但凡心未死，一见麻姑的长指甲，就突发奇想：我脊背发痒时，要是用麻姑的长指甲来搔痒，那该是多么舒服的事啊！由于这种非分之想，一条看不见的鞭子将他狠狠地打了一顿。这一顿鞭打，便成了后世文人常用的典故。唐朝诗人杜牧《读韩杜集》有句云："杜诗韩笔悉来读，似倩麻姑痒处搔。"麻姑虽长得像十八九岁的姑娘，但其岁寿已很长。据她自己说，曾见东海三为桑田。东海三次变为桑田，历时多久，实在难以计算，可见麻姑岁寿之长。

相传农历三月初三王母娘娘寿辰时，开设蟠桃会，上中下八洞神仙齐祝寿。百花、牡丹、芍药、海棠四仙子采花，特邀麻姑同往。麻姑乃在绛珠河畔以灵芝酿酒，献给王母。这是麻姑献寿的来历，后世也常借麻姑女寿仙用以祝寿。

麻姑是长寿的象征，也作为吉祥女神受欢迎，在很多地方都设有麻姑庙。麻姑的形象多为一美丽仙女模样，或腾云，伴以飞鹤；或骑鹿，伴以青松；也有直身托盘状，手中或盘中，一般为仙桃、美酒、佛手等。一幅麻姑与仙桃、花篮或灵芝在一起的吉祥图是最好的生日礼物。

八仙

八仙是民间传说中道教的八位仙人所组成的群体，是神仙中的一组最佳组合。他们是铁拐李、汉钟离、张果老、何仙姑、蓝采和、吕洞宾、韩湘子、曹国舅。在这八仙当中，男女老幼、富贵贫贱、文雅粗野，各种角色都有。其中，老则张果老，少则蓝采和、韩湘子，将则汉钟离，书生则吕洞宾，贵则曹国舅，病则铁拐李，妇女则何仙姑。从这八仙中，社会各种各样的人，都可以找到自己亲近的"知音"。所以说，八仙是一组最佳组合。

八仙当中，资历最深的是铁拐李。有关铁拐李的名字和时代，众说纷纭。在民间传说中，他的基本形象是黑脸蓬头，卷须巨眼，袒腹跛足，又瘦又丑。他头束金箍，身

背葫芦，常以葫芦中仙丹救死扶伤。据传，铁拐李本来长得十分魁梧，相貌堂堂。他在砀山洞中修行时，欲拜老子和宛仙人为师，前去修行，临走时对自己的徒弟说："我欲从游华山，倘游魂七日不返，你就把我的尸壳焚化。"他的魂藏于肝，魄藏于肺，元神山游时，魂跟着一起去了，只把魄留下守着尸壳。李先生的元神赴华山从老子游，徒弟日夜为他看守躯壳。不料到了第六天，弟子的家里来人报信说老娘病危，徒弟就坐卧不安，又坚守到第二天中午，见师父元魂未还，只好把尸壳焚烧，回家尽孝道去了。当天不久，李先生的元神赶回洞府，失其尸壳，孤魂只好飘游。他忽然发现林中有一饿殍，灵机一动，心想："即此可矣！"马上从其窍门而入，站起来时，才觉得不大对劲，忙从葫芦里倒出老子所赠仙丹，金光中一照，发现自己变成了一个丑家伙。这时，李先生正想着把元神跳出来，瞬间老子现身，阻止他说："道行不在于外貌。现我有金箍给你束发，铁拐给你拄跛足。只需功夫充满，便是异相真仙！"

汉钟离，姓钟离，名权，号和谷子、正阳子、云房先生。相传是汉代人，故又称汉钟离。汉钟离常手执宝扇，解难救世。

张果老，姓张，名果。相传为唐时有法术士，隐居恒州中条山，自称生于尧时，已几百岁，故称张果老。张果老倒骑驴子，手执渔鼓，其鼓频敲有梵音，为人间带来吉祥。

吕洞宾传说为唐朝人，名岩，字洞宾，号纯阳子。吕洞宾长得一派书生模样，常背一宝剑，其剑灵光能惊魑魅。

何仙姑为八仙中唯一的女仙，她常手执荷花，不染于尘。

蓝采和为唐时术士，常携花篮，篮内尽是宝物。

韩湘子，本名韩湘，是唐代大文学家韩愈的侄孙。韩湘子生性狂放，流落江湖，常执一箫，人们赞他"紫箫吹度千波静"。

曹国舅，姓曹名友，宋曹太后之弟，故称国舅。曹国舅常执玉版，玉版之声能使万籁俱静。

八仙有很多故事，其中最有名的是"八仙过海，各显神通"。据说，西王母请八仙赴蟠桃会，八仙醉别而归，路过东海，但见白浪滔天。吕洞宾首倡过海东游，需各投一物，乘之而过。李铁拐率先以拐杖投水，逐浪而渡，七仙随之，分别以纸驴、花篮、扇子、玉版、荷花、箫管、渔鼓等投水而渡。

八仙为仙人，定期赴西王母蟠桃会祝寿，所以，八仙图案常作祝寿的吉祥礼物。如八仙仰望寿星图案，表示"八仙仰寿"；八仙向西王母祝寿图案，表示"八仙祝寿"；八仙与古松、仙鹤在一起，表示"松鹤延年"的吉祥意义。据说八仙常奉玉帝的旨意在人间做"协调、调解、惩恶扬善"的善事，给人们排忧解难，使天下太平吉祥如意。他们所用的宝物"葫芦、扇子、玉版、宝剑、荷花、花篮、笛管、渔鼓"称为"暗八仙"，也叫"八宝"，常用于吉祥图案中，寓有祝颂长寿的吉祥意义。

寿　星

寿星原指二十八宿中东方苍龙七宿的头二宿角、亢二宿。二十八宿中东方七宿依次为角、亢、氐、房、心、尾、箕，成苍龙之形。其中角宿有二颗星，其形似角，在东方苍龙七宿中如龙角；亢宿有四颗星，直上高亢，在东方苍龙七宿中如龙头。角、亢二宿，列宿之长，故曰寿。

寿星也叫老人星，自周秦以来，历代皇朝都列寿星为国家祀典，至明代始罢其祀。

寿星又称南极老人、南极仙翁，经常以一慈祥老翁的形象出现。在各种吉祥图案中，南极仙翁身量不高，弯背弓腰，一手拄着龙头拐杖，一手托着仙桃，慈眉悦目，笑逐颜开，白须飘逸，长过腰际，最突出的是有一个凸长的大脑门儿。南极仙翁身边常伴着一个仙童。传说南极仙翁住在南极的一个宫殿里，宫殿旁有大花园环绕，花园里长满芬芳的仙花和仙草。

寿星代表着生命，人们向他献祭，祈求他赐予健康而幸福长寿。人们常将寿星骑着仙鹿或穿过祥云的白鹤、寿星旁边的仙童手捧仙桃的吉祥图案作为祝寿的礼物。另外，瓷塑寿星也是常见的祝寿的上好礼品。寿星的形象还常被用于几案中作为装饰，也寓健康长寿之意。在一些吉祥联中，也常引寿星入对，如："春色遍染吉祥地，寿星常临福瑞家。"在一些年画中，寿星与福禄两星在一起，称福禄寿"三星拱照"，这是一幅吉祥气氛极浓的图画。玉饰品中的福禄寿，可用三种不同的颜色来代表，寓祝"吉祥、幸福、健康、长寿"的意思。

钟馗

钟馗是捉鬼的第一大神，如果有钟馗在，妖魔鬼怪都不敢近前，人们赞颂他"岁暮驱除，可宜遍识，以祛邪魔，兼静妖氛"。民间常以他的图案作为辟邪驱妖

的神物。

据说，钟馗是终葵的谐音而转来的。终葵本来是一种棒槌，古代举行仪式时，常挥舞终葵以驱疫逐鬼，后人以此名附会为食鬼的神人。传说，钟馗生得丑恶怕人，但才华出众。唐德宗时，钟馗进京应试，不假思索，一挥而就。主考官韩愈、陆贽阅后拍案叫绝，遂点为状元。但德宗以貌取人，听信奸相卢杞谗言，欲将钟馗赶出龙廷，钟馗气得暴跳如雷，当场自刎而死。德宗悔恨，遂将卢杞流放，并封钟馗为"驱魔大神"，遍行天下，以斩妖邪。

关于钟馗的另一个传说则要把时间推前到唐玄宗时。传说，开元年间，唐明皇从骊山校场回来，忽然得了恶性疟疾，巫师们用尽了心计，忙了一个多月也不见好转。一天深夜，明皇梦见一小鬼，身穿红衣，一脚着靴，一脚赤足，腰间挂着一靴。这个小鬼盗走了杨贵妃的紫香囊和明皇的玉笛。明皇大怒，斥之。小鬼自称是"虚耗"。这时，只见一大鬼头戴破帽，身穿蓝袍，腰束角带。这大鬼径直捉住小鬼，以指刳其目，擘而啖之。明皇问他是谁，大鬼奏道："臣终南山进士钟馗，应举被选中，但因貌丑，被赶出龙廷，臣即触殿阶而死，奉旨赐绿袍而葬，发誓除尽天下虚耗妖孽。"唐明皇大梦醒来，病一下子好了。于是召见当时大画家吴道子按他的描述绘钟馗像。绘毕，明皇瞪目而视，良久乃道："这与朕梦里所见完全相同，为何能画得如此惟妙惟肖呢！"于是赏吴道子百两黄金，并御笔批道："灵祇应梦，厥疾全瘳，烈士除妖，实须称奖。因图异状，颁显有司，岁暮驱除，可宜遍识。以祛邪魅，兼静妖氛，仍告天下，悉令知委。"从此钟馗成了头号打鬼门神。

历代钟馗的画像大多面目狰狞恐怖，一手持利剑，一手或抓按妖怪，常题为"钟馗捉鬼"或"钟馗去邪"。又传说，钟馗封为驱魔大神后，率领三百阴兵过了枉死城，在奈何桥上遇到一个小鬼拦路。小鬼自称原为田间鼹鼠，饮了奈何水后，背生两翅，化为蝙蝠，凡有鬼的所在，无一不晓。小鬼变成的蝙蝠对钟馗说："尊神欲斩妖邪，俺情愿做个向导。"钟馗大喜，收了蝙蝠，由蝙蝠引路，去除众鬼。据此民间出现一种吉祥图案，即"钟馗引福"，图案中钟馗手持宝剑招引蝙蝠。又有"钟馗嫁妹"图案，有人认为是"钟馗嫁魅"之讹。

貔 貅

传说，汉高祖刘邦打下天下后，国库空虚，于是汉高祖雕刻了一对貔貅放在国库及书房里，果然国库日渐丰盈，故封貔貅为"帝保"，保护皇帝的意思。明代，朱元璋定都南京时，挖城墙的时候挖出一对铜貔貅，朱元璋问刘伯温："此物乃何物？"刘伯温答之："此乃天赐福禄，江山永固也。"清代，定都于北京，为安定四方，而建四门，特在"德胜门"雕放一对貔貅，永保军队凯旋。

香港的李嘉诚，在买粮贸大厦时，朋友告诉他说："粮贸大厦从1997年以来一直亏损，地势不好，不能要。"风水先生说：这大厦面对立交桥，是'镰刀煞'，要买可以，但是，要在门口摆放一对貔貅方可化解煞气。李嘉诚听了他的话后，在门口摆了一对貔貅，从此，粮贸大厦年年盈利。澳门葡京赌场也摆放一对貔貅守财，所以，去赌场的人十赌九输。

　　传说开天辟地时，龙生九子，子子不同，貔貅是龙的第九个儿子，法力无边，变化无穷。它有七七四十九种变化，三十六种化身，形态凶猛无比。传说在炎古时代，黄帝与蚩（chī）尤在争夺华夏江山时，貔貅帮助黄帝变化成猛兽把蚩尤吃掉，炎黄才得天下，貔貅被炎黄封为"云师"，从此历代皇帝的开道军旗的图案都把貔貅绣在旗帜上。貔貅又可以作为调兵遣将的兵符，和平时期将军拿雌貔貅，遇到战争时，皇帝派人把雄貔貅送到将军手中雌雄合并一起才能用兵，称为"云师令"。

　　貔貅又名天禄 —— 天赐福禄亦名辟邪。特点是嘴大肚肥，其嘴大吃八方财气，肚大能装万贯家财，屁股大能稳坐江山，龙头、鹿耳、虎嘴、狼牙、狮身、熊腰、豹爪、如意尾，能吸取天地之灵，无排泄器官（肛门），只进不出，只吃不拉之意，为主人聚财掌权，镇宅辟邪。身有异香，靠汗液分泌排泄物。许多猛兽想去吃它，结果反被它吃掉，所以姜子牙在封神的时候封它为"天赐福禄"。传说貔貅后来为姜子牙的坐骑。

　　貔貅前脚永远抓着一枚钱币，表示永抓钱财。貔貅通常为一对，左脚在前为貔，为雄，右脚在前为貅，为雌。雄的可保权利、地位，雌的可保财运、吉祥。在古时这种瑞兽是分为一角或两角的，一角称为"天鹿"，两角一般称为"辟邪"，后来再没有分一角或两角，多以一角造型为主。在南方，人们喜欢称这种瑞兽为"貔貅"，而在北方则依然称为"辟邪"。至于"天鹿"则较为少用，还有些人将它称为"怪兽"或"四不像"等。中国传统是有以"貔貅"避邪的习俗，和龙狮一样，能将这地方的邪气赶走，带来欢乐及好运的作用。貔貅与麒麟有所不同，貔貅是凶狠的瑞兽，有镇宅辟邪的作用。

　　貔貅最早出土的实物是春秋战国时期，古代还用它来镇墓，是墓穴的守护兽，一般古墓的墓前都可以看到，可知是具有杀气的勇兽。貔貅的造型很多，难以细分。较为流行的形状是头上有一角，全身有长鬃卷起，有些是有双翼的，尾毛卷曲。制作貔貅的材料有很多，有玉制、石制、木制、瓷制、铜制，还有一些地方是用布来制作的，以玉制品为最佳。貔貅在风水上的作用，具体可分以下几点：

　　1. 有趋财旺财的作用，这是较多人知道的，所以做生意的商人也宜安放貔貅在公司或家中。

　　2. 镇宅辟邪的作用，将已开光的貔貅安放在家中，可令家中的时运转好，好运加强，赶走邪气，有镇宅之功效，成为家中的守护神，保护家的平安。

3. 貔貅不分雌雄挂在脖子上都能护身保平安，挂在腰上能保腰财万贯和避邪，挂在钱包上能锁财，进财。

貔貅是在战国时期传入云南的，当时楚国大将率兵到达滇池沿岸（现在的昆明昆阳）一带，由于秦国军队截断了楚军的归国路径，楚军就在滇池沿岸居住下来，同时也把北方的文化、风俗习惯带到云南，貔貅也随之传入云南。

貔貅由于擅长变化隐藏，所以放在家中或戴在身上可保护家人或主人出入平安。请貔貅回家要先为他净身，貔貅的摆放应为八字形，嘴对门窗，地点应为聚财部位，每逢节日应高香一炷、清水一杯可保万事无忧。当财运不佳时，摇晃貔貅，唤醒貔貅，达到保财、进财、镇宅、保平安的作用。

古书记载上讲的是一种猛兽，陆玑说："貔貅似虎，或曰似熊，一名执夷，一名白虎。"辽东人谓之白熊，"如虎如貅"。

鱼

鱼与"余"谐音，年年有余，如鱼得水，其表示"得志"，功名全得，家家有利、富贵有余。鱼跟雁一样，可以作为书信的代名词。古人为秘密传递信息，以绢帛写信而装在鱼腹中。这种以鱼传信称为"鱼传尺素"，所传的书信叫作"尺素"或"鱼书"。汉代蔡邕有诗云："客从远方来，遗我双鲤鱼。呼儿烹鲤鱼，中有尺素书。"明代王世贞也写道："忽报江秋鱼素到，似言山色马曹多。"

隋唐时朝廷颁发一种信符称鱼符或鱼契。这种鱼符以雕木或铸铜为鱼形，刻书其上，剖开而分执之，以备两边合符，作为凭信。唐宋时期，达官显贵身皆佩以金制作的鱼符，以明贵贱，所以鱼象征着富贵。

在中国流传的吉祥图案中，经常有鱼出现。比较常见的有"年年有余"。图中一般画有几个爆竹、童子、莲花和鱼。"双鱼吉庆"图中有双鱼。汉代铜洗底部就绘有对鱼，并在侧面题"大吉羊"的字样。后世人的对联中有以此入对的，如"恶砖五鹿宜子孙，汉洗双鱼大吉羊"。

在其他的各种吉祥图案中，称"鱼鳞锦"的鱼鳞花纹普遍使用。"如鱼得水"是人们用来描述一对幸福的新婚夫妇生活和谐的词语。一对鱼就是爱情生活和谐的象征，也是最常见的结婚礼物。

鲤　鱼

鲤与"利"，鱼与"余"皆谐音，合起来成"利余"，象征着"生意兴隆"家家得利，苦读有成，功名全得，富贵有余。"鲤鱼跳龙门"是中国应用最广泛的吉祥图案。俗传鱼跳龙门，跳过去则化为龙，跳不过去仍为鱼，而能跳过龙门的，只有善跳跃的鲤鱼。此典意指人事业未成，常因时运不济，故平时不忘上进，待时来运转，则水到渠成。"鲤鱼跳龙门"常用来比喻经过奋斗，改变了地位和情况的事迹，也指寒窗苦读有成或官场得意。所以鲤鱼用来象征生意中受益或赢利。

渔翁垂钓得鱼的吉祥图案，寓有"渔翁得利"之意。画着家家买鲤鱼的吉祥图案，其意义是"家家得利"。画着一个渔民正将鲤鱼卖给一个带小孩的妇女，祝她获得一个好的收入和更多的福利。"富贵有余""年年有余"等吉祥图案上的鱼，一般是鲤鱼。

在广州话中，"鲤"与"理"谐音，所以，在香港，大年初一做生意的人必将活生生的鲤鱼煮来吃，以图吉利。据说，他们这一年的生意会活如流水，活生生的鲤鱼寓有"生理"或"活生理"的吉祥意义。

在一张画中画着一位年轻女子，正注视着站在溪边的女仆，女仆提着的桶中有一条想跳出来的鲤鱼。这幅画表示祝愿受赠者在生活中超凡脱俗。

蟾 蜍

蟾蜍就是蛤蟆，但在人们的观念中，提"蟾蜍"与提"癞蛤蟆"不同，因为"蟾蜍"具有吉祥的意义。蟾蜍寿命很长，可以活到三千岁，如得到金蟾，就可大寿、大富、大贵。传说中蟾蜍还是嫦娥变来的。

古代神话传说，月中有蟾蜍，而这只蟾蜍是嫦娥所变。原来，嫦娥的丈夫后羿是一个射日英雄，他从西王母请回不死之药，准备夫妇同吃。嫦娥却偷偷地把药吃掉，奔月而去。谁知她一到月宫，就变成了蟾蜍。所以，直到现在还有人称月为蟾、蟾宫等。

蟾蜍可以入药，药效奇佳，据说可以使人长生不老，刀枪不入。蟾蜍本身的寿命就很长，每年五月初五可以捉到活了一万年的蟾蜍，这种蟾蜍叫肉芝。

想发财致富的人总是希望有一天能捉到一只金蟾，因为金蟾为三足大蟾蜍，得之者无不大富。外号海蟾子的仙人刘海，与金蟾有着某种特殊的联系。有一幅画着刘海手执串钱绳子戏钓金蟾的图案称"刘海戏金蟾"或"刘海撒钱"，其吉祥意义是福神带来财富。

蚕

"春蚕到死丝方尽"，财富积聚绵绵长。春蚕勤劳，结茧吐丝，给人带来无限财富，是聚集财富的象征。

中国人很早就懂得养蚕抽丝，然后进行纺织。汉代的礼仪，皇后要亲自采桑，以示对养蚕业的重视。汉代所祭祀的两个蚕神是菀窳妇人和寓氏公主。据传说，菀窳妇人是最先教民养蚕的人。

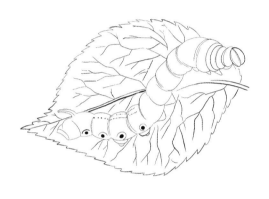

蚕神是"马头娘"，她被作为养蚕业的保护神而受到崇拜。据说在远古时代她是一位年轻姑娘。这位姑娘的父亲出征远方，家里没有其他人。她家有一匹雄马，这位姑娘就亲自饲养它。她居住在偏僻的地方，感到很孤独，常常思念她的父亲。有一天她对着马开玩笑说："你如果能够帮我把父亲接回来，我就嫁给你。"马听到这话以后，就挣断缰绳离开家，径直跑到父亲驻扎的地方。父亲看见马又惊又喜，便禁不住骑上去。马望着它所来的方向，不断地悲嘶，父亲说："这马无缘无故地如此悲嘶，是不是我家里有事呢？"于是赶快骑马回家。回到家里，父女相见，自然高兴。主人见这匹马颇懂人情，所以他优厚地给予草料饲养。但马却不肯吃草料，每次见姑娘进出，就高兴或是发怒，腾跳踏地，如此不止一两次。父亲见此情状，觉得奇怪，于是暗下询问女儿是何缘故。女儿把开玩笑的事一一告诉父亲，认为一定是这个缘故。父亲听完就说："这样的事不能说出去，说出去恐怕会污辱家庭的名声。你暂且不进出。"于是他暗中用弓箭杀死这匹马，把马皮剥来晒在庭院里。有一天，父亲有事外出，女儿和邻居姑娘在挂马皮的地方附近玩耍，女儿用脚踢马皮说："你是畜生，还想娶人做媳妇吗？招到这样屠杀剥皮，这是自讨苦吃。"话没说完，马皮突然飞直，卷着姑娘飞走。邻居姑娘慌忙之中不敢上前救她，只好跑去告诉姑娘的父亲。父亲回到家，到处寻找都不见女儿踪影。过了几天，在一棵大树枝条间找到时，女儿和马皮都变成了蚕，正在树上吐丝作茧。那蚕丝又厚又大，跟普通蚕茧不同。邻家妇女取来饲养，收到的蚕丝比一般的增加了好几倍，于是把那种树叫作"桑"。桑，就是丧失的意思。从此老百姓争着种桑树，这种树就是现在用来养蚕的树。变为蚕的姑娘被称为"马头娘"。

春蚕劳劳碌碌，结茧吐丝，给人带来财富，春蚕被看成一种吉祥物。在南方的一些方言里，"蚕"与"财"谐音，因此养蚕被看作聚积财富的一种象征。

狮

狮子威严勇武，可以"驱邪辟祟"，保卫人们官运亨通、飞黄腾达，是权力的象征。佛教中，是神圣、吉祥、智慧的象征。狮子似乎不是中国的土特产，但中国却有地地道道的关于狮的文化。狮子的塑像到处可见，每逢佳节，到处都舞起"狮子舞"。其实，狮子的塑像与真狮子很少有相像之处，在很大程度上它们是中国人观念的产物。外国人就认为那些石狮子是中国文化的象征，还有一位世界名人把中国比作一头沉睡的猛狮。

旧时，各宫殿衙署以及大户人家门外两旁大多蹲放着石狮，卷发巨眼，张口利爪。这类石狮本用于镇宅驱邪，后因狮子在百兽中有着至高无上的地位，石狮成了权势的象征。除了官府，一些庙宇门口、陵墓前、大桥上，均镇以石狮辟邪。石狮作为官府的守卫，右边的是雄的，左边的是雌的。雄狮左爪下有一个绣球，而母狮的右爪下是一只幼仔。狮子头上的凸块按它所守卫的主人官阶而定。左边的狮子代表"太狮"，这是朝廷中的最高官阶；右边的狮子代表"少保"，是王子的年轻侍卫。由于太狮和少保在朝廷中具有很大的势力，所以被看作高官的代表，人们就以石狮来祝人官运亨通、飞黄腾达。

民间在吉庆的日子里，常举行狮子舞，人们套上五彩缤纷的狮子外套，模仿狮子行走坐卧、俯仰跳跃。其中，"双狮戏绣球"的舞蹈，是人类生殖仪式的象征。在很多吉祥图案中，画着狮子滚绣球的纹样，可以表示喜庆。狮子在佛教中占有一定的地位，这也给它增添了神圣、吉祥的意义。智慧佛文殊菩萨就以狮子为坐骑。

金　鱼

"金"是金子的"金"，"鱼"与"余"同音，金鱼与"金玉"谐音，连起来是万贯家财用不完、花不尽之意。金鱼为鲫鱼之变种，体小，多呈金黄色。它锦鳞闪烁，仪态轻盈，沉浮自如，翩翩多姿，深为人所珍爱，是珍贵的观赏鱼种，被称作"金鳞仙子""水中牡丹"。

金鱼翩翩游动，给家庭带来勃勃生机和满堂金玉。很多家庭都喜欢养金鱼，除可观赏外，还因为金鱼不断游动，据说能给家庭带来生气活力。金鱼带"金"字，"鱼"又同"余"音，所以，它是婚礼上很受欢迎的礼物。画着数尾金鱼在透明鱼缸中游动的吉祥图案，叫"金玉满堂"。另一种表示"金玉满堂"的吉祥图案也很流行，画面是一座院子的水塘中有一群金鱼，塘边站着一个贵妇与两个孩子以及她的丫鬟。这里"金玉满堂"的名称是由"金鱼满堂"的谐音得来的。金鱼与莲荷在一起，可以表示"金玉同贺"的吉祥意义。一对金鱼是多产的标志。

蜘　蛛

蜘蛛又称亲客、喜子、喜母等。蜘蛛相聚，喜事将临。蜘蛛是一种预报喜事的动物，它从蛛网上沿着一根蜘蛛丝往下滑，表示"天降好运"。

关于蜘蛛的喜兆，有一则民间传说：有对母子分别多年，有一天，母亲忽见衣上伏有蜘蛛，就预知她的儿子要回来了。过了几天，儿子果然回家。

在古代，人们就普遍以蜘蛛为吉祥物，认为一群蜘蛛集聚在一起，就预兆着有喜事发生。一幅蜘蛛吊垂巢下，巢下有枇杷、蒜、樱桃、菖蒲的吉祥图案，称"天中集瑞"。

豹

"豹"与"报"同音，可解释为报喜、得到。斑斓的豹纹，是爵禄、荣耀、韬略的标志。豹也是威严、驱邪的一种吉祥动物，有豹在的地方，任何邪魔都不敢近身。

豹体型似虎而较小，身上多有斑点和环纹。根据其纹状

不同而可分为几种：白面、毛赤黄，纹黑色如钱圈，中间五圈左右各四圈的，称为金钱豹；纹如艾叶的，叫作艾叶豹；颜色不赤而无纹的，叫作土豹；《山海经》中曾记载即谷之山和幽都之山有玄豹，玄豹就是黑纹较多的一种豹；《诗经》中记载有赤豹，赤豹就是尾巴赤色而纹呈黑色；西域有一种豹纹如金钱，称金钱豹。各种各样的豹，纹状不同，色泽也不同。

因为豹纹绚丽多彩，所以人们很看重豹皮。俗话说："豹死留皮，人死留名。"可见豹皮的珍贵。由于豹是一种威猛的动物，豹纹也多彩夺目，所以绘绣豹纹的图案是爵禄、荣誉的标志。古代有一种"豹尾"是在赤黄色的布上绘豹纹而成的装饰物，是荣誉的象征。这种旌幡一种是饰于仪仗，如豹尾枪、豹尾幡之类。宋代，凡命节度使，有司配给门旗两面，龙虎旗各一面，旌一面，节一支，麾枪一杆，豹尾二面。清代，豹尾枪由豹尾班侍卫执持，随从于皇帝之后。另一种是悬于车辇，有豹尾悬于上的车叫"豹尾车"，是皇帝所属车的最后一辆。可见豹尾之高贵，并非一般人所能悬挂的。明清两代中，文武百官所穿的官服前胸后背均缀有方形"补子"，上绣鸟兽的图案作为微识，标志品级。明朝三、四品武官绣虎豹，清朝三品武官绣豹子，这都是出于豹子威猛、豹纹色彩高贵的缘故。

豹不但勇猛善搏，而且很有韬略。古兵书《六韬》中列有"豹韬"八篇，后来因此称用兵之术为"豹韬"。"豹韬"作为一种谋略，至今仍被人们广泛地应用。"豹韬"最精华的一点是隐藏以避害。据说，南山有一种玄豹，天起雾下雨连续七天不断，豹宁可不觅食而藏于深山，原因是雨雾润泽其毛，使其花纹更加漂亮，这样能远远地避开被捕杀的危险。它不像一些野猪、山狗一样到处觅食，随时都有死去的危险。

在民间，画"豹脚纹"是为了驱除邪气。古瓷中有一种"豹头枕"，在瓷枕上绘上豹头的纹样，枕用者将永远不会做噩梦，任何邪魔都不敢近身。人们相信，一个人的变化如果能像豹纹那样美丽，这个人一生的事业将会非常好，一切邪恶都不会欺侵，一切善德将集于一身。所以，在比喻润色事业或迁善去恶时，人们常常要用"君子豹变"一词。豹往往也与喜鹊在一起，表示"向您报喜"。在民间，这样的图案是家庭、亲友往来的最好礼物。

蝙 蝠

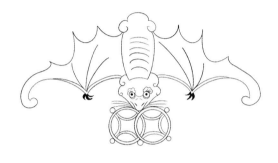

蝠与"福"同音，蝙蝠为好运气与幸福的一种吉祥物。两只蝙蝠在一起为"双福降临"，表示能得到双倍的好运气，五只蝙蝠在一起为"五福而至"，表示五种天赐之福，这五福就是长寿、富裕、健康、好善和寿终正寝。一幅魔法师与惊飞的五只蝙蝠的图案，表示祝愿得到五福。如果蝙蝠顶是红色的，可表示为"洪福齐天"。

蝙蝠是一种擅于飞行的哺乳动物，其前肢除第一指外均极细长，指间以及前肢与后肢之间有薄而无毛的翼膜，通常后肢之间也有翼膜，故能飞行。蝙蝠喜于夜间飞行，捕食蚊蚁等小昆虫。再黑暗再狭小的地方，蝙蝠飞起来也不会碰伤自己，这倒不是它的眼睛特别好，而是它靠自己发出的一种特殊声波来导引飞行。唐朝诗人元稹在《景中秋》诗中写道："帘断萤火入，窗明蝙蝠飞。"其实，蝙蝠并不是不喜欢明亮的地方，而是明亮的地方蚊虫也多。

蝙蝠的形状似鼠，也叫飞鼠、仙鼠。据说，能活到五百年的蝙蝠是白色的，头也变得很重，以致倒垂，称为倒挂鼠。传说中的蝙蝠很机智，曾有一个有趣的故事：百鸟在凤凰过生日时聚会，但蝙蝠却不去，它说自己不算鸟类，而是一种哺乳动物。后来麒麟过生日，召集百兽相聚，蝙蝠又不去，说自己有翅膀能飞，所以是禽鸟而不是兽类。这样，蝙蝠保持自己个性独立，独来独往，不介入飞禽走兽的各种纷争中。

一幅篆书的寿字居中，四周均匀排列四只蝙蝠而一只蝙蝠展翅居于寿字正中间的图案，表示"五福祝寿"；一幅画着在盒中飞出五只蝙蝠的图案，表示"五福和合"；一幅画着一个童子或两个童子捉蝠放入一个大花瓶（"瓶"与"平"同音，指平安）的图案，表示"平安五福自天来"；一幅画着钟馗以宝剑刺穿蝙蝠的图案，可以理解为"他将给你带来好运气"等等。凡是有关"福"的主题的祝愿都可以通过有蝙蝠题材的图案来表示。特别要指出来的是，红蝙蝠是一种特别好的兆头，红色本身是一种辟邪的颜色，加上"红"与"洪"同音，所以见到红蝙蝠，预兆着这一生将洪福无量。五只蝙蝠象征"五福之神"以及他们的赠礼。五福常用五个幸运神来表示，他们常被描绘为穿着红袍的官员，有一只蝙蝠围绕着这些幸运神飞翔，所以常见"五福"吉祥图。很多吉祥联也常用"五福"入对，如"梅花开五福，鸟语祝三多"。吉祥联的横批也常用"五福临门"预示幸福从天降。

蜜　蜂

　　跟世界的其他地方一样，在中国，蜜蜂是勤劳的象征。勤劳如蜜蜂，名封万户侯。"蜂"与"封"同音，表示功名成就而得到封侯，又起名为"功名万户侯"。蜜蜂可以用来表示年轻人的爱情。中国南方有一个传说，一个年轻人在蜜蜂的帮助下，从一排漂亮的姑娘中，找到了自己的新娘。一幅蜜蜂围着芍药花飞舞的图案，可以用于向姑娘表明爱情心迹。

　　蜜蜂的吉祥意义主要出自"蜂"与表示封官的"封"字同音。所以，一幅猴子和蜜蜂在一起的图案，可以表示预祝"封侯"的吉祥意义。

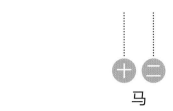

马

天马行空、独来独往，龙马精神，马上封侯，千里马、骏马、天马、神马，都是人们向往的东西，是中国人所崇尚的一种精神。杜甫赞马："头上锐耳批秋竹，脚下高蹄削寒玉。始知神龙别有种，不比俗马空多肉。"是祝福人们生活舒适、幸福永远伴一生的至理。

在中国古代，马一直是民族生命力的代表，而且是历史文化上最奔放活跃的角色。古代的神话传说中关于马有很多说法，天马行空，独来独往，这种观念代表了中国人特有的潇洒态度。据说，大禹的父亲鲧原系天上白马，是黄帝的孙子，黄帝生骆明，骆明生白马就是鲧。

马有灵性。秦朝时，为防备胡人，秦人在武周塞里面筑城，很多次都是城要筑好时崩塌了。正在无计可施的时候，有一匹马奔跑，反复围绕着一个圈子打转。当地乡民觉得奇怪，就依照马跑的蹄印去筑城，筑好的城竟不再崩塌了。于是人们把筑好的城叫"马邑"，就是后来的朔州城。

马作为威严与武力的象征，历代的君王将相都很爱马，历史上流传着许多人与马的动人故事：如周穆王的八骏马、唐太宗的六骏马、项羽的乌骓马、关云长的赤兔马、薛仁贵的白马等，名驹因名人而益彰，名人因名驹而传扬。

马是历来各种艺术表现的主题，其形象也常被描绘于各种吉祥图案中。一幅一个人与一匹驮着贵重物品的马在一起的图案，可以表示祝愿别人官位与舒适的生活永远相伴随。一幅一只猴骑在马上的图案，则表示"马上封侯"的吉祥意义。

鹿

鹿与"禄"谐音，象征富裕、长寿。鹿的形体奇特，四肢细长，身上有漂亮的花斑点，牡鹿还长着犄角，形象实为可爱。据说，鹿是瑶光散开而生成的，它能兆瑞祥。天鹿是一种长寿之兽，身上五色光辉，只有在天下君王实行孝道时，它才会在人间出现。还有一种白鹿，也是瑞兽，常与仙人为伍。鹿能活千年以上，从满五百岁开始，其色就变白，成为白鹿。老子就乘着一只白鹿。君王其政和平时，白鹿则现世。

人们常以"逐鹿"来喻争天下，鹿成了帝位的象征词。可见，鹿在中国文化中是占着相当重要的地位的。关于鹿的长寿，还有一个记载：唐玄宗曾于近郊狩猎，见一只大鹿在前奔跑，就命人引弓射之。一箭就射中了，班驾回朝后，玄宗命厨师炙鹿肉以进。那时，恰好有张果老先生在旁，玄宗就赐鹿肉给他吃。张果老则说："这只鹿已经有千岁了，记得汉元狩五年秋，臣曾陪汉武帝在上林狩猎，捉到这只鹿，臣当时上奏说：'这是一只仙鹿，寿将千岁，今天既然活捉到，不如把它放生了。'刚好武帝崇尚神仙，于是就采纳了臣的奏议。命东方朔以炼铜制作一块标志牌，在牌上刻上文字，标上当时的年号，系于鹿的左角之下，不信请验看。"玄宗听后，就命人把鹿头抬来，验看了以后，知道张果老的话不假，从当时算起到目前，已经有八百四十二年。玄宗顾其左右，感叹说："异哉！张果老能言汉武帝时的事情，真所谓至人了！"后来，人们都把鹿作为长寿的象征。

在传统的长寿图案中，鹿常与寿星为伴，寿星牵着一头"仙鹿"，以祝长寿。在一些吉祥图案中，一百头鹿在一起，称"百禄"。鹿和蝙蝠在一起，表示"福禄双全"。鹿和"福寿"二字在一起，表示"福禄寿"。

猴

猴子生性活泼、淘气、机智。孙悟空大闹天宫是家喻户晓的故事，南方许多地方建有猴神庙，与猴同类变来的人，对猴有一种特殊的感情。

猴与"侯"同音，结合其他动物在一起可做多种理解，"猴子"单独可理解为聪明能干。马和猴在一起可叫作"马上封侯"。一只猴子爬在枫树上挂印，可理解为"封侯挂印"。两只猴子坐在一棵松树上，或猴子骑在猴子背上，可叫"辈辈封侯"。

鳌

鳌是一种神龟。传说大地是神龟背着的，它若不高兴，大地就会山摇地动，是力量的象征，是战无不胜、攻无不克的吉祥物。按一般说法，鳌是大海中的一种巨大神龟，但在人们心目中是衔接天地的神物。

中国神话中说，渤海之东的大洋里有五座神山浮动在水上，没有固定的地方。居住在神山之上的仙圣深以为患，于是将这种情况禀告天帝。天帝怕这些神山流于西极，使众仙圣失去居住之处，所以命十五巨鳌分作三班用头顶山，使之稳定。但是，巨鳌也不是纯粹听话之神，它们经常四足游动，欣舞戏水，山海有时并不安定。另一个神话传说中，有一回天崩地塌，巨鳌也跟着兴波逐浪。那时，女娲就炼五色石以补苍天，断鳌足以立四极，使大地得到支撑。

自此以后，巨鳌老老实实地背负着大地，大地遂得安宁。自古以来，中国人一直相信，按照鳌的样子雕塑成石鳌，让它们背负着沉重的石块，会使人们赖以站立的大地更为牢固，更为安全，鳌就成了衔接天地的神物。

　　山东蓬莱仙岛，是鳌背的五座神山之一，人们称之为鳌山。鳌山远处东海中的极乐福地，曾引得不知多少人向往已久。从12世纪以来，每逢春节，人们就要制造巨大的灯笼与模型来描述鳌山。因鳌山为神仙所居之地，人皆向往，旧时的文人曾借鳌山之峰比喻翰苑。宋朝的文学家、史学家宋祁曾与欧阳修等人合修《新唐书》。史书修成后，进工部尚书，拜翰林学士承旨。这时宋祁就情不自禁地写道："粉署重来忆旧游，蟠桃开尽海山秋。宁知不是神仙骨，上得鳌峰更上头。"

　　唐宋时，翰林学士、承旨等官在朝见皇帝时必须立于镌有巨鳌的殿陛石正中，所以称进入翰林院为上鳌头。而在科举考试中，得中状元称为"独占鳌头"。独占鳌头，这是千千万万读书人的理想。因此有人画一个挂着拐杖的妇人，手中拿着桃子，脚旁有一个小孩正在抚摸着一只鳌，这样的图案表示受馈者在科举考试得中状元。受馈者收到这样的一幅画毫无疑问地要欣喜非常，心中暗暗祈求这种吉兆能变为现实。

鹭

鹭是一种漂亮的水鸟，又称鹭鸶、白鹭。"两个黄鹂鸣翠柳，一行白鹭上青天"。洁白的羽毛，优美的姿态，其形象很早就被用以饰物。古时鹭车就是车柱末端刻鹭为饰而得名；鹭鼓是殷代一种以翔鹭为饰的鼓。白鹭成群飞翔有序不乱，旧时就以鹭序寓百官班次。在明清的官服补子纹样中，白鹭是七品文官的补子纹样。

"鹭"与"路"谐音，可以理解为"一路荣华""一路顺风""一路富贵"。一幅白鹭、莲花、荷叶在一起的吉祥画图案，表示"一路连科"。一只白鹭与芙蓉花画在一起，其吉祥意义是"一路荣华"。一只白鹭与牡丹花在一起，可以表达"一路富贵"。两只白鹭与一朵青莲花在一起，表示"路路清廉"，用以祝颂为官清正廉洁。

燕

燕，吉祥物，"杏林春燕榜高中，飞入幸福吉祥家"，古代叫玄鸟，有"吉祥鸟"之称。据说，摇光星散开而成燕，为灵物。

在殷民族始祖诞生的神话中，燕是神圣之鸟。据传，娀氏有两个女儿，大的叫简狄，小的叫建疵，两姐妹都非常美丽。她们共同居住在九重高的瑶台上，每到进餐的时候，就有人在旁边敲鼓作乐。有一天，天帝派一只燕子去看她们。燕子飞到她们的面前回旋着，啾啾地鸣叫着，惹得姐妹二人十分欢喜，她们都争着去扑这只飞鸣的燕子，终于被她们用玉筐盖在里面了。停了一会儿，打开来看，燕子从玉筐里飞逃出来，向北边飞去，不再飞回，里面却遗留下两个小小的蛋。简狄把两个蛋吞吃了下去，后来就怀了孕，生下了殷民族的始祖契。

　　燕子在夏天遍布全国，冬去春来，被看作是春天的预报者。民间传说中，燕子每年冬天在海中变为贝壳越冬，到了春天才飞回来。另一说法更显示出燕子是灵圣之物：很多人认为南方海外存在着一个燕子国，就在南海观音菩萨的管辖下。燕子冬天飞回燕子国，并向南海观音菩萨报告人间事，特别是哪一家行善积德，都会述说给观音菩萨听。到了春天，再飞回陆地，带着观音菩萨的吩咐，筑巢于吉祥家庭。因此，燕子常栖的家庭，人们认为是有德行的吉祥家庭。春联中，就常表示出这种美好的意愿，如"梅花绽出人间福，燕子飞入吉祥家"。

　　根据民间信仰，燕子在城墙上以软泥做成的窝巢，可以用来填充墓地和修补神像。在表现人类五种关系的吉祥图案中，燕子代表兄弟关系。这是由于燕子进出双飞双栖。据载，王整之姐十六岁丧夫，族人欲令其改嫁，她截耳放在盘中发誓，坚决不改嫁。她所住之处檐间有燕巢，燕子双回双出。有一天，燕子只有一只飞回来，女感其独栖，乃以缕线系于燕子的脚上作为标志，第二年这只燕子果然飞回来。其女感慨作诗："昔年无偶去，今春犹独归。故人恩义重，不忍复双飞。"后世常以"燕侣"比喻夫妻和谐。假如，有紫燕双飞到某一家筑巢，那就预示着这一家的某个人很快就要结婚。

　　燕音谐"宴"，"杏林春燕"其吉祥意义是祝颂科举高中。因为二月杏花盛开时节，殿试中榜者，受皇帝钦赐，在杏园设宴游乐，故有"杏林春燕"的吉祥图案。

鸿 雁

鸿和"洪"同音，雁与"愿"同音，指"远大理想""远大抱负""洪福""洪愿"，远大的理想得以实现。鸿与雁同为水鸟，鸿大雁小，鸿雁是典型的候鸟，它每年秋分后南飞，次年在春分后北返。鸿雁归返极为准时，所以，大众年历

一般以大雁预告各季节。鸿雁一来一往也成为春秋一度的标志。与此有关，过去一些铜箱的盖子上常有这样的吉语铭文："飞雁延年"。

鸿雁飞成行，止成列。成群飞行时，形成"人"字或"一"字。苏东坡有诗云："蜃楼百尺横沧海，雁字一行书绛霄。"鸿雁之序与中国传统伦理的原则相吻合，所以常用以比喻国之伦序。唐朝陈陶有诗曰："列国山河分雁字，一门金玉尽龙骧。"鸿雁总是成双成对地生活，和乐美满，比翼双飞，加上行止有序，所以，旧时婚俗常以雁作为订婚礼物，一般是新郎家送给新娘家一只雄鹅，新娘家则以雁作为回赠。以鸿雁作为订婚礼物，过去有人解释其原因："用雁者，取其随时南飞北返，而不失其贞节，知道何时不夺女子；又取其飞成行，止成列，明嫁娶之礼，长幼有序，不相逾越也。"鸿雁经常比翼高飞，因此，一张大雁比翼双飞图是最好的结婚礼物。

据载，汉武帝派苏武出使匈奴，被拘禁后威武不屈，徙居北海牧羊。后来，匈奴与汉和好，汉武帝要求放归苏武等人，匈奴诡称苏武已死。苏武属下一官吏叫常惠，想

办法在夜里跑去见汉使节，教汉使节对匈奴诡称汉武帝在上林射猎时，得从北而来的鸿雁，雁足系有帛书，帛书上说苏武等人困于某泽当中。汉使节依照常惠所教的言语以责匈奴的单于，单于因此向汉使节赔礼，放回苏武。由此，后世将书信来往与鸿雁联系起来，称书信为"雁帛"或干脆叫"鸿雁"。

鸿有巨大的意思，鸿文、鸿业、鸿恩等均以鸿喻大，鸿雁也成为一种宏大的吉祥象征物。相传唐朝时，进士张莒游雁塔，偶题名于此，后来，人们争相模仿，凡新进士要到雁塔题名。因此，"雁塔题名"是祝人高中得官的吉祥语。

鸳　鸯

鸳鸯一般都是成双成对地出现，如果一只死去，另外一只很难生存下去，所以人们用来比喻夫妻之间的感情深厚，理解为夫妻"白头偕老""相伴终身""海枯石烂""比翼齐飞"的决心。鸳鸯是祝福夫妻和谐幸福生活的最好吉祥物。

鸳鸯，古人称之为匹鸟，其形影不相离，雄左雌右，飞则同振翅，游则同戏水，栖则连翼交颈而眠。如若丧偶，后者终身不

再匹配。唐朝李德裕《鸳鸯篇》云："和鸣一夕不暂离，交颈千年尚为少。"金代元好问也写道："海枯石烂两鸳鸯，只合双飞便双死。"

关于鸳鸯的来历，民间有一个动人的传说。据说，两千多年前，晋国大夫洪辅告老还乡，大兴土木，开辟林苑，特地从外地请来了一个年轻花匠怨哥，为其植花种草。有

一天怨哥正为罗汉松培土，忽听莲池中有人惊呼"救命"，便奋不顾身跃入池中，救起一年轻女子，此女子就是洪府的千金小姐映妹。洪辅见到怨哥从莲池中抱起映妹，认为怨哥调戏女儿，遂将怨哥痛加责打，并打入大牢。入夜，映妹偷偷来探怨哥，将一件五彩宝衣送给他，让他穿上。洪辅得知此事，恼羞成怒，剥下怨哥身上的彩衣，缚石将怨哥坠入莲池。映妹知道了这件事，痛不欲生，纵身跃入莲池。第三天清晨，怨哥和映妹的灵魂化为两只奇异的鸟儿，雄的五彩缤纷，雌的毛色苍褐，双飞双宿，恩爱无比，这便是鸳鸯。

鸳鸯从此便成为吉祥物，是爱情婚姻美满的象征。结婚用品多绘绣有鸳鸯的吉祥图案。如鸳鸯衾、鸳鸯被、鸳鸯枕等。在以鸳鸯为题材的吉祥图案中，有鸳鸯和莲花在一起的，称"鸳鸯贵子"。有鸳鸯配长春花的，称"鸳鸯长安""鸳鸯长乐"。有鸳鸯在荷池中顾盼戏游的，称"鸳鸯戏荷""鸳鸯喜荷"。

凤 凰

人们古时对皇帝和皇后的一种尊称，认为皇帝为"龙"，皇后为"凤"，皇帝和皇后是龙凤再世，如果看见凤凰出现，则天下太平无事，国运祚昌。凤凰是传说中的一种瑞鸟，是四灵之一，百禽之王。人们相信凤凰生长在东方的君子之国，翱翔于四海之外。明朝王世贞有诗道："飞来五色鸟，自名为凤凰。千秋不一见，见者国祚昌。"

凤凰身怀宇宙，在地上非梧桐不栖。据说，凤凰为五行中的离火臻化为精而生成的，它的头像天，目像日，背像月，翼像风，足像地，尾像纬，可见它是天地之灵物。按古人的描绘，凤凰的形象类似孔雀，但又杂糅其他动物的特点，它蛇头燕颔，龟背鳖腹，鹤顶鸡喙，鸿前鱼尾，青首骈翼，鹭足而鸳鸯腮。其色泽五彩缤纷，羽毛均成纹理，其首之纹为德，翼纹为礼，背纹为义，胸纹为仁，腹纹为信。所以，凤凰的身体为仁义礼德信这五种美德的象征。在生活习性上，凤凰不啄活虫，不折生草，不群居，不乱翔，非竹食不食，非灵泉不饮，非梧桐不栖。

汉代刘桢《凤凰诗》云："奋翅腾紫氛。"当君道清明，其政太平时，才能感动皇天，凤凰才会翔于天下。孔子所在的时代，各国朝廷腐败，所以孔子才感叹瑞祥的凤凰没有出现。一般认为，凤凰雄曰凤，雌曰凰，凤凰同飞，是夫妻和谐的象征，所以，在新婚洞房里人们喜欢画一些凤凰振翅飞翔的吉祥图案。

凤凰与龙构成了中国特有的文化传统。在龙凤文化的发展过程中，龙专用于男性，而凤专用于女性。在封建时代，龙凤在一起，象征着皇帝和皇后。皇后常用有"凤"的图案的器物，如戴凤冠等。后来，女人的婚礼服上常绣有一只凤凰，表示她是这一天的"皇后"。在爱情婚姻中的吉祥意义还与一则动人的爱情故事有关。传说秦穆公时有一个叫萧史的人，善吹箫。箫声能招引孔雀、白鹤等禽鸟到庭院中来。秦穆公有一女名弄玉，很喜欢萧史。秦穆公于是就把女儿弄玉许配给萧史为妻。婚后，萧史每天都教弄玉吹箫模拟凤凰鸣叫的声音。几年以后，弄玉模拟凤鸣惟妙惟肖，凤凰飞来停在他们的屋子上。秦穆公为他们设立凤凰台，后两人同乘凤凰飞去。因此，人们把吹箫引凤作为美满婚姻的象征，在婚联中经常引用这个故事。如"花色偕车秀，箫声引凤来"就是一对祝贺美满婚姻的吉祥联。作为一种瑞祥之鸟，它的吉祥意义比较丰富。《诗经》有云："凤凰鸣矣，于彼高岗。梧桐生矣，于彼朝阳。"于是人们创作"丹凤朝阳"来预兆稀世之瑞。

麒　麟

麒麟为一种雌雄双性的怪兽，含仁怀义，对普通百姓而言，则是送子神兽，"麒麟显祥""麒麟送子"。与龙、凤、龟合为"四灵"，是毛类动物之王。据说是岁星散开而生成的，主祥瑞。按一般说法，麒为雄，麟为雌，麋身、牛尾、鱼鳞，足为偶蹄或五趾，头上有一角，角端有肉。

麒麟为仁兽，音中律吕，行步折旋皆中规矩，择土而后践，不踩任何活物，连青草也不践踏。它与头顶上的角一起，被看作是美德的象征。在民间流传着许多麒麟与帝王兴衰密切关联的传说。

相传孔子也为麒麟所送。孔子在出生之前，有一麒麟来到他家院里，口吐玉书。玉书记载着这位大圣人的命运，说他是王侯的种子，却生不逢时。这是著名的"麟吐玉书"的故事。孔子出生后，也被称为"麒麟儿"。有杜甫诗为证："君不见徐卿二子生奇绝，感应吉梦相追随，孔子释氏亲抱送，并是天上麒麟儿。"后来，人们将别家的孩子美称为"麒麟儿"。《诗经》曾用"麟趾"称赞周文王的子孙知书达理，后来，"麟趾"一词被用于祝颂子贤惠。有贺人生子的喜联就这样写："石麟果是真麟趾，雏凤清于老凤声。""麟趾呈祥"也常用于作喜联的横额。

在民间艺术中，一个小孩骑在麒麟背上，站在云彩中，意为"麒麟送子"。这个小孩手里还常常拿着一朵莲花，表示连生贵子。很多地方，人们给小孩佩戴的长命锁常以金银打制成麒麟状，寄"麟子"之意，以图吉祥。作为吉祥物，朝政也常采用。汉武帝在未央宫建有麒麟阁，图绘功臣雕像，这显然是把麒麟与才俊之士联系了起来。清代时，武官一品官服的补子徽饰为麒麟，可见麒麟的地位仅次于龙。在一些贵妇人的裙子上，常常绣有百兽拜麒麟的吉祥图案，表达某种良好的祝愿。

兔

兔为"瑞兽"，"吉祥幸福"的象征。传说"蛇盘兔，必定富"。"玉兔"一般指"仙兔"，据说，玉衡星散开而生兔。兔为瑞兽，兆吉祥。寿命很长，原来的毛不是白色的，要活到五百岁或一千岁时全身才能变白。

隋朝时，汲郡临河有一个叫华秋的人，自幼丧父，对母亲很孝顺，远近闻名。他家中很贫困，华秋就跑去当仆人以养其母。他母亲死了，华秋悲伤得头发都脱落了，于是在他母亲的墓侧结庐守孝。大业之初，皇上调集狐皮，各郡县就大兴猎风。有一天，一只兔子被猎人追逐，跑进华秋的住处，躲藏起来，免于灾祸。从此以后，这只兔子常常在华秋的草庐中宿住，在华秋面前显得很温顺。当时郡令听说此事，知道兔子是为华秋孝顺所感动而跟随华秋的，于是就下状嘉赞华秋。在这个历史故事中，兔子是祥瑞的征兆。

月亮在古代称为"玉兔"，因为早在两千多年前，人们就说月亮中有一只玉兔在捣药。这给兔子增添了一层祥瑞的光环。一幅画着六个儿童围着一张桌子，桌子上站着一个人手抱兔子的吉祥画，用于祝受赠者的孩子将来高升，并获得安宁的生活。中国的婚配史中，生肖是否相合是很重要的。其中，属兔的和属蛇的配合是一种最吉利的婚配，俗语云："蛇盘兔，必定富。""蛇盘兔"的吉祥图案常被绘描和剪贴。山东一些地区渔民还有一种以兔为吉祥物的俗信。每年谷雨清晨，妻子待丈夫一进屋，便出其不意地把一只白兔往丈夫的怀里塞。妻子这样使丈夫怀揣象征吉祥、幸福的白兔，是在祝福亲人出海平安，捕鱼丰收。

象

象是体大力壮、性情温顺、品格优良、知恩必报的动物，可以理解成"吉祥如意"，是吉祥的象征。

据说，象为瑶光之星散开而生成，它能兆灵瑞，只有在人君自养有节时，灵象才出现。传说中，古代圣王舜曾驯服大象以犁地耕田。这个传说常表现于各种绘画中。大象温和柔顺、行为端正，与人一样有羞耻感，常负重远行，曾被称为兽中之德者。

凡表示吉祥瑞应，都可用大象的形象来代替。如在吉祥图案中，一个小孩手持如意骑着一只大象，就是表示"吉祥如意"。

青 蛙

青蛙能除害虫，有益庄稼，预兆丰收。宋代范成大有诗云："薄暮蛙声连晓闹，今年田稻十分秋。"辛弃疾词中也咏道："稻花香里说丰年，听取蛙声一片。"

有人相信，青蛙原先是与露水一起从天上降落下来的。过去人们还认为，青蛙能够变成漂亮的姑娘。有很多地方，人们认为青蛙是一种吉祥物，他们都禁食青蛙。有的地方甚至还存在着青蛙崇拜，因为青蛙能报丰收。有一个禁食青蛙劝令这样写道："天地以生物为心，圣贤以爱物为心，若能普劝不食此物，可以得保长生。"

在古代人看来，魂看上去就像一只青蛙。

羊

羊是"祥"字的一边，通常把羊看成祥，三阳开泰，就是正月冬去春来，阴消阳长，三阳生于下，乃吉亨之象。羊，一称美髯须主簿。据说，千岁之树精为青羊。政治上，钟律合调，则玉羊现世。所以，羊兆瑞祥。过去，有人用羊头悬在门上，据说能避灾祸，除盗贼。

羊还是子女孝顺的标志，因为羊羔吃奶时是跪在母亲跟前的。古时"羊"字与"祥"字通，"吉祥"多写成"吉羊"。因此，羊本身也成为祥物。古时宫廷内所用一种吉祥车称羊车。在古时"羊"通"阳"，人们曾从文字上解释羊与阳的关系，认为羊字形阳气在上，举头若高望之状，故通阳。有的还从羊的习性上来解释羊与阳的相通之处，羊能啮草，鸡啄五谷，故可悬二物助阳气。

《易经》认为，正月为泰卦，三阳生于下，此时冬去春来，阴消阳长，乃吉亨之象。所以人们用"三阳开泰"这句吉语，祝颂新年好运。"三阳开泰"这句吉语表现于吉祥图案，便成了三只羊在一起仰望太阳的图案。

羊还是广州的吉祥标志。传说在周朝或春秋战国楚威王时，有五位仙人骑五色羊，手持谷穗送给广州人，广州因名"羊城"和"五羊城"。据说，此五仙人就是五谷之神，他们送谷穗给广州人，是希望此地五谷丰登。后人还特地设"五仙观"，以奉祀五谷神。五仙所骑的五只羊也出现于神像当中。

鸽

鸽子是一种为人类所熟悉的鸟类，翅膀大，善于飞行，经过训练可用来传递书信。今天常用作和平的象征，只有和平人们才能安居乐业，国泰民安。

鸽子还是一种有情义的动物，养鸽的人把鸽子带到比较远的地方，让它自己飞走，它一般都会飞回主人家。我国古代流传有鸽子救迷途主人返家的故事，并被我国人民视为忠贞与长寿的象征。鸽子总是成双成对地生活在一起，并共同哺育他们的后代，也是繁殖的象征。从唐朝开始，鸽子被描绘为"送子娘娘"的头饰，其吉祥意义是给人们送去贵子。

狗

民间有一句俗语叫"狗来富"，二郎神就有一只驱魔降怪的神犬，他能保护你的财富不受侵犯，还可以保卫家园，是你的"忠诚卫士"。狗可御凶，传说阴山有天狗，状如狸而白首。秦襄公时，有天狗来到白鹿原的狗枷堡。凡是有贼偷，天狗就大吠护堡，整个狗枷堡因此平安无事。

　　狗不但能防贼，而且能驱赶妖魔鬼怪。在北方，人们在端午节这一天，将纸扎的狗扔入水中，让它们去咬那些恶鬼并驱赶他们。死人也用纸狗陪葬以保护他们。如果一只狗跟着你跑，或一只狗突然来到你家而不走开，这都是吉祥的兆头：你将会发财，这就叫"狗来富"。狗是人类的朋友这已为世界人民所公认。狗跟人有特殊的感情，世界的每一个角落都流传着义狗救主的故事，中国也不例外。有一个故事讲：三国时，襄阳纪南人李信纯饲一狗，名"黑龙"。李信纯对黑龙很宠爱，行则相伴食则分肉。有一天，李信纯在城外喝酒大醉，回不了家，只能在野草丛中睡下。那时刚好是太守郑瑕出城打猎，见田野荒草很深，派人放火焚烧。李信纯睡的地方，恰恰是顺着风的方向。狗见火已烧过来，便用嘴巴扯主人的衣服，李信纯还是没醒。他睡的地方附近有一条小溪，狗便急奔过去，跳进水里弄湿身子，又跑到主人睡的地方。狗来回用身上的水洒在周围，使主人免于大难。狗来回运水困顿疲乏，以致死在主人身旁。李信纯终于醒过来，见狗已死，而全身的毛都是湿的，很感惊讶。在观察了火燃烧所留下的痕迹后，他才明白是怎么一回事，于是痛哭了一场。

　　这件事传到太守那里，太守怜悯这条狗，说："狗的报恩超过了人！"随即命令准备棺木、衣服把狗埋葬了，并在墓上竖了一块"义犬冢"的墓碑。

白头翁

　　白头翁又称长春鸟，主要突出的是一个"寿"字，指生活幸福，夫妇"白头偕老""堂上双白"。因其眉及枕羽为白色，老鸟枕羽更为洁白，类似白发老人，所以，此鸟可作为鹤发童颜、长寿白头的象征。

　　长春花、寿石和白头翁在一起的吉祥图案，称"长春白头"。牡丹、白头翁构成"白头富贵"，祝贺夫妇白头到老、生活美满幸福。"堂上双白"的吉

祥图案由桐树枝上站着两只白头翁所构成，其吉祥意义是祝夫妻长寿。

绥 鸟

绥鸟又名珍珠鸟，通称火鸡。五色彪炳，形色如绥带，可以作为富贵、官职的吉祥物，因为，古代以绥带系帷幕和印环，不同颜色的绥带，可以作为官吏的身份和等级的标志。

绥与"寿"谐音，所以，绥鸟象征长寿，多用于祝颂长寿。绥鸟和山茶花在一起的吉祥图案，称为"春光长寿"。绥鸟与梅、竹在一起，其吉祥意义是"齐眉祝寿"。一幅叫"天仙拱寿"的吉祥图案，则由绥鸟、蜡梅、天竹、水仙在一起构成。

鹤

鹤为"一品鸟"，仅次于凤凰，属长寿仙禽，具有仙风道骨，后世常以"鹤寿""鹤龄""松鹤长春""松鹤延年"来表示吉祥意义。

鹤在中国的文化中占有很重要的地位，它跟仙道和人的精神品格有密切的关系。鹤为羽族之长，雌雄相随，步行规矩，情笃而不淫，具有很高的德行。古人多用翩翩然有君子之风的白鹤，比喻具有高尚品德的贤能之士，把修身洁行而有声誉的人称为"鹤鸣之士"。据说，鹤寿无量，与龟一样被视为长寿之王。后世常以"鹤寿""鹤龄""鹤算"作为祝寿之词。

鹤常为仙人所骑，老寿星也常以驾鹤翔云的形象出现。鹤常与松在一起，取名为"松鹤长春""鹤寿松龄"等吉祥意义。鹤与龟在一起，其吉祥意义是"龟鹤齐龄""龟鹤延年"。鹤与鹿、梧桐在一起，表示"六合同春"。其中，"六"与鹿谐音，"合"与鹤谐音，"同"与桐谐音。众仙拱手仰视寿星驾鹤的吉祥图案，谓为"群仙献寿"。鹤立潮头岩石的吉祥图案，名叫"一品当朝"。两只鹤向着太阳高飞的图案，其吉祥意义是"希望对方高升"。鹤、凤、鸳鸯、苍鹭和鸽的图案，表示人与人之间的五种社会关系。其中，鹤象征着父子关系，因为当鹤长鸣时，小鹤也鸣叫。鹤成了道德伦序，父鸣子和的象征。

牛

传说牛和水早就有很密切的关系，牛都指的是"水牛"。古时候，人们将石头或青铜的牛的塑像投入河中，以此镇水，可防止洪水冲毁堤坝。中国南方，流行着一种牛崇拜。牛象征着春天，因为它是开春后下地犁田的，所以，人们要举行开犁仪式，有时连皇帝都来参加，为此，有的地方还专为牛建立了"牛庙"。

民间认为牛是一种神物，在神话传说中有关神牛的故事很多。道家谓仙人常骑青牛。老子西游时，就乘着青牛。老子将度函谷关时，关令尹喜见有紫气浮光，知有真人要经过。于是命令门吏说："若有一老翁从东来，乘青牛薄板车，不要让他过去。"当天果然见一老翁乘青牛车从东而来，求度关，此老翁就是老子。当时，老子也知道关令尹喜已识其真面目，就把《道德经》授予了他。

牛有朴实、勤奋、默默无闻、吃苦耐劳的秉性，可从执着、顽强、奋发、奉献方面去理解。

虎

"虎"为百兽之王，其额头正中有"王"字纹样，是勇气和胆魄的象征。可以辟邪，有虎在的地方邪恶不敢欺身，保佑安宁。"虎"者"王"者，又是官的象征。

虎为天枢星散开而形成，它跟社会政治有密切的联系，白虎是"五灵"之一，如果哪个统治者施政不暴虐，则白虎仁慈，不伤人害物。如果白虎早上鸣如雷声，则预兆有圣人出现。

虎是阳兽，代表着雄性，白虎也象征着秋季和西方。端午节时，人们戴艾虎辟邪。有的还在小孩的额头上用雄黄画一个"王"字，其意在于借虎驱邪。

西北地区，姑娘的陪嫁品中必有一对特大的面老虎，还有虎头鞋、虎头帽、虎头枕等。据说，带着这些东西，什么邪恶都不敢欺身。虎也被用来作镇墓之兽，坟墓前常可看到石雕的老虎。老虎不但能辟邪，而且有益妇女怀孕并使家人子孙升官。

虎也颇通人情。过去人们在发现老虎后，一般不进行捕猎，而是由几省官员联名发布告示，请求老虎回到山里去，待在山里不要出来，老虎们都能听从。传说中有一个故事讲到，一个老太婆去官府告状，说老虎吃了他的儿子，致使她无人赡养，快要饿死了。官员于是命令老虎出庭，裁决结果，老太婆从此以后由这只老虎供养，老虎果然照这样去做。

老虎也曾经给人做过媒人，事情发生在唐朝乾元初年，吏部尚书张镐把女儿德容许配给裴冕的儿子越客，相约来年成婚。不料尚书被贬，以为女婿来年未必赴约。到了迎娶那一天，越客如约前往，还未到岳父家，有一猛虎将原尚书之女从尚书家衔往越客旅居之处，两人遂结成连理。后来，贵州、陕西一带民间往往建筑"虎媒祠"以作纪念。凡到虎媒祠跪拜的青年男女，过不了多久定会得到心爱的伴侣。

雄　鸡

雄鸡有五德：文、武、勇、仁、信。头顶皇冠，文也；脚踩斗距，武也；见敌能斗，勇也；找到食物能唤其他鸡去食，仁也；按时报告时辰，信也。雄鸡由于不凡的身世和突出的美德而受到人们的重视。据说，雄鸡是玉衡星散开而变成的，它是南方阳气的象征，太阳里就有一只雄鸡。

雄鸡善斗，目能辟邪，所以被作为辟邪的吉祥物。相传桃都山上有一棵大桃树，盘曲三千里。桃树上有一只鸡，日初出时日光照到这棵大桃树，天鸡就鸣叫。鸡一鸣叫，天下的雄鸡都随着鸣叫，故有"雄鸡一唱天下白"的佳句。

鸡脚下有两个神，一名郁，一名垒，手中都执拿着苇索，专等不祥之鬼，捉到就把鬼杀掉。后来的人做两个桃人立于门旁，用雄鸡的毛放在索中，用来辟邪，这个方法就出自上面的传说。也有人在门上画一只雄鸡，同样能够起到辟邪的作用。在一些地方，每家养上一只红公鸡，用来保护房子不遭火灾。有的地方在安放棺木时，将一只公鸡放在底下作为守护神。

雄鸡能斗是英雄勇武的象征。传说刘氏与其妻赵氏夜里在庭院中乘凉，忽然见一件东西形状如雄鸡，流光烛地，飞入赵氏怀中。赵氏马上起身抖衣服，什么东西也没有发现，却因此怀上身孕。后来生下一男孩，命名为武周，为人骁勇善骑射。因此，斗鸡的纹图成了表示"英雄斗志"的吉祥图案。雄鸡鸣叫也表示"功名"（公鸡鸣叫）。雄鸡鸡冠高耸、火红，作为一种吉祥物，它又表示能得到官职。因此，以一只有着漂亮的鸡冠的雄鸡为赠礼，就表示祝愿对方能够获提拔，得官位。一幅雄鸡和鸡冠花在一起的吉祥图案，用来祝贺"官上加官"。一只雄鸡和五只小鸡在一起，构成一幅"五子登科"，是祝贺金榜高中的吉祥图。

三十四
鹌 鹑

勇武刚毅，婚姻和谐，九世安居，旅途平安。鹌鹑因其雄性好斗，所以被看作勇敢的标志。在过去的中国农村，人们很喜欢饲养鹌鹑，并经常举行类似斗鸡、斗鹌鹑活动。斗鹌鹑作为一种群众性的娱乐方式，常常能吸引很多人参加或围观助阵。斗胜的鹌鹑被视为"英雄"，身价倍增，饲养的主人也因此受到人们的赞扬。因此，一些有志之士退隐乡下时，也喜欢饲养鹌鹑以养性，借此磨砺心志。

鹌鹑有时也被看作夫妻爱情生活和谐、美好的象征。鹌鹑平时相处，雄雌有固定的配偶，起居游息，形影不离，或双双觅食，或比翼翔翔，它们都忠于爱情。因此，成双成对地饲养鹌鹑，或在新婚洞房里剪贴鹌鹑的图案，能使家庭和睦，夫唱妇随，生活和谐美好。青年男女也可用鹌鹑的图案相赠，以表忠于爱情的心迹。

鹌与"安"同音，因此人们将鹌鹑与"平安"联系起来。清代的瓷画中有鹌鹑栖于落叶之上的纹图，表示"安居乐业"，因为"落叶"与"乐业"谐音。当九只鹌鹑和一丛菊花在一起时，表示"九世安居"，其中"菊"与"居"谐音。明清文官补子纹样，明代八品、清代九品皆绘鹌鹑。过去的文人雅士，或上京会考、或外出游历，有的朋友也会以带有鹌鹑的作品相赠，祈祝旅途平安。画有鹌鹑的画幅，也可作为乔迁新居的贺礼。

喜　鹊

喜鹊是"鹊"的俗称。在古代，鹊曾被叫作"神女"，它具有感知、预兆未来的神异本领。据说，鹊知太岁星之方向，鹊巢的开口总是背着太岁星。喜鹊鸣叫，定报喜事，不是客人来临，就是喜事将至。南朝梁时萧纪曾有诗句云："今朝听声喜，家信必应归。"唐朝杜甫也写道："今朝鸟鹊喜，欲报凯歌归。"鹊能预兆感应，所以，人们常听鹊声以占亲人的归期。宋朝曾巩有诗云："鹊声喳喳宁有知，家人听鹊占归期。"鹊能报喜讯，人们出门行事，如果听到喜鹊鸣叫，可以预知一定会很顺利。

在传说中，牛郎织女因为天河所隔，不能相会，喜鹊就在每年七月初七飞到银河上，搭成鹊桥，使这对情人能够每年相会一次。因此，喜鹊常作为婚姻喜事的吉祥物。传说中还有一个关于"鹊镜"的故事。故事说，当夫妻分别时，他们要打破一面镜子，分为两半，一人各持一半。如果妻子在家与人私通，她那半边镜子就会变成一只鹊鸟，飞到她丈夫那儿去。因此，人们常以喜鹊图案装饰镜子的背面。

据传，满人的祖先曾被敌人所追击，一只喜鹊就飞落在他头上。在喜鹊的帮助下，他躲开了敌人的搜捕。从此，喜鹊被满人看作神鸟。他们还相信，喜鹊从天上扔下一颗红果，被天女所吃，吃后就怀孕，生下了他们的祖先。作为吉祥物，喜鹊被广泛地用于预兆喜庆，一切喜庆的主题都可用喜鹊来表示。

春联中常以喜鹊入对，如"红梅吐蕊迎佳节，喜鹊登枝庆丰年"。结婚喜联也多以喜鹊入对，如"金鸡踏桂题婚礼，喜鹊登梅报佳音"。各种吉祥图案也多有喜鹊纹样。

一幅有着十二只喜鹊的图案，表示十二个美好的愿望，也就是一年的十二个月里，天天喜气洋洋。两只喜鹊的纹图，则表示"双喜"。一个官员骑在马上，周围有许多喜鹊环绕的图案，表示"双喜临门"。一幅有喜鹊、竹、梅的吉祥图案，可以用来祝颂夫妇新婚欢喜。

比翼鸟

比翼鸟古时候称鹣鹣。此鸟不比不飞，飞止饮啄，永不分离，一鸟死后则另一鸟也跟着死去，死而复生，必在一处。比翼鸟还能兆休应，见到比翼鸟则吉良，能得而乘之则寿千岁。如王者德及高远，则比翼鸟会不招自至。

比翼鸟是一种特殊的鸟类，它们自始至终能够和谐相处，由于飞则比翼，所以，人们用比翼鸟比喻夫妻同心，比翼双飞，也用于比喻和谐的夫妇幸福美满的生活。白居易曾有名句："在天愿作比翼鸟，在地愿为连理枝。"

孔 雀

孔雀丹口玄目，细颈隆背。雄孔雀尾长达三尺，自背至尾末，有圆纹五色金翠，相绕如钱。人们用来装饰玩赏，美丽悦目，珍贵吉祥。孔雀被称为"文禽"，它不仅翎羽光彩艳丽，而且很有德行，是美丽和高贵的象征。

孔雀有"九德"：一颜貌端正；二声音清澈；三行步翔序；四知时而行；五饮食知节；六常令知足；七不分散；八不淫；九知反复。

由于孔雀羽艳德高，在明清，孔雀羽毛被用来作为等级的标志。明清的补子纹样中，明文官三品为孔雀，清二、三品皆为孔雀。孔雀花翎的装饰因此也成了官阶、权势的象征。一幅有着珊瑚花瓶中插着孔雀花翎的图案，其吉祥意义是祝福官运亨通、加官晋爵。

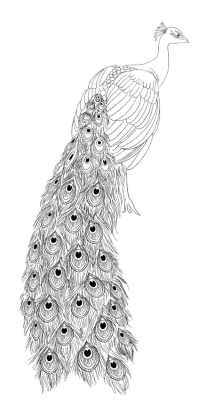

据记载，唐高祖李渊妻子年轻时，才貌非凡，其父母求婚挑选严格。曾在门屏中画了两只孔雀，说如果有谁能射中孔雀之目，就将女儿许配给他。于是求婚者云集，但数十名求婚者没有一个射中的。只有李渊两箭各中一目，终于成就了一门婚姻，被传为美谈。后来，人们常常以"雀屏"比喻择婿。因此，孔雀也成了爱情的吉祥物。

孔雀翎羽美丽，也能驱邪。古人喜养孔雀，不仅仅为了玩赏，也为了辟邪。即使用一支孔雀花翎装饰于屋内，也能起到辟邪的作用。如果你到动物园观赏各种动物时，别忘了留意一下孔雀。因为如果看到孔雀开屏，就说明你不久将会交好运气。

玄　武

玄武，一指乌龟；二指二十八宿中北方七宿的合称；三指道教所奉的北方之神。其实，玄武为龟蛇合体。

在中国，有一种古老的信仰认为，龟没有雄性，雌龟必须与蛇交配。龟蛇的合体身有鳞甲，故称为"玄武"。

玄武这个北方之神被道家称为真武帝，宋时避讳，改"玄"为"真"。道家所祀奉的真武帝，常常在其画像中把龟和蛇放在两边。在南方有很多地方奉设玄天上帝神位，经常奉拜，能保佑家庭吉祥如意、幸福美满。

龟

龟是一种水生动物，隐藏着天地的秘密，其腹背皆有坚甲，头尾和四肢均能缩入甲内，耐饥渴，寿命极长。在中国，龟总是一种神秘而蕴藏着丰富的文化内涵的动物。它是最大的神物、灵物、吉祥物之一，与龙、凤、麟并称"四灵"。

在有关龟的最早文献中，中国人一直就把龟甲的上盖比作天，下盖比作地。人们也相信，《春秋·运斗枢》也有记载，龟的产生是"瑶光星散为龟"。所以，人们把龟甲看作宇宙的缩微就不奇怪了。龟背有纹理，据说这种纹理蕴含着神秘莫测的内容，乃天意所授。在古代，大禹治水，天以河图相授，神龟负文而出。唐朝丁泽在《龟负图》一诗中就引用了这个传说："天意将垂象，神龟出负图。"由于龟背的纹理蕴含着天地的秘密，古代的中国人就用龟甲来占卜。占卜时，要灼烤龟甲，视所见坼裂之纹，以兆吉凶休咎。龟甲上的二十四个块板与农历的二十四个节气相一致，可见龟纹对中国人的启发很大。到目前为止，所发现的最早汉字是刻在龟甲上的。

据传说，早在神龟负文而出之前，夏禹的父亲鲧在治水时，有一群鸥龟接连不断地呼叫拖尾而过，在地上留下痕迹，鲧即依此筑堤防水。龟为治黄河立下了不灭的功劳。龟因屡次立功，天帝为了奖赏它，给它一万年的寿命，龟一千岁就能与人语，五千岁称神龟，一万岁则称灵龟。因此，龟成了长寿的象征。有一种说法认为，龟之所以被用来占卜，是因为它的寿命极长，经验丰富，能鉴往察来。因为龟为长寿的象征，人们就用

"龟龄"喻人之长寿，或与"鹤寿"合称为"龟龄鹤寿"，祝人长寿。寿联中也往往用龟鹤入对。如"高龄稔许同龟鹤，瑞世应知有凤毛"。

龟、鹤在一起时，构成吉祥图案，表示"龟鹤齐龄"。在现代台湾的祭祀活动中，人们常以面粉制成很大的寿龟并将它染成红色。在1971年正月十三日所举行的一次祭祀活动中，仅制作一只"长寿龟"，就用去了3357千克糯米！现在，很多的祝寿活动都离不开"龟"，人们或以"龟"入联、或以龟入画，均是取"龟寿万年"的吉祥之意。做寿的人，往往亲自在寿日购龟到江河或海边放生，据说这样做能延长寿命。

富有经验、历经沧桑和善知未来的龟，又是一种忠厚善良、知情知义、受恩必报的神灵。晋代时，会稽郡山阴县有一个叫孔瑜的人，小的时候曾经路过馀不亭，看见有人用笼子装着乌龟在路边卖，于是就把乌龟买下并把它放生到溪中。乌龟游到溪中间，从左边回头看了好几次。元帝时，江州刺史不服从元帝的命令，孔瑜前往讨伐。讨伐有功，被封为馀不亭侯。封侯时铸官印，铸印工匠在铸龟形印钮时，龟形印钮老是以左回头的形式出现，改铸了三次还是这个样子。铸印工匠把这件事告诉孔瑜，孔瑜才明白自己的封侯是乌龟报恩的结果，于是把龟形印钮拿来佩带在身上。由于乌龟随身保护，孔瑜后来官职连续升至尚书左仆射，死后被追封为车骑将军。

又相传晋代咸康年间，豫州刺史驻守邾城，他手下有一军人，在武昌买到一只白龟，只有四五寸长。这个军人把它放在水缸中养起来。白龟日益长大，于是军人把它放到江中。后来，邾城被敌人攻破，渡江时全军都沉溺于水中，只有以前养过白龟的人下水时好像堕到一块石头上，睁眼一看，并不是什么石头，而是以前自己养过的白龟。白龟把这位军人载到岸边，回头再三叩首而去。

这两个传说都是说救龟得报的故事。中国人也一直相信，购龟放生将会得到好报。早在先秦时代，中国人就以龟作为避害的吉祥物，绘龟形于旌旗上。现代人也同样视龟为吉祥灵物，在生活中，画画、文具、家具、什器、建筑等等器物中，均可见到祥龟的图形。

龟还象征着不朽和坚定。墓碑上常常以龟为装饰物；刻有古代皇帝手书或文告的石碑，常常镌石龟以背负。如果你看到一些善男信女持龟到江河、海边放生，你千万不要讥笑，因为在他们看来，这是一种神圣的举动。龟将会继续给中国人带来更多的吉利和祥瑞。

四十

龙

龙是我国古代传说中的神异动物，身体长，有鳞、有角、有脚、能走、能飞、能游泳、能兴云降雨。封建时代用龙作为帝王的象征，也把龙字用在帝王使用的东西上，如龙袍、龙床等。在中国所有的神话或宇宙论概念中，龙的象征意义包含了复杂多样的内容。龙文化在中国文化中占据着极其重要的地位。

龙是一种神秘的宝物，不易显现，即使显现了也见首不见尾。龙的出现，是天下太平的征兆，它被视为最大的吉祥物。显然龙不易见到，但人们对龙的形象却很清楚。据描述，龙自首至膊，自膊至腰，自腰至尾，三部

分长度都相等；龙的角似鹿，头似驼，眼似兔，颈似蛇，腹似蜃，鳞似鱼，爪似鹰，掌似虎，耳似牛。龙还能藏能显，能细能巨，能短能长。春分时则升天，秋分时则潜渊。

从龙的职责来看，古人把龙分四类：第一类为"天龙"，代表着天的更生力量；第二类为"神龙"，能够兴云布雨；第三类是"地龙"，掌管着地上的泉水与水源；第四类为"护藏龙"，看守着天下的宝物。龙的种类有很多，据传，有鳞者为蛟龙，有翼者为应龙，有角者为虬龙，无角者为螭龙，未升天者为蟠龙，好水者为晴龙，好火者为火

龙，善吼者为鸣龙，好斗者为蜥龙。

在神话传说中，龙以各种各样的形象出现，但在中国人的观念中，龙是一种温和仁慈的神物，它具有很好的德行。代表方位的四种动物之一，龙象征东方，即太阳升起的地方。在人们的想象中，龙在地底下过冬，农历二月初二是龙从地下飞升上天的日子。龙飞升时会引起第一阵春雷与春雨，春雨给农业生产带来了丰产。人们相信，雨水是由龙所控制，海洋也为龙所统治。

传说中，四海龙王统治着四海，他们神力无边。龙王生活在水晶宫中，那里面最美丽的宝物应有尽有。一些幸运儿能够在海底见到龙王，并能娶龙女为妻。

传说，唐朝时一位读书人叫柳毅，在上京考试的路上曾为牧羊女传书。到了龙宫，才知道牧羊女为洞庭龙君的小女，因误嫁匪类，被泾川龙子所困辱。龙女的叔叔钱塘龙知道龙女的遭遇后很愤怒，亲自前去救龙女。龙女回到龙宫后，龙君想把她嫁给柳毅，柳毅不敢接受，只能婉言谢绝。龙王只好拿一些珠宝送给柳毅，报答救女之恩。柳毅回家后，娶张氏为妻，不久妻子死去。又娶韩氏为妻，韩氏不久也身亡，再娶范阳卢氏为妻。娶卢氏一个多月后的一个夜里，柳毅回来得晚，进门时，发现卢氏与先前所见到的龙女很相像，只是觉得比龙女要美艳丰满。于是就试着把以前的经历告诉卢氏，看她如何反应。卢氏听后就说："我就是洞庭龙君的女儿。"

龙是天上神物，只有在国君德政清明时才兆瑞祥。所以，后世尊最高统治者为"真龙天子"。龙成了皇帝及皇室的标志。皇宫要设龙柱，皇帝及皇室其他成员要穿龙袍，等等。

十二生肖中，属龙之人把龙视为自己生命中的吉祥物，认为自己有龙气，事业要比别人取得更大的成功。有些人生孩子专门选龙年来生，认为这样能生一个龙子。连属蛇的人也婉称自己属"小龙"，可见，龙在人们心目中所占的地位是极其重要的。

龙是阳的象征，龙凤结合是天下最理想的婚姻，所以"龙凤呈祥"的吉祥图案多用于祝贺新婚。望子成龙是天下父母的最高愿望，一幅上方有着一条大龙，下方有着一条小龙的图案，就是表达这个主题的吉祥意义。人们在农历二月初举行龙节，用爆竹扎成龙形燃烧，表示龙飞升天上。无论谁捡到这个爆竹龙的一个碎片，都预示着他今年将走好运。在春节，很多地方都扎彩龙，舞龙街上，谁能得到龙须，也预兆着他整年吉祥如意。

好玉珍缘人自到，贵玉降福福自来。

好人自有好报答，福寿安康平安好。

用植物来表达我们内心对美好生活的追求是中华民族悠久的传统，分别介绍如下。

松 树

松树四季常青，凌冬不凋，炎夏不黄。意示一个"寿"字，表示"长生不老"的意思，寿比南山不老松。在中国文化中，松树占有很显著的地位，它作为坚贞和长寿的象征受到文人墨客的咏赞。画家就特别喜欢松树，没有哪种树像松树那样经常出现于艺术作品当中。松树历来被视为百木之长，地位很高，所以人们常借松树以自励。很多人也歌颂松树坚贞不屈的品格。李白赋诗云："何当凌云霄，直上数千尺。"

据载，秦始皇有一次到泰山去，风雨骤至，在大松树下避雨，后来便封这棵大松树为"五大

夫",后人便称松树为"大夫"。松树耐寒,在严寒下,松树的针叶也不脱落。孔子曾赞叹道:"岁寒,然后知松柏之后凋也。"由此,松树被人视为长青之木,赋予延年益寿、长青不老的吉祥意义。所谓"松鹤同龄""松鹤延年"就是说松树之长寿。松树经常与白鹤在一起,构成"松鹤"图,是祝寿的最好礼物。

松树长寿,连松脂也被视为长生不老之药,据说服之可以延年益寿。传说一位叫赵瞿的人,患癫病多年,病重垂死,家人把他遗弃于山穴中。赵瞿在山穴中连日哭泣,刚好有一位仙人路过,可怜他,给他一囊药。赵瞿连服一百多天,身上毒疮痊愈,颜色变得丰悦,肌肤玉泽。仙人再路过的时候,赵瞿立即跪倒,感谢救命之恩,并乞求其方。仙人说:"这是松脂,这种东西山上很多。你如果采炼来服食,可以长生不死。"赵瞿回家常服松脂,身体越来越轻松,气力百倍增长,登危涉险,终日不困。活了一百多岁,齿不掉,发不白。

作为吉祥物,松树能预兆国政之祥瑞。君德政清民和,则松树能生长得很好,如果一个人梦见松树,则预兆着此人能见到仁君。由于松树的针叶是成对而生的,所以松树也具有象征婚姻幸福的吉祥寓意。

柏 树

柏树的"柏"与"百"同音,民间有一种"门前一棵柏,家中免祸灾"的说法,柏树可以消灾免祸,大吉大利。柏与松并称,也是百木之长。柏树凌寒高洁,坚贞有节,刚直不阿,能辟妖邪。据说,魍象喜食死人的肝脑,但最怕柏树,所以,人们常在墓旁植柏防妖。用柏树截成人体一般长短,放在床上,可以消灾免祸。每年正月初一这一天，如果采柏树叶浸酒，此酒可以辟邪，遇有妖邪之处，以酒喷酒，妖邪即散。有的地方，还折柏树枝插在瓶子里，也可以辟邪保平安。柏与松齐寿，因此，作为吉祥物，柏寓有延年益寿之意。柏叶浸酒，不仅可以用于辟邪，饮之也可延年，柏实久食也可长寿。用于祝寿的吉祥图案中，有松树和柏树在一起的"松柏同春"图。柏树与柿子在一起，称"百事如意"，如果再加上桔子，则表示"百事大吉"。

芙蓉花

芙蓉花是一种名贵花种，中国人的家庭一般是以男人为主的家庭，夫贵妻荣是紧密联系在一起的，"芙"与"富""夫"皆为同音，"蓉"与"荣"同音，"花"与"华"同音，连起来可读成"富贵荣华"。在玉雕件中可解释为"丈夫荣华"或"荣华富贵"等，是妻子送给丈夫最好的礼品，可充分阐释发挥。

梅　花

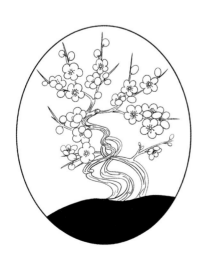

称赞梅花的诗词很多，大部分指的是梅花傲气的品格。"风雨送春归、飞雪迎春到……俏也不争春，只把春来报"指"美满""美丽""完美"的意思。梅花属落叶乔木，品种很多，性耐寒，早春开花，味芳香。我国古人认为梅花"禀天质之至美，凌岁寒而独开"，是花中四君子之一，也是中国文人人格最高理想的象征。梅与松、竹同耐寒岁，结为挚友。一些吉祥联多取此义入对。如"松竹梅岁寒三友，桃李杏春风一家"。梅花韵逸香清，见者无不喜爱，有些人甚至爱梅成痴。宋代诗人林逋，不娶无子，独植梅养鹤，人称他"梅妻鹤子"。林逋曾作咏梅诗多首，其中一首《山园小梅》被认为是咏梅之绝唱："众芳摇落独暄妍，占尽风情向小园。疏影横斜水清浅，暗香浮动月黄昏。"梅花被称为"天下尤物""冰肌玉骨"，人们常将她比作天真纯洁的姑娘。古时姑娘装扮，"梅花妆"是一种公认为最漂亮的粉妆，只有纯洁高贵的姑娘才用"梅花妆"。"梅花妆"就是在额头上点五瓣梅花，这种习俗起于南北朝。据载，宋武帝之女寿阳公主有一天卧于梅花树下，有一朵梅花飘落到公主的额头上，成五瓣花状，揩拂不去，于是皇后建议把这形状留下来。从此以后，就有了这种"梅花妆"。在"竹梅双喜"的吉祥图案中，画着竹、梅和两只喜鹊。其中，竹喻丈夫、梅喻妻子。这样的吉祥图案被用以祝贺新婚。梅花岁寒开花，寒梅报春，预示着吉祥喜庆，春联中就多取这种吉祥意义。如："春夏秋冬春为首，梅李桃杏梅占先。"

　　一些吉祥图案也多表现这个主题。一幅画着喜鹊在梅枝上高鸣的图案叫喜鹊登梅，表示"喜报早春"。梅花的五个花瓣，象征着五个吉祥神。春联中有这样的对子："梅花开五福，竹声报三多。"这副春联就包含了上述的象征意义。

　　另外，还有一种常见的图案，即画着竹子和梅花，一些儿童在嬉戏，这种图案可以表示"梅花送子"的吉祥意义。

桂　花

　　在中国的神话里，月宫中长着一棵桂树，这棵桂树长得非常繁茂，以至如果任其生长下去，其树荫会遮盖住整个月亮的光芒。在月宫中，吴刚学仙有过，被罚去砍这棵桂树。每天晚上，吴刚拿着斧头不断地砍，但他砍的速度还比不上桂树生长的速度，他每天晚上砍掉的

部分，到第二天就重新长好了。因这个传说，桂树也被称为月桂。月桂在中国是旧历八月开花，民歌中就有"八月桂花遍地开"之句，因此，八月被称为"桂月"。

月桂曾被看成长生不老之药。月中之桂为至宝，一般很难得到。传说，如果有人捡到吴刚砍下的月桂枝的话，他让桂枝放在什么东西之上，那些东西就会不断地增加。而能折到月中之桂更非易事，所以古人以"折桂"暗喻中举，因为在科举考试中能中举及第是很困难的事情。能折桂者，荣耀之极，所以，月桂是一种吉祥物。

"桂馥兰芳"是过去和现在都喜欢用的词语，其吉祥意义是子孙仕途昌达，耀祖荣宗。"桂"与"贵"谐音，所以，桂的吉祥意义是祝贺人得"贵子"。一幅画着莲花、桂花的吉祥图，表示"连生贵子"；一幅画着蝙蝠和桂花的图案，其意则是表示"福增贵子"。

桂也是富贵的象征。一幅桂花与桃花画在一起的吉祥图，寓有"贵寿无极"的含意。

六

茶 花

茶花又叫山茶花，是一种生命力很强的植物，能在不同的气候土质中生存，属耐寒、耐干旱的绿色灌木林的小乔木。茶花的叶子终年常青，花朵硕大，姿态优美，色彩艳丽，枝繁叶茂，因叶子的颜色像茶叶而得名。茶花有一股生机勃勃、不屈不挠、奋勇向上的气质，人们赞美它"茶花开放红似火，先解报春风""山茶花开春未归，春归正值花盛时"。在解释中主要突出"寿"字来解释，也可以从报春和不屈不挠、勇往直前、红红火火方面来显其意。

菊　花

　　在民间都知道桃可以疗饥，枣可以补血，菊花可以解百毒，菊花在解释中主要注重"解"字。解决困难，解除烦恼。菊花秋季开放，耐寒凌霜，多为文人所咏唱。晋代陶渊明以爱菊而闻名于世，他的佳句"采菊东篱下，悠然见南山"历来为人传诵。曹雪芹《红楼梦》里写到林黛玉曾赋《咏菊》诗，其中提到菊花与陶渊明关系："一从陶令平章后，千古高风说到今。"

　　在中国的文化传统中，菊为四君子之一，它是质洁、凌霜、不俗的知识分子高尚品格的象征。宋朱淑真《黄花》诗云："宁可抱香枝头死，不随黄叶舞秋风。"

　　菊花在中国旧历九月盛开，因为"九"与"久"同音，所以菊花可以用来象征长寿和长久。九月初九是采菊的最好日子，这一天人们也选择作为酿菊花酒的吉日，第二年同一天，菊花酒就可饮用。据说，长期饮用菊花酒，可健康长寿。一幅画着松树和菊花的图案，是祝寿的好礼品，其吉祥意义是"松菊永存"。"菊"又与"据""居"同音，当祝人长久占据官位时，就画一只蚱蜢坐在菊花之上，因为蚱蜢称为蝈儿，"蝈"与"官"的发音相近。祝人"九世安居"时，便画一幅九只鹌鹑与菊花在一起的图案。

月菊花

　　月菊花是中国的传统名花，它美丽奔放、多姿多彩，以娇媚素雅和坚忍不屈的精神而取胜。在百花齐放的时候，它同样开放，在百花凋零的时候，它也凌霜盛开，遇西北风而不落。它那高洁的情操被人们视为一身傲骨，敲起来都会呛呛的响，视为不屈不挠的大无畏精神财富而被赞颂。中国民间有月菊花盛会，民间传说月菊花是天神赋予的吉祥、长寿花。

月菊花月月开花，周而复始，指"生活""身体""生意""家庭"蒸蒸日上，充满生机，一天更比一天好，一年更比一年好的寓意。

如果雕件之中有月菊花和喜鹊在一起，那么这幅图案表示的意义是"举家欢乐"。如果雕件之中有月菊花和松树雕在一起，那么这幅图案表示的意义是"益寿延年"。

莲　花

莲花"莲"与"年"同音，指"年年"平安、年年有余、年年发财、年年高升。莲花多子，故可寄托多子多福之愿。莲花"出淤泥而不染，濯清涟而不妖"，素有"花中君子"之称。夏日赏莲，是文人墨客的雅兴。南朝江淹曾赋莲花云："蕊金光而绝色，藕冰坼而玉清。载红莲以吐秀，披绛华以舒英。"

莲花在中国文化中所占的地位，主要是受佛教的影响而形成的。据说佛教创始人释迦牟尼在他的家中曾盛植各种颜色的莲花，释迦牟尼及其弟子多借莲花譬理释佛。莲花净土是指称佛国，佛的最高境界就是要到达"莲花藏界"。佛所坐的是"莲花座"。莲花成了佛教的圣物。

　　莲花有并蒂同心者，为一蒂两花，这是男女好合、夫妻恩爱的象征。所以，吉祥图案中有两朵莲花生于一藕的纹样。并蒂莲花也常用以入喜联："比翼鸟永栖常青树，并蒂花久开吉祥家。"

　　莲有莲蓬，莲蓬与花同时生长，故莲子喻"早生贵子"。多子的莲蓬也象征着"多多生子"。莲花也称荷花，"荷"与"和""合"谐音，所以一张画着两朵莲花的图案，象征着"和睦相爱"。莲花根盘而枝、叶、花茂盛，一幅画着莲花丛生的吉祥图案，表示"本固枝荣"，多用于祝人世代绵延，家道昌盛。

　　"莲"又与"连"谐音，一幅画着一个儿童拿着一条鲤鱼，旁边有一朵莲花的年画，具有"连年有余"的吉祥意义。画着一只喜鹊嘴衔一个果，站在一朵莲花的雄蕊上的图案，表示连过考试大关的喜讯。这样一幅画在过去是送给通过科举考试的人的最好礼物，现在也可以用来送给参加高考的学子们。

人　参

　　人参是一种名贵药材，它的形状、长相有些像人，有头、身、脚。我国的人参一般生长在中国的北方长白山一带，是一种补品。雕刻有人参一般可以解释为人的一生，从"一生平安"方面来解释。

竹子

竹子，生于暖春，长于盛夏，成于深秋，立于寒冬。有坚韧之性、不屈之格。以竹为筏，轻舟漂过，以竹为笛，笛声飘过长空，随清风而去。以竹为席，清凉避暑。以竹为柴，烈火之中的爆炸声超然脱俗。

竹子亭亭玉立，婆娑有致，清秀素洁，节坚心虚，值霜雪而不凋，历四时而常茂，修修有君子之风。五瑞，四贵，双喜，竹皆居其一。爆竹一声逐邪魔，年年岁岁报平安。由于这些特性，人们广泛栽植，品赏托志。苏东坡甚至说："宁使食无肉，不可居无竹。无肉令人瘦，无竹令人俗。"

竹以高洁品质而成为一种吉祥象征物。竹心空空无物，象征谦虚大肚的美德。竹子四季常青不变色，因此也用来作为寿星的象征。在日常生活出现的吉祥图案中，竹与松和梅构成"岁寒三友"；竹、松、梅、月、水构成"五清图"；竹、松、萱、兰、寿石则构成"五瑞图"。

竹子一节更比一节高，一般解释为"生活""身体""生意""家庭"蒸蒸日上，充满生机，一天更比一天好，一年更比一年好。

竹子与梅花画在一起，构成"竹梅双喜"的吉祥图案，是用来贺婚的好礼物。在一些婚联中，也常以竹、梅入对。如"霜染竹叶藏青缕，露滴梅花点黛眉"。竹与梅、兰、菊构成"四君子"，也称"四贵"。以"四贵"为题材的吉祥图案，是送给知识分子家庭最好的礼物。

爆竹是以竹子制成的，因为"爆"与报喜的"报"谐音，"竹"与祝贺的"祝"谐音。当它们点燃时，就发出砰砰的爆破声，人们认为这种声音可以驱逐魔鬼，所以在春节和其他节日中，都要燃放爆竹以驱邪，魔鬼离去了，平安和幸福就会到来。

画着儿童们燃放爆竹的吉祥画，可以表示"祝福太平"，为了使美好祝愿的意思更加明白，常常还加画一个花瓶，因为花瓶象征着和平和平安。还有一种吉祥图案"华封三祝"，画的是竹和其他两种吉祥花草或两只小鸟。

十二 天竹

竹类中的一种，又名南天竹。天竹的根、杆、花、果都是名贵药材，常被人与南瓜、长春花雕刻在一起，表示"天长地久""天地长春"。要是天竹与灵芝画在一起，表示"天随人意"。

十三 高粱

高粱的"高"字指步步高，"粱"也是"高"的意思。另外高粱还有一个特点，根红、杆红、穗更红。一般解释为"生活""身体""生意""事业""家庭"蒸蒸日上，充满生机，红红火火。

十四 海棠

海棠花开，占尽春色，艳丽娇娆，深受人们喜爱。苏轼有《海棠》诗云："只恐夜深花睡去，故烧高烛照红妆。"海棠被喻为"美女"，美女也常被比作海棠，著名美女杨贵妃杨玉环就被称为"海棠女"。

祝人乔迁，以海棠花为礼物，主人一定很高兴，把海棠花摆在厅堂中，以兆吉祥。

有人也常以画着玉兰花和海棠花同在一起的吉祥画，表示"堂皇富贵"。

十五 兰 花

兰桂腾芳，家运兴隆，子孙万代达官显贵。兰花当为王者香，叶态优美，花朵幽香清远，花质素洁，深受人们喜爱。中国文化中，兰花占有很重要的地位，是四君子之一。圣人孔子曾说："芝兰生于深谷，不以无人而不芳。""兰当为王者香。"人们常以兰幽静高雅的品性来形容美好事物，如说"兰思"是谓思致之美；说"兰章"是谓华美的文辞；说"兰交"是指朋友知心之交，或谓"金兰契"。

兰花是美丽的象征，"兰"字更多地用于美人身上，如"兰房"指美人之居室，"兰姿"谓美人的姿容，等等。兰花还是爱情的象征。一对情真意切的情人常以兰花作他们爱情的象征物，并山盟海誓："生结金兰，死同墓穴。"

据说，梦见兰花，还是孕育生男的吉兆。春秋时，郑文公有个叫燕姑的妾，一夜梦见天使给她兰花，从此怀孕后来生下了一男孩，取名为兰，这个男孩后来成为郑国国君。于是，人们后来称这种梦兆为"兰梦""兰兆"。兰花资质优美，人们希望子孙禀赋如兰般高雅。所以，兰和桂被用来比喻子孙，如"兰桂腾芳"意指家运兴隆，子孙达官显贵。

兰还用于辟不祥，中国人有佩兰辟邪的习俗。人们都喜佩兰之绿叶、紫茎、素枝、洁花，以图吉祥。人们也喜欢在瓶中插上兰花，插在花瓶上的兰花象征着和谐。《易经》有这样的话：如果两个人同心同德，其锋利可以截断金子。同心同德的话语，具有如兰花般的芬芳。所以，养植兰花，能使家庭和睦，万事如意。

十六　万年青

　　万年长青、万事如意、和合万年、一统万年、千年万年家兴旺。万年青为多年生常绿草本植物，春季开花，是民间应用得比较广泛的吉祥物，每逢喜事节日，必供奉万年青于案头，以图瑞祥。民间盖屋搬家也必用万年青摆于庭前，意寓顺遂长久。

　　娶媳嫁女时，也用万年青作为吉祥物，祝贺新婚夫妇生活和谐如意，爱情万年长青。生子寿诞时，万年青可用来祝福健康长寿。流传下来的吉祥图案中有许多万年青的内容：一幅"万事如意"图，画着万年青和灵芝同植于盆上。两个百合根与万年青绘在一起，寓示"和合万年"；一棵种植在桶中的万年青则是皇家的专利，象征"一统万年"。

十七　槐

　　民间有句俗话说："门前一棵槐，不是招财，就是进宝。""大槐可安邦定国"。据说，槐树灵异，决断诉讼亦是公卿的象征。周时，朝廷种三槐九棘，公卿大夫分坐其下，面对三槐者为三公位。

　　后世之人，多在院中种植槐树，以图吉光，祈愿子孙位列三公。传说，有一个家居广陵郡的淳于棼，在古槐树下饮酒，醉后梦入古槐穴，看见一座城楼，楼上题"大槐安国"字样。大槐安国国王把淳于棼招为驸马，并任他为南柯郡太守，长达三十年，享尽富贵荣华。淳于棼醒后，只见槐树下有一个大蚁穴，南枝又有一个小穴，这两个穴即是槐安国和南柯郡。这是有名的"槐安梦"，又称"南柯梦"。

槐叶、槐苗、槐籽，每早服食可以保持头发不白，长生不老。有一些地方，视槐树为祈子的灵物，俗说不孕妇女吃了槐树籽便能"怀子"，所以民间多用槐树以祈子。除此之外，槐树还能招财进宝。

木兰花

木兰又名木笔、杜兰、林兰等，落叶乔木，花蕾可供药用，能治疗贫血等。在古代，只有得到皇帝同意才能种植木兰花。木兰还被看作是妇女的象征。唐代白居易有《题令狐家木兰花》诗："腻如玉脂涂朱粉，光似金刀剪紫霞。从此时时春梦里，应添一树女郎花。"

木兰含苞待放时，状似巨笔，尖直挺秀，直指蓝天白云，故名"木笔"。明代张新《木笔花》诗云："梦中曾见笔生花，锦字还将气象夸。谁信花中原有笔，毫端方欲吐春霞。"木笔之"笔"与必定之"必"谐音，故画着木兰花旁添寿石的吉祥图案，表示"必得其寿"。

十九

水仙花

"仙"则重生，"仙"则辟邪除秽，给家人带来吉祥如意的神奇力量。水仙玉骨冰肌，其性喜水不沾泥，绝非平凡。宋朝刘克庄有诗云："不许淤泥侵皓素，全凭风露发幽妍。"

据载，有一姓姚的妇人住在长离桥，一个寒冷的夜晚，梦见一颗星星坠于地，化为一丛水仙，甚是香美。妇人摘下吃下去，醒过来后生下一个女孩。女儿长大了，既贤淑又伶俐，琴棋书画无所不会。妇人观梦里所坠之星即女史星，位于天柱之下。因此，水仙花被称为"女史花"，又名"姚女花"。相传水仙花为水中仙子所化，高洁脱尘，甚受人爱重。宋代杨万里咏道："韵绝香仍绝，花清月未清。天仙不行地，且借水为名。"

水仙花质姿洁丽，馨香清绝，甚受世人赏识。一般在春节前后开放，所以常为新年案头的欣赏品。人们把水仙花的开放看作是一年运气的象征，如果水仙花刚好在除夕夜或大年初一开放，那就预兆着这个家庭新的一年有好的运气。

水仙花质洁不淤，被认为具有辟邪除秽，给人间带来吉祥如意的神奇力量。水仙花因其名有"仙"字，故甚为吉利，在很多吉祥语和吉祥图中，水仙花常被用来祝人吉利。画着数株水仙花和寿石的吉祥图案，称"群仙供寿"。一幅画有水仙花、寿石和竹子的图案，其吉祥意义是"仙祝长生"。水仙还是一对新婚伴侣的象征，人们多喜欢在洞房里供养一盆水仙。

牡丹花

牡丹花雍容大度，是花中之富贵者。牡丹花古时统称芍药，唐代以后才将木芍药称牡丹花。古时，热恋的青年男女就相互赠芍药。唐朝开元年中，天下太平，牡丹花始盛于长安。据传，有一次唐玄宗在内殿观赏牡丹花时，问及咏牡丹花之诗何者为首，陈修已奏曰，当推李正封，其诗句有："天香夜染衣，国色朝酣酒。"

牡丹花自此便有"国色天香"之称。牡丹花开，香能盖世，色绝天下，但它却雍容大度，确实是"花之富贵者也"。欧阳修赞之曰："天下真花独牡丹。"牡丹花成了富贵和荣誉的象征。一幅画着牡丹与芙蓉在一起的图画，表示"荣华富贵"。牡丹与长春花在一起，表示"富贵长春"。牡丹与桃在一起，表示"长寿富贵"。牡丹与水仙在一起，表示"神仙富贵"等。牡丹还常与荷花、菊花、梅花等在一起，象征四季，牡丹代表春天所开的花。

梧　桐

梧桐树是神异之树，神鸟凤凰非梧桐不栖。"栽下梧桐树，引来金凤凰"。"桐"与"同"谐音，同庆同贺、同喜同寿等。人们喜欢在院子里栽种梧桐树，希望凤凰来栖，给家里带来吉祥。人们一有吉祥喜事，就喜欢说："栽下梧桐树，引得凤凰来。"言下之意就是，吉祥佳瑞的到来，需要有吉祥的条件。引申来说，人若有德行，就易得瑞祥。梧桐树也被视为灵树，与圣君德政俱生，王者任用贤良，则梧桐生于东厢。相反，如果梧桐不生，就预兆着九州要易主。画着一块寿石，旁边梧桐树上站着一只喜鹊的吉祥图案，可以表示"万事同喜"。

玉带草

玉带草是一种吉祥如意的草，这种草生命力很强，只需要较少的水分就能生存，叶子细而长，可以入药。在玉雕件中一般表示的意义是指喜事临门，福禄双至。

瑞草

瑞草是一种吉祥草，瑞雪兆丰年。瑞草生长在茂密的森林之中，根少叶茂，叶厚而壮，在土壤、阳光、水分充足的地方特别茂盛。在玉雕件中一般表示的意义指喜事临门、福禄双至、好事将临。

观音草

观音草是一种吉祥草，人们用观音草来祈祷朝拜，除邪免灾，是一种救苦救难的植物。在玉雕件

中一般表示的意义是指保你一生平安，不受邪恶伤害，救你于水火之中，也可解释为喜事临门，消灾避难。

松寿兰

松寿兰是一种会开花的草本植物，这种草根细生命力很强，一般生长在水分较少、陡峭的岩石峭壁上，常年青绿，生命力很旺盛，用一根铁丝把它悬挂在空中也能存活，而且几十年也不枯。在玉雕件中一般表示的意义是指保你健康长寿、吉祥如意。

萱 草

萱草又名忘忧、宜男、黄花菜、金针菜，有助孕妇生男孩。萱草于夏秋之际，花盛之时，绿叶成丛、花姿艳丽、气味清香，人们观赏把玩，得以忘忧。白居易有诗："杜康能散闷，萱草解忘忧。"

萱草作为吉祥物，人们更多的是取意于宜男之名。曹植有《宜男花颂》诗："草号宜男，既晔且贞。"

据说，萱草有助于孕妇生男孩。妇女如果怀孕，就身佩宜男花，这样必生男孩。所以萱草多为妇女所喜爱。

吉祥草

吉祥草又名玉带草、瑞草、观音草、松寿兰。草色常青，可放于书房窗边，可铺植绿地，也可培于花盆，伴以孤石、灵芝，清雅之甚，以供欣赏。吉祥草花不易发，开则主喜。所以，哪家所植的吉祥草忽然开花，这是喜庆降临的预兆。人们多植吉祥草，以求喜事临门、福禄双至。吉祥草的盆景也可用来赠送，受赠者定当欣喜非常，因为他所接到的是吉祥瑞应。传说修佛成道者，吉祥童子所奉的草就是吉祥草。

椿

椿树易长而长寿，据说上古有大椿者，以八千岁为春，八千岁为秋。椿树作为吉祥物，主要是用于祝寿。"椿年""椿龄"和"松龄""鹤算"一样用来比喻长寿，这些词也常常并用。祝寿的礼物可以是画着椿树的吉祥画，民间也有小孩摸椿长高的习俗。在山东一些地方，除夕晚上，儿童要摸树王，并在椿树下转几圈，据说这样儿童能很快长高。河南汝阳则于初一早上，盼望早日长大成人的

儿童要双手抱着椿树，口诵吉语："椿树椿树你为王，你长粗来我长长。"

二十九
菖 蒲

菖蒲，多年生草本植物，长在水边。医用可健胃、止痛、止血，民间相信其可辟邪，亦可延年益寿。传说菖蒲为玉衡星散开而生成，能见菖蒲者必是贵人。据《梁书》记载，太祖皇后张氏曾在室内忽见庭前菖蒲生花，光彩照灼，非同凡响。皇后感到很惊异，问侍者："你们见到刚才的异彩没有？"侍者们都说没有见到。皇后自言自语道："尝闻见菖蒲花者当贵。"于是就取菖蒲花吞食下去，后来就生下了高祖。因此，人们多植菖蒲，供于案中，既供欣赏，又图吉祥。

三十
茱 萸

茱萸能使邪毒不近。王维的诗句："遥知兄弟登高处，遍插茱萸少一人。"讲述了古代重阳节插茱萸的习俗。茱萸，落叶小乔木，叶子对行，长椭圆形，花黄色，果实可入药，可强肾壮阳。

据载，汝南的桓景随费长房游学多年，有一天，费长房对桓景说："九月九日，你家当有灾，现你宜急回，令家人一起制作绛囊，装着茱萸系于臂上，登高山饮菊花酒，此祸则可免除。"桓景回家，照此行事，举家登山，晚上才回去。回到家里，则见鸡犬暴死一地，幸全家人都免于横祸。后来，人们到了九月初九重阳节这一天，必相约为伴，登高远眺，佩戴茱萸，以避灾祸，这种活动称为"茱萸会"。为了祛邪避灾，人们除在左臂上佩戴茱萸外，还把茱萸插于头上，或挂在门头，或放于井中，据说，这样邪毒不近，饮水永无瘟疫。

在吉祥图案中，常常绘有茱萸树叶的纹形，以辟邪图吉。汉代锦缎中就有"茱萸锦"，刺绣中有"茱萸绣"，均以茱萸纹样为装饰，取吉祥之意。

艾　草

艾草，也叫"家艾""艾蒿"，以艾叶入药，能祛寒湿。艾叶也可加工成绒丝状，称作"艾绒"，作为艾灸的燃料。艾灸能治疗痛风、风湿及其他麻痹症。

艾草能驱毒辟邪。每年五月初五端午节，人们到处采集艾蒿，晾干后束成人形，悬挂在门、窗上，可防邪毒之气入侵，能保全家人整年吉祥如意。有的人喜欢把艾草编成虎形，或用彩布剪一个虎形，用艾叶粘上去称"艾虎"，女人把它别在发际，男人把艾虎佩戴在胸前或挂在腰间，这样就能防止邪毒侵袭，确保身体健康，精神爽快。

艾草还是一种很有灵气的东西。古代时，人们用艾草来占卜，所卜之事据说都很灵验。艾草还被人们看作文人的象征之一，所以佩戴以艾草编成的各种形状、物件的人，身上可以增添一分雅气。有些人还把以艾草编成的物件送给心上人，这样做的人，爱情往往都能成功。因此，无论居家还是旅行，都可以悬挂、佩戴用每年端午节所采的艾草编成的物件，可保身体安康。特别是青年人经常佩戴这些东西，遇上可爱的人赠送一件，既可增强对爱情的信心，又可为生活多增添一些情趣，何乐而不为呢！

百 合

百合是一种多年生草本植物，能让人忘记烦恼，百年好合、百事如意，也被称为"送子仙女"。

无论你有什么烦恼事，闻百合花香即可消除，也能保持心胸的舒畅。因此，雅人逸士常常在花园栽植百合数株，闲来饮酒花间，操琴作画，起舞挥毫，享受着最恬美的人生。

百合也称为"送子仙"，在姑娘的婚礼上或过生日时，人们常常以它作为礼物。据说接到百合这种礼物的姑娘，以后定当生一个可爱的男孩。百合作为婚礼的礼物赠送，还因为百合含了"百年好合"之意。至今，在一些地方的婚俗中，新郎新娘要进洞房时，要同饮百合汤。人们喜欢把百合花的图案绘在洞房的屏风上，或绣在枕巾上、床单上，预兆着夫妻生活将如鱼得水、早生贵子。

百合也能驱除邪魔，因此每逢五月初五，人们常将百合悬挂在门窗上，或挂床头、帐里，如此能防止各种邪毒的侵害。有些姑娘喜欢采百合佩在胸前，不但能祛邪毒，而且能得到翩翩男子的青睐。有些姑娘用百合装进绣袋里，缝成心形香包，作为定情物送给心上人，她的爱情将会永远美好。有人将一些百合花或百合根与柿和灵芝画在一起，用以表示"百事如意"。还有画一个胖男娃，左手持着一枝百合花，右手拿着一个柿子，脸上笑眯眯的，谓"百事可乐"，这样的图画还是一件祝贺婚礼的好礼品呢。

茶

茶，又叫"茗"，是我国的传统饮料。茶可提神醒脑，另外有很多药用价值。据说有一种大茗即仙茶生长于丹丘，能够得而饮之的人即能"羽化而登仙"。以前有一个余姚人叫虞洪，进山采茶，遇到一个道士，手牵三头青牛。道士带引虞洪到瀑布山，说："我是丹丘子，听说你善于饮茶，很早就想见见你了。这里山中有大茗，可以给你采摘，祈求你以后饮茶时瓯中有余末不要倒掉。"虞洪于是回家立奠祀，然后命家人进山，果然采得大茗仙茶。

煎茶法是陆羽发明的。陆羽生性聪明，学赡词博，尤好品茗，我国第一部关于茶的专著《茶经》就出自陆羽的笔下。后来，陆羽被尊为茶圣，专门卖茶叶的商号要用陶塑制陆羽之像放在锡器当中，这样能使生意兴隆，当有茶交易时，他们还以茶来祭祀这位茶神。

饮茶在中国是一种普遍而又特别的文化现象。潮汕地区的功夫茶，饮者一定要恭坐，日本的茶道也许与此有关。茶被人看成洁性的灵物，饮茶也成了一种洗涤尘烦的修养。唐朝韦应物《喜园中茶生》诗云："洁性不可污，为饮涤尘烦。此物信灵味，本自出山原。"

因为凡种茶树必然会生子，但不能移植，移植了则子不再生，因此茶被用于有吉祥意义的礼仪中。旧俗男家聘妇必然以茶为聘礼，这种聘礼叫"下茶"，而女子家受聘叫"受茶"。以茶为聘礼，就取其不移置子之意，受聘的女子不再动摇。结婚了也必然会早生贵子。现在有一些地方，男家给女家的聘礼中往往也有茶这一项，其吉祥意义可见而知了。

宋朝诗人晁冲之在《送惠纯上人游闽》诗中写到了茶花："春沟水动茶花白，夏谷云生荔枝红。"白色的茶花是纯洁爱情的象征，生长在山区的青年男女，常常以茶花表示自己的爱情。

三十四

灵 芝

灵芝的"灵"表示的是"心灵深处"，指的是"有求必应""心想事成"。另一层意思是"长寿"，还有一层意思是"救人可起死回生"。

灵芝又称灵草、瑞芝、仙芝、神芝，形与蘑菇近，色深有光泽。中医入药，有滋补作用。我国古代用来象征祥瑞，认为食灵芝者可起死回生，长生不老。《西游记》中曾写到寿星"手捧灵芝"奉献如来佛。据载，灵芝上等芝为车马形，称车马芝，中等芝为人形，下芝为六畜形。能得车马芝而食之，可以乘云驾雾。相传，兰陵有个叫萧逸人的，有一天整治家中花园，在挖地时发现一件东西，形状类似人手，肉肥而滋润，颜色微红。萧逸人把它拿去煮食，发现味道鲜美。从此以后，萧逸人目明耳清，体力日壮，容貌越变越年轻。后来有一道士碰到萧逸人，惊叹道："先生曾经吃过仙药吗？现在可以与龟鹤齐寿了。"这时的萧逸人才知道自己先前吃过的灵芝就是道士所说的仙药。

灵芝与人事的昌达有很大的关联，它是预兆政清民和的吉祥物。三国时魏国曹植有诗云："灵芝生天地，朱草被洛滨；荣华相晃耀，光采晔若神。"

传说灵芝只有在王政仁慈的时候才会出现。宋真宗时，因耻于同契丹的澶渊之盟，用王若钦言，想用神学政治粉饰太平、镇服四海，故而伪造天书和芝草，企图用"芝草生"的瑞应来堵别人的嘴，结果一时间献芝者由千而万，演出了一场闹剧。

灵芝在花卉中品位很高，其芬芳与兰齐名，人们习惯芝兰并用，比喻君子之交。由于灵芝有使人驻颜不老和起死回生的奇效，所以，它的吉祥意主要体现于祈祝健康长寿。一幅画着鹿或鹤嘴里衔着灵芝的吉祥图案，是祝寿的最好礼品。

在我们的日常生活中，果实是必不可少的食物，也是上帝赐给我们的吉祥物，可以用来表达内心世界情感，描绘我们美好生活与向往。现分别解释如下：

丝　瓜

丝瓜是一种藤本植物，茎细，叶茂密，果实多，是一种丰收果实，成长条形，是人们常食的蔬菜。丝与"事"字同音，万事，可以说成事事如意、万事如意。

第五节
果实类吉祥物

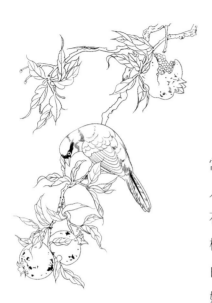

二 石 榴

石榴长到一定时期后，皮就裂开了，用于笑口常开、笑迎宾客。每年农历五月开花，时值夏季，人们把它与兰花、蝴蝶花、海棠花合称为"四季花"。石榴花开如火如霞，姿容妍丽。韩愈有咏石榴花诗："五月榴花照眼明，枝间时见子初成。"白居易也有咏石榴诗："石榴花似结红巾，容貌新妍占断春。"

石榴与桃子、佛手，是中国的三大吉祥果，这三种吉祥果合在一起，可用于祝愿"三多"。"三多"就是多子、多寿、多福。

石榴的吉祥意义主要就是祝人多子。北齐时，高延宗纳赵郡李祖收之女为妃。当他临幸李家时，妃子的母亲宋氏以两个大石榴相赠。高延宗不解其意，大臣魏收解释道："石榴房中多子，今皇上新婚，妃母以石榴兆子孙众多。"自此以后，以石榴祝多子的习俗更加流行，民间婚嫁时，常于新房案头或其他地方置放果皮裂开、露出浆果的石榴，以图祥瑞。一幅画着石榴半开的吉祥画，叫作"榴开百子"，或"石榴开笑口"。

石榴的"石"与"世"谐音，所以一些吉祥图案以石榴代表"世代"，一幅画着石榴、官帽、肩带的吉祥图，可以用来祝颂家族中的官职世代相袭。

三 桂 圆

桂圆是桂树的果实，形状圆而小，皮薄肉少核大，可以当水果吃，也可以入药。在玉雕件中可以从两个方面来解释，一方面是从"桂"字上来解释，"桂"与"贵"同音，寓意富贵、高贵。另一方面是从"圆"字上来解释，人人做事都喜欢有一个圆满的结果，所以可从圆满成功、大团圆来解释。

玉　米

玉米又名"苞谷"，是我国北方人民的主要食粮，但在全国都有种植。在玉雕件中可以从"玉"字上来解释。"玉"和"翡翠"皆为一体，玉米乃金黄色，常常用于代表"黄金"，也可以单独解释为"金玉满堂"等。

五

白　菜

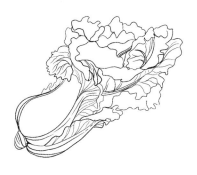

王然之有一首诗："牡丹是花之王，荔枝是果之先，唯有百菜不说百菜之王也。"从诗词中可以看出白菜是菜之王。在玉雕件中白菜的"白"字和"百"字同音，"菜"与"财"谐音，可以从"家有百财""腰缠万贯""长命百岁""百年偕老"等方面来解释。

六

桃　子

神仙在蟠桃会用桃子来庆寿，故而得"寿桃"之意，表示"长寿"。"桃花嫣然出篱笑，似开未开最有情。"人们常用桃花来比喻美女的娇容。据说，桃为玉衡星散开而生成。又有人说，桃树为夸父的手杖化成。夸父曾逐日，口渴难忍，饮于河渭，但河渭不足解渴，想北上饮大泽，但还没到大泽，口渴而死，弃其手杖，手杖即化为桃树林。桃为五木之精，能压邪气，所以鬼畏桃木。又传桃都山有大桃树，树下有神荼、郁垒二神，专捉恶鬼。后人以桃木置于门外，可驱鬼辟邪。

过去有一种以桃木制成的桃符，就是在桃木板上画神荼，郁垒二神像，正月初一立于门旁，以驱百鬼。后来，人们开始在桃符板上书写联语，这是春联的来源。传说中有一种仙桃，食之可延年益寿。这种仙桃就种在西王母的花园里。这种仙桃三千年一开花、三千年一结果，食一枚可增寿六百年。当仙桃成熟时，西王母就邀请所有的神仙到她宫中来举行蟠桃宴会。

汉代的滑稽大师东方朔曾三次偷食王母桃。汉武帝则得西王母赠仙桃四个，食后口有盈味，就把桃核收集起来，想拿来种在园中。王母说："此桃三千年一结实，中夏之土太薄，种下来也不结果实。"汉武帝这才罢手。

桃被普遍作为长寿的象征，人们或以鲜果，或蒸面桃，用以祝人寿诞。另外，人们还画一些吉祥图案，如多只蝙蝠与桃子在一起的"多福多寿"，蝙蝠、桃和两枚古钱在一起的"蟠桃献寿"，桂花和桃花在一起的"贵寿无极"等等，用于祝寿。

金　橘

橘与"吉"谐音，人们以橘喻吉，四季平安、大吉大利。金橘兆发财，四季橘祝四季平安，朱砂红橘垂于床前，祈吉星拱照。经过屈原《橘颂》的咏唱，橘成了质朴、坚贞优秀品格的象征。

　　据说，橘是天璇星散开而形成的，所以橘成了一种珍果，白居易在《拣贡橘书情》诗中云："珠颗形容随日久，琼浆气味得霜成。"每逢新春佳节，人们喜欢买一盆金橘或四季橘，既可观赏，又能作为吉祥物，预示新年发财、四季平安。

　　在很多吉祥图案里，人们也喜欢以橘作题材。如：画几个大橘，表示"大吉"；画一幅柿子和大橘在一起的图案，其吉祥意义是"事事大吉"；画一幅百合根（或柏树）、柿子、大橘的图案，可以表达"百事大吉"；画一幅一个篮子里盛两条鲶鱼和两个橘子在一起的图画，表示"年年大吉"。

八

杏

　　叶绍翁名句："春色满园关不住，一枝红杏出墙来。"宋祁有诗："绿杨烟外晓寒轻，红杏枝头春意闹。"一副对联写道："松竹梅岁寒三友，桃李杏春风一家。""杏"在文人雅士心中有崇高的地位，杏花通常也作为美丽姑娘的象征。

　　相传孔子授徒讲学的讲台叫杏坛，后人就在山东曲阜孔庙大成殿前，为之筑坛，建亭，书碑，植杏林。后来，杏坛用来泛指授徒讲学的地方。三国时，吴国的董奉隐居庐山，为人治病不收分文，只是要那些患重病而被他医好的人种植五株杏树，患轻病医好的人种一株杏树。过了好几年，治愈了无数病人，得到杏树十万余株，蔚然成林。董奉就在杏林中修炼成仙，所以这片杏林又称"董仙杏林"。

　　杏花一般在农历二月开放，翠英烂漫。这段时间正是旧时进士科考的时候，所以，在京都特设杏园，以供新进士游宴。唐代刘沧有诗："及第新春选胜游，杏园初宴曲江头。"后人因此常以"杏林春燕"寓"杏林春宴"，用于祝颂科举高中。此外，书与花瓶插着杏花在一起的吉祥图案，也可以表示"祝你高中"。

九

蜜

美满生活甜如蜜，有蜜能交好运气。蜜蜂采取花液酿成蜂蜜，可食用，也可入药。用蜂蜜酿成的酒醇酽无比，曾有诗云："蓬窗吟罢还成醉，蜜酒初香玉笋肥。"蜜与"甜"同义，也常连用，"甜蜜"可用来描述愉快的感觉。有些地方，新春要备蜜饯招待客人，取新的一年一切"甜甜蜜蜜"。新婚夫妇进洞房前，吃用蜜和米面制成的糕饼，预兆夫妻爱情生活如蜜一般甜。如果梦中吃蜜，就预示着要交上好运。

十

红 豆

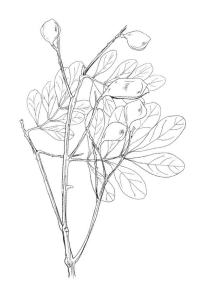

采撷红豆，赠送心上人，可以表达爱情和思念。王维的《相思》诗："红豆生南国，春来发几枝。愿君多采撷，此物最相思。"不知被多少男女抄诵，用以寄托相思之情。

红豆树又称相思树。传说战国时，魏国苦于秦国的发难，从民间征戍秦，其中有一农夫被征去戍边，久而不返。他的妻子因相思致病而死。埋葬了以后，墓冢上生出一种树木，枝叶都倾向农夫所在地方的方向，故取名为相思木。

相思木之籽为红豆，又称相思子。红豆三月生发，其色鲜红，其质坚实，永久不坏，可用于长寄相思。古今士人淑女多采撷红豆，赠送给心上人，表达爱情和相思。

瓜

瓜藤蔓上大瓜、小瓜累结，表示世代绵长，子孙万代的象征。瓜的特点是果实结籽多，藤蔓绵长，其吉祥意义是能得多子，所以，人们用"瓜绵"一词喻子孙众盛。

每年七月初七"女儿节"，有些地方的妇女以瓜为赠礼，谓为送子。八月十五中秋夜，妇女们要做瓜糕，而青年男女相伴到瓜园偷摸瓜，他们相信，这样做，结婚后肯定能得到较多的孩子。瓜还是贞洁少女的象征，如果有女孩送给男孩一个瓜，那有可能表示把她的贞洁送给他。

一幅天竹和南瓜在一起的图案，表示"天长地久"的吉祥意义，因瓜藤蔓卧地而绵长。由天竹，南瓜及长春花构成的纹图，表示"天地长春"。

橄　榄

橄榄果实味虽苦涩，咀之芳馥，苏东坡的《橄榄》诗就有这样的诗句："待得微甘回齿颊，已输崖蜜十分甜。"橄榄这种苦涩中带甘甜的品性，被一些文人看作君子的象征。清朝陈维崧用词句盛赞橄榄的这种品格："清芬却带酸涩，品格压黄柑。"

绿色的橄榄作为一种吉祥物，是生命和爱情的象征。传说古代有一书生胸高志远，专心读书。乡贤比邻喜爱其

才，均有以女相许之意。但这位书生一一拒绝，再好的女子也不放在心上。无独有偶，某大户人家有一闺女，长得标致非常，生性聪明，芳名早传于远近。但这位姑娘坚决不准其父母许配人家，因为她看不惯公子哥们的俗气，凡前往求婚者都碰了一鼻子灰。在一次偶然的机会，书生与姑娘相遇，两人一见钟情。姑娘比书生更爱得热切，随手将橄榄赠予书生。书生欢喜非常，立即请媒人前往姑娘家求婚。姑娘不知求婚者是自己所钟爱之人，照例要求父母拒绝求婚。书生遂将橄榄托媒人偷偷送到姑娘手中，姑娘才恍然大悟，立即要求父母改口允婚。于是成全了一桩美满婚姻，直到现在，很多地方的人仍将橄榄看作爱情的吉祥物，认为苦尽甘来，努力后的成功让人回味无穷。

柑

　　柑属于橘类，比橘大，也称大橘。每逢新春拜年时，礼物中必有柑，用柑祝贺新年大吉。祈愿家庭和睦、健康长寿、爱情专一、生活美满。

　　在台湾，当新娘进入未来丈夫的家门时，就得到两个柑橘，等到夜里，她将它们都剥去皮。据说，这会预兆新婚夫妇爱情和谐，幸福地生活在一起。

枣

　　枣与"早"同音，早生贵子、早日高升、早早发财。枣也有较高的医用价值，它能开胃健脾，补中益气。中国古人相信，久服枣，可成仙。枣与栗合在一起，表示妇人之贤，因为早起和对丈夫恭敬是古代妇女必修之礼。

　　枣树就是"早"和"快"的象征。中国北方农家多于院中栽种枣树，除供食用外，也为了讨个"早"的口彩。他们用枣祈求"早生子""早发财"，一早百早。枣与荔枝或栗子在一起的吉祥图案，可以表示"早早立子"。枣与桂圆组成的吉祥图案，叫"早生贵子"。枣树与樟树在一起，表示祝早降生的孩子获得高官。在新婚仪式上，人们用枣、栗子、花生撒于帐内床上，其吉祥意义在于祝福新婚夫妇"早生贵子"。

栗

　　栗是果木，栗子不仅可以食用，也有一定的药用价值，据说，栗可厚肠胃，补肾气，令人耐饥。栗与"礼"谐音，栗被用以表示妇人之贤。栗子与"立子"谐音，口诵吉语："一把栗子一把枣，小的跟着大的跑。"儿孙一个跟一个地跑来，所以栗子便作为祝吉求子的吉祥物。

　　在婚礼上，枣和栗象征着祝愿"早生贵子"。在一些地方，由福寿双全的老人将枣、栗、花生、桂圆等撒向新人的帐内或屋角，意思是"早立贵子"。

　　有的地方由新娘在怀中揣着枣、栗等，等走进洞房脱掉外衣时撒落于床上和地上，其吉祥意义就是求早得子。栗子与枣的图案常被绘于洞房的家具上。

荔枝

　　唐朝杨贵妃嗜食荔枝，因杜牧诗句而闻名于后世。诗曰："一骑红尘妃子笑，无人知是荔枝来。""荔枝"与

"立子"谐音，所以，人们用荔枝来预祝生子。在北方，有的地方以干龙眼和荔枝放在新婚夫妇的床上，祝他们早日有孩子。

枣和荔枝在一起的图案，也可表达祝人"早早立子"的吉祥意义。荔枝之"荔"字与"俐"谐音，葱、藕、菱和荔枝在一起的图案，其吉祥意义是祝人"聪明伶俐"。

柿

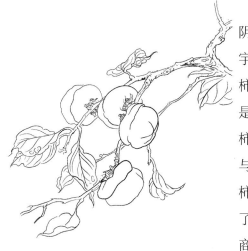

柿树有四大益处，它长寿不枯，树冠可以遮阴，枝能栖鸟，枝叶不长害虫。由于这个缘故，庙宇的院子里常植以柿树。在很多吉祥图案中，都有柿子出现，因为柿与"事"谐音。做事图吉祥，这是人们共同的愿望，所以人们把柿子列为吉祥物。柿子与橘子在一起，表示"万事大吉"。两个柿子与一根如意在一起，则表示"事事如意"。荔枝与柿子在一起，表示"好市得利"，也就是说，成交了一笔很有利润的买卖。荔枝和柿子作为礼物送给商人，肯定会大受欢迎。

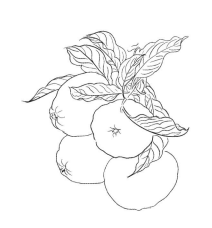

苹 果

苹与"平"同音，平平安安、平安富贵。苹果代表平安，苹果也象征爱心。苹果外形清丽，颜色怡人，因此常用于象征姑娘的美丽可爱。苹果的模样儿与"心"形近，所以也经常用以表示姑娘的爱心。

有些地方，逢新春佳节，案上必摆上一盘苹果，预祝家人、客人全年平安吉祥，是一种很受人们欢迎的礼物。

十九　茄　子

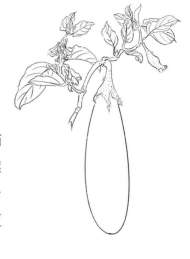

茄子是一种蔬菜，其瓜长而不圆，与花萼连一起，看上去就像一个人戴着一顶帽子。在人们的心目中，茄子是官吏以及他所戴的官帽的象征。在一些吉祥图案中，茄子可用来祝愿人很快得到高升，得到官职。在台湾，年终时人们特别喜欢吃茄子，据说这样会使嘴唇更红一些，运气更好一些。

二十　葫　芦

葫芦为藤本植物，藤蔓绵延，结果累累，籽粒繁多，是后代绵延、子孙众多的吉祥物。葫芦是道士的随身宝物，里面往往装着他的神药或其他法宝。人们认为葫芦是天地的缩微，里面充溢有一种灵气，可以用来擒妖捉怪。庙宇中描绘好神与恶神作战的图画，葫芦在其中是好神的主要宝贝，它能帮助他们战胜邪恶的敌手。现在一些地方，有人把葫芦悬挂在门上，用以驱邪。

一幅画着葫芦上缠绕着兰花的图画，象征着友谊。一个装饰别致的葫芦与玫瑰在一起的图案，其吉祥意义是"万代流芳"，可以用来祝贺受赠者的家庭延续不绝。

佛　手

　　佛手与"福手"谐音，可根据这方面解说，佛手就是福手。佛手是一种形状奇特的柑橘果实，果实有裂纹如拳，或开张如手指，所以通称为"佛手"。佛手能散发出一种特殊的香味，持久不散，因此人们常常把它放在房间中。

　　佛手是佛的象征之一，以前就有人把画有水仙和佛手的图案标为"学仙学佛"，这是一种吉祥图案。佛能给人间带来无限幸福，佛手也能使人们吉祥如意。

　　佛手的另一个吉祥意义是祝福。一幅画着特大的桃子、石榴与佛手的画，其吉祥意义是祈祝"三多"。"三多"是指多福多寿多男子。其中，桃象征长寿，佛手象征幸福，石榴因子多而象征多男子。佛手与蝴蝶在一起，其吉祥意义是祈祝长寿，活到八十岁，因为"蝶"与"耋"同音。

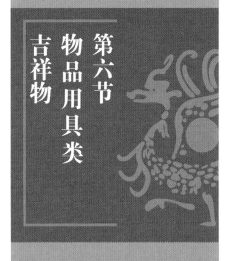

第六节　物品用具类　吉祥物

　　用具在人们的日常生活中是不可缺少的，是生活的好帮手，从这点来看，是理所当然的吉祥物，用它来表达内心世界向往是当之无愧。

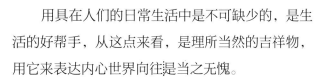

花　瓶

　　瓶与"平"同音。"宝瓶"是佛家的"八吉祥物"之一，可从"吉祥平安""平安富贵""平安如意"理解，如瓶中插三支戟可理解为"祝平安连升三级"。宝瓶灵应，象征智慧圆满不漏，也是祝愿。

　　古代的瓶根据其用途可以分为三种，一是汲器，一为炊具，一作酒器，大多为铜铸。唐宋时期，瓷质花瓶开始出现并流行。人们在花瓶上画上各种吉祥纹样，如九桃瓶，造型为直颈、圆腹、圈足，瓶体上用粉彩描绘枝叶繁茂的树干，结缀九颗

硕桃，寓"福寿长久"的吉祥意义。

瓶子的口往往比较小，人们看不到里面的模样，引发了许多奇思异想。因此，关于宝瓶灵异的故事也很多。据说，巫师往往用黑瓶来关妖魔。传说唐贞元中，扬州有一个乞丐，自称姓胡名媚儿，样子怪异。一天，他从怀中掏出一个琉璃瓶子，大约可盛半升水的样子，瓶壁透明。乞丐说："恳求善主施舍，把瓶子填满。"有人就给他一百个钱都没有装满。有人牵一匹马进瓶子里，在外面看，马像苍蝇那么大，在瓶子里行动自如。

宝瓶为佛家"八吉祥"之一，表示智慧圆满不漏。观音菩萨常带甘露瓶，上插杨柳枝，瓶中盛圣水甘霖，观音以此普救众生。佛教中有瓶雀之说，以瓶喻形体，以雀喻精神。雀在瓶中，则精神包于形体之内，瓶破雀飞，比喻形毁而神不灭。

由于宝瓶的灵应，花瓶也被看成吉祥物。在以前，还有一种特殊作用的瓶子，里面装着"五谷"，在婚礼中使用，象征着繁殖。所以花瓶的吉祥意义也多取"平安"的祝愿。一幅瓶子里插着四季花的图案，用来祝愿人一年四季平安愉快。瓶中插着如意的图案，表示"平安如意"的祝愿。

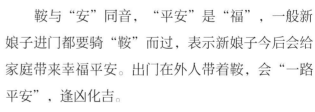

鞍

鞍与"安"同音，"平安"是"福"，一般新娘子进门都要骑"鞍"而过，表示新娘子今后会给家庭带来幸福平安。出门在外人带着鞍，会"一路平安"，逢凶化吉。

早在一千多年以前，我国就有这样的风俗：新婚夫妇进入父母房子的大门时，在门槛上要放一只马鞍，新娘必须跨上去骑一下，这样表示新娘会给这个家庭带来平安与和谐。

人们经常把马鞍与花瓶画在一起，祈祝"平安"。因为"瓶"与"平"同音。日常生活中，如果有人赠送你这样的一幅画，你将会得到好运气，行事会逢凶化吉。如果你将这样的一幅画送给亲友，亲友将会把它作为珍贵的礼品收藏起来。

三

戟

戟与"吉"同音，如有鱼形磬图案的东西挂在"戟"上，则表示"吉庆有余"。和瓶在一起，表示"平升三级"。戟在中国古代是一种兵器，合戈、矛为一体。是一种吉祥物，是官阶武勋的象征。

在唐朝，凡官、阶、勋三方面均达三品的显贵，门外立戟作为标志，因此"戟门""戟户"是贵族的代称。白居易《裴五》诗云："莫怪相逢无笑语，感今思旧戟门前。"

"戟"与"吉"同音，所以它可以表达"吉祥"的意义，象征着幸运和幸福。画戟的图案，可以用来祝别人中举及第，因为"戟"与"及""即"谐音。一幅画着花瓶上插三支戟，旁边放一个芦笙的图案，可以用来祝颂亲友官运亨通，"平升三级"。

四

书

书是文人八宝之一，指"学者"，象征着"有学问"，可以升官做官，可以立身治国，表示成功或祝愿"高中"等意思。书在中国人心目中是神圣的器物。直到现在，做父母的在儿子周岁生日时，还将书与银币、乌龟、香蕉等东西一

起放在婴儿面前，看他最先抓到什么。如果抓到书的话，就预示着他将来会读书，成为一个知书达理的人。

书在中国人的心目中很神圣，人们认为读好圣贤书，就可以立身治国。"书中自有黄金屋""书中自有颜如玉"曾经是人们的信条。一些吉祥图案也常以书做题材，如用盒子装起来的线装书与杏花瓶在一起，可以表示"祝你高中"。这样的吉祥图案过去是赠给赴京考试的书生们的礼物，现在也可以用来祝人高考成功。

毛 笔

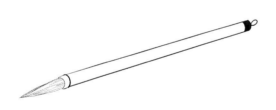

"笔"与"必"同音，笔有"灵气"，通过它来表达你心中所有的愿望，使你才华横溢，官运亨通，财源广进，心想事成。用毛笔写字是中国的传统，毛笔是文人必不可少的工具之一。笔、墨、纸、砚合称"文房四宝"。人们一直相信，笔有灵气，能辅助孩子成才，是否惜笔，也直接关系到才思盛弱的问题。

南朝梁时有一位叫纪少瑜的，少年时曾梦见有人赠送一杆笔给他。从此以后，文章大有进步。唐朝大诗人李白也曾梦见自己所用的笔头生花，从此才思横溢，文思丰富。但是，如果梦中得笔，以后不加珍惜，滥涂乱写，才思将会失而不复返。南朝梁时文学家江淹，小的时候家里很穷，但他很好学，在诗文上肯下苦功夫。有一天晚上梦见一人授他一支五色笔。自此以后，江淹的诗文显闻于世，被公认为最有才思的文学家。江淹却因此自我得意，不再磨炼情思，信手为诗作文。晚年时江淹曾在冶亭过宿，梦见一个自称郭璞的人，对他说："我有一支笔在您那里已经多年了，现在应该还了。"江淹就从怀里摸出一支五色笔还给那人。从此以后，江淹为诗作文再也写不出妙句来了，当时人就说"江郎才尽"。

《太平广记》中也记载一位叫廉广的人，有一天在泰山中采药，遇到一个隐士。隐士对廉广说："您能画画，现在送您一支笔，随便怎么画都可显灵通。"于是就从怀中取出一支五色笔授予廉广，忽然间，隐士不见。廉广后来到了中都县，县令生性好画画，于是就命廉广在墙壁上画上一百多个鬼兵，形状好像跟敌人打仗的样子。县尉了解到这种情况，也命廉广在墙上画了一百多个鬼兵，形状就像将迎接战斗的样子。到了晚上，两地方所画鬼兵都冲出来进行了激烈的战斗。县令和县尉见到这种情形非常害怕，下令手下的人把墙壁上所画的鬼兵毁掉。廉广自己也非常惧怕，连夜只身逃到下邳。下邳令知道了这么一回事，就请廉广画一条龙。龙刚画好，云蒸雾起，旋风忽至，所画之龙乘云而上，而下邳之地连日下着滂沱大雨，未见暂停。下邳令怀疑廉广有妖术，于是就把他押入牢狱。廉广在狱中呼号哭泣，遥告泰山中的山神。到了夜里，梦见先前山中隐士对他说："您应该画一只大鸟，叫它载您飞走，您才能免此狱中之苦。"第二天早上，廉广醒来，偷偷地画了一只大鸟，试着叫它，大鸟果然展开了翅膀。廉广于是就乘坐在鸟背上，大鸟飞出牢狱，一直到了泰山才停下来。到了泰山，廉广又见了山中隐士，隐士对廉广说："您把这个秘密向世人泄露了，难免要遭到那样的困厄。本来给您一支小笔，目的是为使您找到幸福的，谁知反而给您招来了祸害。您现在应当把五色笔还给我。"廉广于是从怀中掏出笔来还给他。隐士忽而消失不见人影。从此以后，廉广再也不能画画了。

毛笔具有灵气，可以用来辟邪。在南方的一些城镇里，随时都可以见到居民的家门上用红色的棕绳悬挂着一支毛笔。据说，这样悬挂着的毛笔就是神灵的判灵笔，任何邪魔一见都会恨不得避得远远的。有一种说法还认为，门上悬挂着毛笔，家里定会出文人，即使不出大文人，小孩在学校读书也会很聪明。如果小孩在选玩具时选中了笔，这是一种吉祥的征兆，预示着这个小孩将会成才。

"笔"与"必定"的"必"谐音，所以，有笔出现，就表示"必定"的意思。特别是一支贯穿轮子的笔，就表示"必将命中中心"，预兆读书人必定会通过科举考试，并且会高中。

六

古 钱

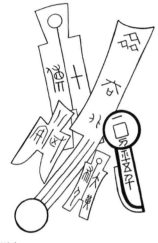

铜钱中间像井，"井"则"锦上添花"，象征富贵。两千多年前，中国就使用各种金属硬币。铜币又分圆形圆孔和圆形方孔两种。据说，圆形方孔的铜币，其形状外法天，内法地，取义精宏，起于战国晚期，是八宝之一，象征富贵，常铸有"长命富贵"字样。

古铜钱还被用作护身符。这些铜钱或铸"天下太平""龟鹤齐寿""吉祥如意"等字样，或铸一些灵物图形，用红线串起来，佩戴胸前，可以驱赶使人致病的魔鬼和妖精。在除夕，大人要送小孩压岁钱，祝愿新年财源不断。

有一些地方，在婚礼上，当新郎新娘并排坐在新床上时，人们不断地抛出铜钱来打他们，而新娘则试图以围裙接住这些吉祥铜钱。这些铜钱铸着"长命富贵""如鱼得水""白头偕老"等吉祥字样。接着，新娘从水中捞起一个装着半碗铜钱的碗，并把铜钱捡出藏起来，以图吉祥。

在古铜钱中，据说乾隆钱最有灵气，占卜的人常用乾隆钱来占卜，所卜之事无不应验。

七

鞋

"鞋"与"偕"同音，可理解为"协调""和谐""白头偕老"的意思。伴君历尽千山万水的鞋子，是一种吉祥物。民间认为，一个

人到生疏的地方或在野外荒郊睡觉，应该将鞋子枕在头下，这样就可以驱邪辟祟，俗谚有云："头枕烂泼鞋，神鬼不敢来。"

在很多地方，大人将绣有虎头形象的鞋给小孩穿，能驱妖辟邪，小孩长大也像虎一样勇敢威猛。"鞋"与和谐之"谐"、同偕到老的"偕"同音，所以，鞋象征着协调、和谐。旧时，人们用鞋祝颂新婚夫妇白头到老，在嫁妆中备有铜镜和鞋子，就寓"同偕到老"的吉祥意义。新娘迎娶回来时，在新郎家大门口铺上一些编织袋，新娘必须从这些袋上行走，到房门前，新娘还要与新郎互相交换鞋子，表示希望"代代相传""白头偕老"。

八

镜

镜历来被视为神奇之物，能保护人们平安幸福。镜能照妖除祟，"照妖镜"指"保平安"。"破镜重圆"指好事多磨，重新开始新生活的意思。中国早在三四千年前就开始使用青铜镜。据说，镜为黄帝所造。黄帝与王母会于王屋，在鉴湖边铸镜十二面，随月用之。黄帝是在湖边铸镜的，这个湖现在称鉴湖。鉴湖边还存有黄帝的磨镜石，石上常洁，不生蔓草。

隋朝时有一异士曾赠王度一面镜子，谓是黄帝所铸镜之第八面。手持这面镜，百里昭人，百邪不敢近。相传有一种照海镜，不管海水如何沉黑，用镜照海，百里之内的海底游鱼及一切礁石都可照得一清二楚。人们普遍相信镜能照妖，甚至到现在还可以找到"照妖镜"。一般道士往往要随身带着照妖镜，凡邪魅见到，必现原形。最神奇的魔镜据说产于扬州，特别是那些在端午节磨成的镜子。佛教僧人相信从这种魔镜中，可以看到人们的来世。

镜子作为一种吉祥物，人们经常用来悬挂在门上或嵌在屋脊上，这样能起到辟邪的作用。过去婚嫁迎亲时，新娘要怀揣镜子，或在天地桌上米斗中置放镜子，还要在新房寝帐开口处饰以镜子，以此能驱魔辟邪，保佑新人平安幸福。一个人如果捡到一面镜子，就预示着他不久可以找到一个好妻子。如果梦见一面明镜，那是交好运的征兆。以镜子作为礼物送人，是祝人将会生一个儿子，这个儿子将来会当上大官。因为"镜"与"晋"同音。一幅铜镜和鞋子的吉祥图案，是送给新婚夫妇的好礼物，它可以表达"同偕到老"。

在过去，夫妻作较长时间的离别时，他们要打破一面镜子，各持一半，以便以后通过镜子认出对方。人们相信，如果有一方不忠，那么这一方的半面镜子就会变成鹊飞到另一方那儿去。"破镜重圆"表示有情人重新结合。

布　袋

袋与"代"同音，指"代代相传""子孙后代"。"传宗接代"，指不间断，用于一代更比一代富、一代更比一代强、蒸蒸日上，欣欣向荣的意思。

布袋是民间常用盛物的工具，比较多的是用来盛米。历史上有一个禅宗方僧，常常背着一个大布袋到处化缘，乞求布施，人号布袋和尚。他死后人们又多次看到过他，所以人们认为他是弥勒佛的化身。在杭州，很多寺庙多塑其像，抚膝袒胸，开口而笑，身旁放一个布袋。

布袋似乎难登大雅之堂，但民间却很看重它。在很多地方，一般的家庭在布袋里常放些许大米，不能让它空着，这样就能祈得天地赐食于这家人。有的地方驱除鬼魅的巫师，常常一手拿竹枝，一手拿着一个布袋，据说能把鬼魅赶进布袋里化为乌有。有的地方在新郎新娘进洞房之前，由新郎的母亲把一个用红色棕绳扎住的里面装一些吉符的小红布袋交给新娘，新娘跪接过来，这个仪式的吉祥意义就是"传宗接代""代代相传"。

　　在南方的一些地方，父母常让小孩佩戴一个小红布袋子在胸前，红布袋子里装着一些吉符，据说，这样能使小孩得到神灵的保佑，一生无灾无难，健康成长。

灯

　　每逢吉庆盛宴，人们都要张灯结彩，增加热闹的气氛。很多地方在每年的正月十五都要挂红灯，举行元宵灯会。关于这个习俗的来源有两种说法：一说唐朝黄巢起义时，曾北上攻打浑城，久攻不下，适逢过年时节，黄巢亲自乔装进城察看，被唐军追捕。一个卖醋的老人冒着生命危险救护了黄巢，并告诉黄巢要攻浑城不要从正门进，而要从天齐庙的豁口进攻。黄巢听了很感动，吩咐老人正月十五在房檐下挂起红灯笼。老人把这个消息传给邻居，不久，全城的穷百姓都知道了，家家买红纸扎起灯笼。黄巢于正月十五晚率五千精兵突袭入城。这时，穷人家门口都挂起了红灯，全城灯火通明。凡是挂红灯的大门，起义军一律不入。不挂红灯的，起义军冲进去抓赃官，抓老财，只一宿就把贪官污吏、土豪劣绅杀光了。第二天，黄巢下令开仓分粮并重赏卖醋老人。自那以后，每到正月十五，家家户户都挂起了红灯。另一种说法是，正月十五是春节佳期的最后一天，前来人间欢度春节的祖先之魂，必须回到另外一个世界中去，所以各地方都悬挂红灯，为死人的灵魂引路。

　　在南方的一些方言区中，"灯"与"丁"同音，所以"点灯"就意味着"添丁"。据说女人们喜欢在灯下走，她们认为这样能多得子。当某一家生了男孩，这家就要举行添丁仪式，遍请乡邻、亲戚。在很多家庭的门上，都可以看见挂着一个亮着火的小灯，这种小灯既可以避邪，也可以用来祈求此家庭能不断地添丁进财。另外，灯的"光明"可理解为"前途光明"的意思，可驱魔引路，还可以用于喜庆的意义上，如张灯结彩，表示一个"喜"字。

如　意

如意与"如意"不但同音，连字都是相同的，为"八宝"之一，可理解为"吉祥如意""万事如意""事事如意"等。如意祝福人们如愿以偿，是象征吉祥的器物，用玉、竹、骨等制成，头呈灵芝或云形，柄微曲，供赏玩。它表示做什么事情或要什么东西都能够如愿以偿。

古时有一种爪杖，柄端作手指形，用以搔痒，可如人意，故称如意。魏晋时士大夫常执用如意，柄端作心形，用骨、角、竹、木、玉石、铜铁等制成，非用于搔痒，而持以指划。晋时王恺生性豪奢，常与当时巨富石崇竞富。一次，王恺拿出皇帝赐给他的珊瑚树给石崇看，石崇拿过来连看也不看，用铁如意敲击，应手而碎，以表示珊瑚树在他看来不值分毫。

如意还是佛家用具之一，和尚宣讲佛经时，常持如意，记经文于其上，以备遗忘。

近代的如意，长不超过一二尺，柄端多作芝形、云形、多为铁、金、木犀、水犀、白玉、珊瑚、竹根制作，因其名吉祥，以供观赏备受珍爱。它还是"八宝"之一，可用作一般馈赠，也可用以祝寿、贺婚。人们常常拿如意送给老人，表示祝他"事事如意"。

如意与毛笔、银锭在一起的吉祥图案，则祝受赠者在学问上，仕途上皆如心意，并过着荣华富贵的生活。婚礼上，新郎家如送给新娘家一根如意，表示真诚地希望他们的婚姻"美好如意"。表达如意的吉祥图案多取如意为题材。童子或仕女手持如意骑在象背上的图画，表示"吉祥如意"。一根如意插在瓶子上，可表示"平安如意"。

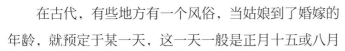

绣　球

用彩绣做成的绣球，是中国民间常见的吉祥物。姑娘抛出的绣球，代表着姑娘的心。绣球有两层含意，一是心中的愿望或心愿，二是表达"喜气洋洋"的一种方式。

在古代，有些地方有一个风俗，当姑娘到了婚嫁的年龄，就预定于某一天，这一天一般是正月十五或八月十五，让求婚者集中在绣楼之下，姑娘扔出一个绣球，谁得到这个绣球，谁就可以成为这个姑娘的丈夫。当然，姑娘一般会看准意中人，把绣球扔到他身上，以便他捡到。

在很多地方，抬新娘的花轿，轿顶上要结一个绣球，以图吉庆瑞祥。每年正月十五"龙灯节"，人们以布和纸扎成一条长龙，由几十个壮汉舞动。舞动着的龙正戏耍着一个"绣球"。这是一个标志着新年伊始祈望丰产的节日，舞动象征着春天风调雨顺。表示喜庆、吉祥的"狮子滚绣球"中，由一人执绣球逗引狮子舞动。俗传，雄雌二狮相戏时，它们的毛缠在一起，滚而成球，在滚动的过程中帮助幼狮孵出。所以，绣球在这里可以作为一种繁殖的象征吉祥物。绣球的各种变形图形"绣球锦""绣球纹"，被广泛应用于衣料、建筑、什器中，各种吉祥图案也多采用。

寿　石

寿石主要用于表达"寿"的意思，有寿才有福，实际上是石头的雅名。石之寿长于动植物，故叫寿石。中国人喜爱石头，在园林布置、山水盆景制作中，都离不开石头。寿石见于图案中，则带有明显的吉祥寓意。常将寿石与其他吉祥物搭配在一起以祝人长寿。一幅大海中矗立的石或岩石的图案，指的是东海的极乐仙境，图案上多题吉祥话语。如："寿比南山、福如东海"。

有松、竹、萱、兰和寿石的吉祥图案，称为"五瑞图"，中国人喜欢把这样的图案挂在厅堂上，以兆祥瑞。

除用于祝寿外，有些地方把石头作为崇拜物向其祈雨，假如祈祷无效就要敲打这块石头。妇女们则向石头求子。在四川省的一个寺庙里，有一块巨石，石上有五个孔。求子的妇女试着将一些小石块扔进孔里。如果扔进最上面的孔，表示将会得到财富；扔进底下的孔，表示会得到荣誉；扔进左边的孔，表示将生儿子；扔进右边的孔，则表示要生姑娘。

在台湾，妇女们要奉祀儿童保护神"石头师傅"，她们向"石头师傅"祈祷，希望自己的儿子结实得像石头一样。如果生下了儿子，母亲每年都要向石头献祭四次，直到儿子长到六岁为止。

据说石头能辟邪，特别是泰山石，妖魔鬼魅见到都要远远避开。人们常在街道正对着的角落或在建筑物前，竖一块刻有"石敢当"字样的石头，以挡煞气。

用于祝颂长寿的吉祥图案有：寿石、牡丹、桃花在一起，表示为"长命富贵"。寿石、菊花、蝴蝶、猫在一起，表示为"寿居耄耋"。寿石、绶鸟、水仙在一起，表示为"代代寿仙"。寿石、兰花、笔在一起，表示为"必得其寿"。

雨 伞

雨伞是一种避雨遮阳的工具，从"保护""遮挡""躲避"等方面理解，说明雨伞能辟邪驱妖。很多神像手里都拿着一把雨伞，是"镇妖除魔"的一种常用工具。民间说："晴带雨伞，饱带干粮。"外出带一把伞能保您平安地漂洋过海，走尽天涯都能顺利地到达目的地。

在许多地方的婚俗中，新郎手上持有一把伞。有的地方，新娘要到男方家来时，必有人持雨伞为其挡邪。有的地方，妇女分娩时，床上要放一把伞，据说妖邪因此不敢欺侵。有一个故事讲到，一个女人的鬼魂要过海到台湾去，但她没有这个能力，于是藏在一个商人的雨伞中，顺利地渡过了海洋。

据说，雨伞是佛教徒的八种象征之一，它与神的脾脏相对应。

扇　子

扇与"善"同音，表示"行善积德"做好事，"行善"积阴功，"善行"做大事。有些神手中拿着一把扇子，表示镇妖除魔或辟邪的一种工具，摇动以生风，又是夏日乘凉用具。

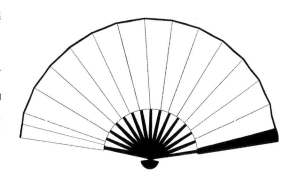

在中国有一种特殊的文化现象，历代文人墨客喜欢在扇子上题诗作画，言情托志。有时被看作是官职的象征，大概是因为古代官员多为文人出身，而文人又常随身携带一把扇子，在各种交往礼仪中常持扇揖让。一副文质彬彬、温良恭谨让的雅士风度。

"羽扇纶巾，樯橹灰飞烟灭"东吴名将周瑜，手执羽扇，谋运策略，其神态悠闲自若，后人就把羽扇看作智慧的象征。

神仙之一的钟离权（汉钟离），常手执一柄具有魔力的扇子，他能以这柄扇子将死人复活。所以，扇子有时也象征着"善行"，预兆着祥瑞。

弓

　　弓象征着一个男婴的降生。中国古代有这样的风俗：婴孩降生第三天，必以桑弓向天空射几支艾箭，以驱走魔鬼的精灵。

　　据说，弓能救太阳，能够救月亮的是箭。在古代，每个夜里，人们都要用弓和箭来驱走不祥的夜鸟，以保全月亮的光辉。

　　吉祥神张仙在送子时，要张弓挟弹。张仙从弓里射出的不是箭而是飞弹，"弹"与"诞"同音，暗含"诞生"之意。传说，一个未婚青年能拉开祖先留下来的弓，是一个吉祥的征兆，不久，这个人能得到一个好妻子。

剑

　　剑与"健"同音，强身、强家、强国。古兵器，长条形，青铜或铁制成，一尖两刃，可随身佩带，是可灵活使用的贴身利器，也是驱赶恶魔的工具，镇妖除魔的宝物。家中若有宝剑一把，剑气冲天，魑魅鬼怪都不敢进来。

　　剑在中国文化中代表着一种正气，唐朝刘希夷《将军行》就有"剑气射云天"之句。在许多传说中，宝剑都起着神奇的作用。传说越王勾践曾使铸剑师以白马白牛祭祀昆吾之神，采金铸剑，成八柄宝剑。这八柄宝剑，第一柄名掩日，用它指一指太阳，则太阳忽然暗淡无光；第二柄名断水，用它指水，水则分开合不到一块；第三柄名转魄，用它指一指月亮，则月宫为之倒转；第四柄名悬剪，飞鸟经过，一接触剑刃，则被斩断；第五柄名惊鲵，用它扬泛海水，鲸鲵则惊得往海底潜藏；第六柄名灭魂，夜里佩带它，魑魅避之唯恐不及；第七柄名却邪，凡是妖魅，一见到它只能伏地受处；第八柄名真钢，用它来切玉断金，如削土木。这八柄剑是采八方之气铸成的。

在宝剑的传说中，最著名的是干将、莫邪的故事：春秋楚国铸剑名匠干将与其妻莫邪为楚王铸剑，三年才铸成。楚王怒而欲杀干将。干将知凶多吉少，便将所造雌雄二剑中的雄剑藏起，携雌剑见楚王。临行前，嘱其有孕在身的妻子曰："如生男孩，长大后告诉他'出门望南山，松生石上，剑在其背'。"干将被杀后其妻生子名赤，赤长大后问其父，莫邪把干将所嘱转告赤，赤劈松取剑寻楚王报仇。

当时楚王梦见一男孩，欲持剑寻仇，就悬赏千金捉拿这个男孩。赤闻讯进深山。有一天，他一边走一边悲哀地唱着歌。有一个侠客遇见他，就问："你年纪这么小，为何哭得这样悲伤呢？"赤于是把缘由如数告诉侠客。侠客听后说："听说楚王悬赏千金要你的脑袋，把你的脑袋拿来，我为你报仇。"赤说："太好了！"立即把自己的脑袋割下来，两手捧着头和宝剑交给侠客，身子僵立不倒。侠客说："我决不会辜负你。"这时，赤的尸体才倒下去。

侠客带着人头去见楚王，楚王十分高兴。侠客说："这是勇士的头颅，应当用大汤锅来煮它。"楚王依照侠客的话去做。但煮了三天三夜，人头非但没有煮烂，而且时常跳出水面，瞪着愤怒的眼睛。侠客就对楚王说："这个小孩的头颅现在煮不烂，但只要大王亲自到汤锅边察看，它必定立即煮烂。"楚王信其言，走到锅边去看。侠客立即用宝剑向楚王的头砍去，楚王的脑袋即刻掉进了汤锅。侠客也挥剑砍断了自己的头，使它也掉进汤锅中。在汤锅中，赤和侠客的头还与楚王的头互相打斗。最后，三颗人头都煮得稀烂，面目全非。楚王的手下只好把那锅里的肉汤分成三份埋葬，笼统称作"三王墓"。

后来，人们称干将所铸的剑，雄为干将，雌为莫邪，它们能斩尽人间不平之事，也能斩妖伏怪。道士施法时，手里就持一把斩妖剑。八仙之一的吕洞宾就以斩妖剑为标志。普通的剑也能驱除妖怪，如果在房子里挂一把剑，魑魅鬼怪都不敢进去。

十八
磬

磬与"庆"同音，常用来象征好运气，是中国古代的敲击乐器，属八音中的石类。初为玉、石雕成，后人以金属铸磬，形状似折尺，乐声悠扬婉转。佛寺中有叫磬的法物，是一种状如云板的鸣器，用来敲击以集合僧众。另外，佛僧念经时敲击的木鱼，也有人称为"鱼磬"。

磬为八宝之一，本身可兆瑞祥，凡吉祥喜庆的主题都可以用"磬"来表示。人们用"笙磬同音"来祝颂和谐融睦。绘有铜磬的吉祥图案，可以表示"普天同庆"。"吉庆有余"的吉祥图案，常由击磬童子与持鱼童子相戏舞的形象构成。

十九
笙

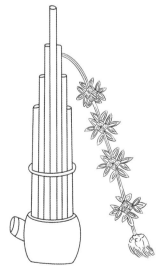

"笙"与"升"谐音，所以笙亦象征着提升。家有佳宾，鼓瑟鸣笙。贯地而生，子孙繁衍。笙是一种簧管乐器。据传为神话人物女娲所制。女娲原是伏羲的妹妹，兄妹两人同入葫芦逃避洪水灾难。洪水过后，地上只剩下他们兄妹两人，他们只好违伦结合，再造人类。后来，女娲制作笙簧。所制笙簧形状像凤鸟的尾巴，有十三只管子，插在半截葫芦里面，以纪念伏羲女娲在葫芦里避洪水的经历。

女娲制笙，有仿效万物贯地而生之意，象征人类的繁衍滋生。女娲再造人类，出现婚姻制度，笙的创制与此紧密关联。如今西南苗族、侗族所在的地区每年二三月要举办芦笙会。他们选择一块平坦的空地，作为"月场"，穿着节日盛装的少男少女们，都到月场上来，吹着悠扬悦耳的芦笙，绕着圈子，唱歌跳舞，叫作"跳月"。芦笙会其实就是男女选择心上人的佳会，在跳舞中，男女双方如果情投意合，就可以手牵着手，离开人群，到秘密的地方去。

可以说，笙从女娲那里开始，一直到现在，被看作爱情和婚姻的吉祥物。在古代，国有嘉宾，则鼓瑟吹笙。又笙与磬合奏，奏出的声音和谐美妙，故人们用"笙磬同音"这个吉语，祝友朋融洽、夫妻和谐。花瓶插着三枝戟，旁放笙簧的吉祥图案，表示"平升三级"。

琴瑟

琴瑟都是我国古代的弦乐器，为"八音"中的"丝"。相比起来，琴的使用和影响比瑟广泛，但琴瑟两者往往并提。

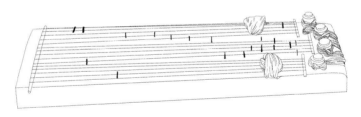

中国古代文献说，东汉灵帝时，陈留郡人蔡邕因为多次上书奏事，违背皇帝旨意，又被得宠的宦官所憎，他担心自己难免被害，就流亡江湖，行迹远及吴会地区。到了吴郡，遇上一个吴地人用桐木烧火煮饭，他听了听桐木在火中爆裂的响声，就说："这是一块好木材。"便请求把那块桐木给他，他砍削制成一张琴，果然弹出了动听的声音。木料烧焦的地方作琴尾，于是这张琴取名叫"焦尾琴"。

琴与棋、书、画构成"四艺"，是每个文人学士所必须掌握的风雅之事。文人学士之所以特别喜欢弹琴，是因为他们把弹琴看作道德和性情修养必不可少的一部分。汉代刘向曾说："乐之可密者，琴最宜焉。君子以其可修德故近之。"

古代文人学士外出，常携琴佩剑，琴心剑胆是文人所追求的儒侠相济的文士风范。文人学士喜欢弹琴，还因为琴能去邪归正，使人心气平和。

至于瑟，据说是伏羲所作，开始为五十弦。黄帝曾使素女鼓瑟，哀不自胜，乃破五十弦为二十五弦，使其声均和为二。

"鸣琴乐佳偶，鼓瑟结良缘"。琴瑟同奏，其音和谐，所以，人们开始以琴瑟比喻朋友情谊。后来，"琴瑟和鸣"更多地用于夫妇和好。"琴瑟调和"常用于对新婚夫妇祝颂吉语。

鼎

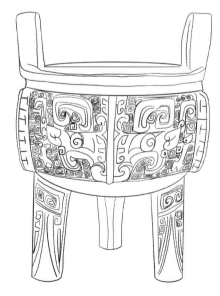

鼎，古代煮东西用的器物，三足两耳，常用于祭祀。相传鼎为黄帝首创。黄帝与同母异父的兄弟炎帝发生争斗，大战三场，黄帝取胜。炎帝的后裔蚩尤崛起而为炎帝复仇。经过惊心动魄的战争，蚩尤兵败被诛。黄帝为了纪念这场战争，派人去开采首山的铜，搬到荆山脚下铸鼎。在铸鼎过程中，老虎、豹子和天上的飞禽都来帮助守护炉灶，看护炉火。后来，宝鼎终铸成，鼎高十丈三尺。容量比装十石谷的大瓷坛还要大。鼎的周围雕刻着腾云的龙，还雕有四方鬼神和各种奇禽怪兽。

黄帝把宝鼎陈列在荆山脚下，并在那里开了一个祝贺宝鼎铸成的庆功大会。天上诸神和八方的百姓都云集荆山脚下，热闹非常。在庆功会盛大的仪式进行中途，忽然有一条神龙，身披金光闪闪的鳞甲，从云里探下半截身子来，胡须一直垂到宝鼎上。黄帝知道来迎接他回转天庭的使者到了，就带着和他一同下凡的诸天神一共七十多人，纵身入云，跨上神龙之背，冉冉朝高天升去。

在古代，人们都认为，黄帝曾铸三鼎，象征天地人；夏禹铸九鼎，象征九州。鼎是镇国之宝、传国重器。若有人"问鼎"，是指此人有觊觎王位、图谋霸业的野心。鼎的三足，表示三个宗教长老都支持皇帝。如果丢失了宝鼎，就是这个朝代要灭亡的预兆。

现在鼎的造型主要用来象征吉祥。有一幅锦绣河山的图案，在山河交织之中绘有九个形状各异的鼎的纹图，这幅画叫"山河九鼎"，其吉祥意义是颂祝祖国河山秀丽、国运兴隆。

荷 包

是一种丝绸缝制成的小包，它具有辟邪的作用。如果一个荷包与金鱼画在一起，其吉祥意义是祝人包内有余钱。

荷包还是姑娘送给心上人的定情物，是爱情的象征。

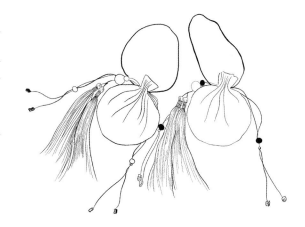

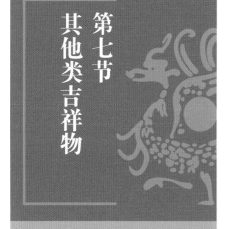

第七节
其他类吉祥物

囍，是一种家喻户晓的吉祥符号，习惯称为"双喜"。

传说，囍为宋代大文豪王安石所创。王安石曾进京赴考，见一富贵大族人家门前张灯结彩，灯上悬一幅上联，求对下联，对得上者就将小姐许配给他，但始终无人成功。科考结束后，王安石便把那一副对联对了下来，当了乘龙快婿。洞房花烛之时，又得知金榜题名，王安石就情不自禁，挥毫写下一个大大的"囍"，表达喜上加喜的心境。

从此，囍就成了"又娶媳妇又过年"的喜庆吉祥图案，特别是婚娶时常用的吉庆瑞符。

祥　云

　　云是由水滴、冰晶聚集形成的在空中悬浮的物体。在我国古代，祥云被赋予了很多神秘色彩。《易经》中说：云从龙，龙起则生云。云行天中，人们就以云代天。古时什物多饰以卷曲的云头，似乎取托瑞于天之意。画着五只蝙蝠在云中飞翔的吉祥图案，可以表示"天赐五福"。

　　据说，有青云出现，则表明有好道之君。青云也为官名，专察瑞云以纪其事。后世以青云喻高官显爵，祝颂官运亨通曰"平步青云"。有一种吉祥图案，一个牧童放风筝入云端，表示"青云得路"。

　　典型的祥云为五色云，表示五倍的幸福。元朝方回有诗道："名扬早捷千军阵，胪陛应符五色云。"五色云亦称应云、景云。太平瑞应，则景云出，也是吉庆之气。古人曾经这样说："德高至山陵则景云现，德深至地泉则黄龙现。"南朝鲍照曾写道："景云蔚岳，秀星骈罗。"有一称"慈善祥云"的吉祥图案，为莲花配以慈姑叶，周围加五色云的纹图。

笏

　　笏是古代官吏上朝或谒见上司时所执的一种用具，用以记事。古制中，百官朝会时手执笏板，有事则执之于手而记奏，无事则插之于腰带间。

笏的形制、质地因官品的高下而有所不同。古时天子所用之笏为白玉所制，诸侯所用之笏为象牙所制，大夫则以鱼须文竹制成，士以竹木制成。西魏以后，五品以上通用象牙笏，六品以下用竹木笏。

笏为官阶、职权的标志，也是地位、富贵的象征，人们视之为祥瑞之物。民间有所谓"五瑞"图案，五瑞就是笏、磬、葫芦、鼓、花篮。

爵

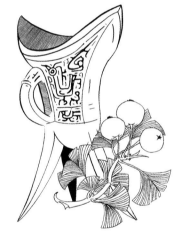

爵为我国古代的礼器，也是酒器的通称。古时宗庙之祭，贵族献之以爵。

爵又指爵位，古代帝王封的爵位为公、侯、伯、子、男五等。后世，爵成为爵禄、较高地位的象征，成为祝愿官运亨通、飞黄腾达的吉祥物。较富有的人家，在几案上陈置一尊古代青铜爵，既可供欣赏，又能标志主人地位的显赫，家道的昌盛。

以爵作为礼物赠人，显得特别贵重。在一些吉祥图案中，也常以爵祝人升官。爵与古镜在一起，其吉祥意义是祝贺"晋爵"。一幅表示"加官晋爵"的吉祥图案，是一个童子向天官献爵。

蛋

蛋在古代是宇宙的象征。传说蛋为女娲所生，世上万物皆出于蛋中。蛋的吉祥意义是生子送福。

　　不少地方，在婚礼上或产妇生完孩子后，主人家要送彩蛋给客人和邻居，吃了彩蛋的人整年都会吉祥如意。还有一些地方，每逢生日都要吃蛋，当有人遇到危险而免遭灾难，当天就要吃蛋，表示否极泰来。蛋在有的地方称为"春"，在春节时，鸡蛋被染成红色，叫作"送福"。

　　在南方的一些少数民族中，鸡蛋也被用于占卜。他们将一个画得很漂亮的彩蛋煮熟，然后剥开，根据蛋黄的形状预言。

（六）

吉祥香

　　吉祥香是由香料制成的细小香棍，能辟邪恶，可用于庭屋熏香，使空气芬芳，更多的是用于祭祖、供佛、祀神。

　　人们一般是把点燃的吉祥香插在祭坛前的香炉里，既可作为清香献给祖先灵魂和神佛，也可以作为祭祀的信息，告诉受祭者前来纳祀。为祭祀方便，一般都在神前置一张放有香炉烛台的长几，称为香案。

　　吉祥香不限于祭祖、供佛、祀神，凡是人们认为应该以礼拜之的东西，都燃香礼之。唐代诗人陆龟蒙有诗云："须是古坛秋霁后，静焚香炷礼寒星。"

（七）

犀　角

　　犀牛角是文人的八宝之一，也是吉祥标志之一。在古代，犀角与白玉璧一样，被作为国礼互赠。犀角可入药，对一些疾病特别有灵效。犀角也可以用于占卜，测字先生就随身带着一个犀角。据说，犀角还有确定汤中有无毒物的功用。

珠

珠是"八宝"之一，它象征着神奇和纯洁。人们相信，贝壳因雷电而孕育珍珠，珍珠在月光下长大。

关于珠的神奇传说很多。唐顺宗皇帝即位时，拘弭国的贡品中有一颗履水珠，颜色黑如铁，比鸡蛋稍大，中间可以穿孔。进贡者说，拿着履水珠，可以在洪波行走，如履平地。皇帝于是就命令善于游水的人用五色丝穿过宝珠，系于左臂上，走进龙池中，其人果然履波如平地。

有一种珠叫力珠，如龙眼那么大，含在口里，一个人就可以挽着大象的尾巴往后拖行。传说：有一个叫刘累的人在宁封中得到一颗这样的力珠，于是就能伏虎豹、擒蛟龙。他曾提着老虎尾巴站在很高的城墙上，将老虎倒悬，老虎怒号，其声闻于数里之外。又一次，他用中指和无名指夹着一条生牛皮，使十个大力士去拉，结果皮拉断了，而他的手指终不放松。

宝珠能使浊水变清。有一个叫冯严生的人，曾经游于岘山，拾得一物，状似弹丸，色黑而大，闪闪发光，细看丸身洁澈如薄水，故以弹珠名之。后来，冯严生游长安，于春明门遇到一个胡人，胡人叩马而言："您衣袋中有一奇宝，愿得一见。"严生即拿出弹珠给他看。胡人捧而大喜说："此天下之奇货也，愿以三十万两为价与你买。因为这是吾国之至宝，国人皆谓之清水珠，如将它放置在浊水中，浊水就冷然清澈。自从这件宝物丢失了以后，三年来，吾国之井泉尽变混浊，国人饮后都生了病。因此，我们翻山越海来到中夏寻求这件宝物，今天果然从您这里得到了。"胡人说毕，即找人用浊水灌进缶里，把清水珠放进去，很快，浊水变得清澈，纤毫可辨。严生于是把珠给胡人，获得三十万两银子。

宝珠为吉祥物，夜能发光，妖邪均不敢侵近。而行德积善者常能得到宝珠。古时，隋侯出宫巡行，看见一条小蛇，大概有三尺长，在热沙中转来转去，头上出血。隋侯看到这条蛇甚为奇异，就派人用药给它包扎，蛇才能行走。两个月后，隋侯又经过此地，忽见一小孩，手捧一颗明珠，站在道路中间，要把明珠送给隋侯，并说："昔日深蒙救命，甚重感恩，聊以奉觊。"隋侯说："小儿之物，我不能接受。"说毕就走了过去。到了晚上，隋侯梦见白天所见的小孩又持珠送给他，说："我乃蛇也，先前蒙救护生全，今日答恩，请接受，不要再有什么迟疑了。"隋侯感到惊异。到了早上，见床头果然有一颗明珠，于是只好收藏起来，并感叹说："蛇犹解知恩重报，在人岂能反而不知恩乎！"

宝珠常被作为装饰品佩戴身上，能使人平安吉利。

长寿面

面粉一般以小麦或稻米磨成，人们用面粉做成面条。面条很长，所以，人们把它与长寿联系起来。在祝寿的礼物中，往往少不了长寿面。

南方的一些地方，每逢春节，都要吃面条，这样能有效地求得长寿。人们还用面粉来制作成面桃，染上红色，就是寿桃，它也是祝寿的吉祥物。

春　联

春联即中国人过春节时贴在门上的对联，是由桃符演化而来的。传说度朔山上有

棵大桃树，桃树上结的桃儿是仙桃，吃此桃能益寿成仙。桃树下住着神荼、郁垒二兄弟。兄弟俩力大无比，雄狮见到他们要低头，恶豹见到他们要瘫伏于地，老虎为他们守林。神荼、郁垒站在桃树下，手持苇索，专捉恶鬼，捉到恶鬼就送给老虎吃。因神荼、郁垒能驱邪捉鬼，逢年过节，人们纷纷制两片桃木板，上画神荼、郁垒神像，或只写神荼、郁垒的名字，挂在门两边，以保家平安，这就是"桃符"。

到了五代，后蜀有个叫孟昶的人，在桃符上题了两句词："新年纳余庆，嘉节号长春。"这是我国第一副联语对联。后来，明太祖朱元璋在南京建都之后，曾下令，在除夕之日，各个公卿家，门上都要加贴春联一副。这时的春联已改用红纸书写了。

起初，春联只限于官府门第，后来一般平民百姓家也都张贴起来。从那以后，春节贴春联便成我国人民的一种风俗习惯，是一种图吉祥之举。

石敢当

民间，在街头巷尾拐角之处，或对着路口的地方，要在墙上垒一块石头，上写"泰山石敢当"或只写"石敢当"字样，这样能制煞辟邪。

据传，石敢当是一个人，他很勇敢，什么也不怕，在泰山一带很有名气。有些人受别人欺侮了，就找石敢当替他报仇。泰安南边五六十里地处，有个汶口镇。镇里有个人家，这人家的闺女自己住在一间房子里。每到太阳下山时，就从东南方向刮来一股妖风，刮开她的门，上她屋里去。这样几年后，闺女就变得面黄肌瘦，很虚弱。找了许多先生来看，都医治不好。闺女自己说：

"你们怎么找人治也治不好，我是妖气缠身，光吃药是治不好的。"闺女父母正在没法可施的时候，想起泰山上有个石敢当，就备上毛驴去找他。石敢当来了以后，就说："请准备十二个童男，十二个童女。童男一人一鼓，童女一人一锣。再准备一盆子香油，把棉花搓成粗灯捻，准备一口锅、一把椅子。这些东西准备齐了，我准能把妖气捉住。"这样，等吃过饭后，他就用灯芯子把香油点着了，用锅把盆子扣住，坐在旁边，用脚挑着锅沿。这样虽然点着灯，远处也看不见灯光。天黑了，从东南方向呼呼吹来了一阵妖风。石敢当用脚一踢，踢翻了锅，灯光一亮，十二个童男童女就一齐敲锣打鼓。妖怪一进屋，看见灯光一亮，急忙闪出屋，朝南方跑去了。据说，妖怪跑到了福建，福建的一家农户被妖风缠住了。这家人也请来了石敢当来驱妖。后来，妖怪又跑到东北去，东北的一个姑娘也得了这个病，又来请石敢当。石敢当想："这样跑来跑去，何时得了？"于是他请石匠用泰山石打上"泰山石敢当"字样，谁家闹妖风，石敢当就赠石头一块，吩咐放在墙上，妖怪自然跑开。消息传开以后，各地在建房子时，总先刻好"泰山石敢当"几个字垒在墙上，用于辟邪、图吉祥。

护　符

　　过去的护符是用各种各样的材料制成的，但到后来，它主要是画在纸上，作为一种信息，警告邪恶精灵不要来伤害护符的佩戴者。人们所用的纸符也是多种多样的，有一般的平安符，也有针对性的专门符，如流血时用止血符，被鱼骨刺在喉咙时就用化骨符等等。

　　纸符上所画的内容也多种多样，有画驱邪镇祟的吉祥物、仙人神像，也有写一些一般人读不懂的"鬼书"。这些"鬼书"只有巫师和道士才能完全看懂。

　　现在，除了纸符外，人们经常佩带的护符主要是铜铸成的八卦太极护符。有的八卦太极护符上还铸着

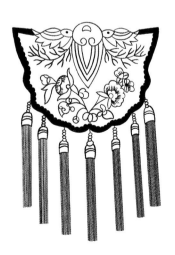

"福如东海，寿比南山"等字样。

过去人们认为历法有很大的效用，所以旧历书也被当作护符使用。有人把旧历书挂在猪圈里，或者烧成灰拌在猪食中，据说，这样能防止猪染上疾病，尽快长膘。

八卦太极图

《易经》中以阴（ —— ）阳（ —— ）符号三叠而成的八种三画卦形，称为八卦。八卦各有一定的卦形、卦名、象征物和特定的象征意义。这八卦是：乾、坤、震、巽、坎、离、艮、兑。他们所代表的象征物分别是：天、地、雷、风、水、火、山、泽；象征意义分别为：健、顺、动、入、陷、丽、止、悦。

八卦可以演为六十四卦，以象征宇宙万物。八卦是由两种基本符号" —— "（阳）和" —— "（阴）构成的。这原出于一个思想，即宇宙是一太极，太极生两仪分阴阳，两仪生四象，四象生八卦。而八卦能定吉凶。因此，八卦和太极符号构成八卦太极图。八卦太极图是在一个圆形里，八卦均匀地画于八方，构成一个八角形，八角形中间就是一个太极符号。太极图是由黑白代表阴阳两气所构成一个圆形图。

八卦太极图是一吉祥图案，它被用于驱凶辟邪，并祈求趋利向善。八卦太极图常常出现于一些著名人物的衣服上，周朝的第一个皇帝的大臣太公姜子牙就穿这样的衣服。

一路荣华

图案：芙蓉花、鹭。

寓意：芙蓉花。即木芙蓉，锦葵科，落叶灌木。秋季开花，色白或淡红。

因"芙"与"富"谐音，"蓉"与"荣"同音，"花"与"华"古通用，从而芙蓉花一直被古人用以象征荣华富贵。

鹭与芙蓉花组成的图案。寓意行人此去将交上好运，荣华富贵，享之不尽。

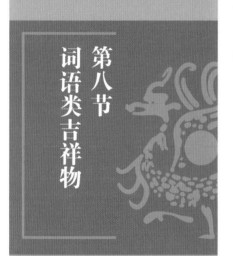

第八节
词语类吉祥物

吉祥如意

图案：童子手持如意骑象上。

寓意：象因其端庄沉稳的形象与平和谦逊的性格而被古人视为吉祥物。骑象与"吉祥"谐音。吉祥如意，喜庆吉利之词，为中国古代具有代表性的祝颂之词。互致"吉祥如意"，即祈祷阖家安康，福禄长久。现代则可用以祝愿友人生活安定，心情舒畅，事业蓬勃发展。

年年有余

图案：爆竹、民间玩具、鱼或儿童抱鲤鱼。

寓意：用爆竹、民间玩具等寓意年节的到来。"鱼"与"余"同音，比喻生活富裕，到年节之时，家境殷实。这表达了古代人们追求年年幸福富裕生活的良好愿望。在中国，无论城乡，把这愿望形之于图画的习惯，至今未颓。过新年的时候，家家挂一张儿童抱鲤鱼的年画，既表达欢庆之情，又图来年吉利。

年年大吉

图案：鲶鱼，大橘子或雄鸡。

寓意：鲶鱼又称鲇鱼，无鳞，腹面白色，背部苍黑，头扁口阔，上下颌有四根须，生活在河湖池沼等处。鲶鱼的"鲶"与"年"同音。两条鲶鱼喻"年年"。"橘"与"吉"谐音，亦喻吉利。"年年大吉"，年年都是吉利充盈。

翘盼福音

图案：一童子仰望空中飞来的蝙蝠。

寓意：翘盼，急切盼望。蝙蝠的"蝠"与"福"音同。蝙蝠寓意福音。"翘盼福音"又叫"福从天降"，表示盼望获得好消息。

福 运

图案：蝙蝠、祥云。

寓意：祥云，祥瑞之云气也。常绘作扁椭圆形，以勾连曲线为之，或有气尾。云与"运"谐音，"福运"即好运，吉兆，预示好运气到来。用云组成的图案有"云头""祥云锦""流云锦""雪花锦""吉星锦"等，都象征好运的到来。

五子闹弥勒

图案：五个童子与弥勒佛戏耍。

寓意：弥勒佛，佛教大乘菩萨之一。民间一般将佛教寺院中胸腹袒露满面笑容的胖和尚塑像称为弥勒佛。也有以传说中的布袋和尚为弥勒菩萨化身。五童子娃娃爬上笑容可掬的弥勒佛身上戏耍，其情其景喜气洋洋。"五子闹弥勒"常用以祝愿阖家欢喜。

天女散花

图案：仙女云中飞舞散花。

寓意：古人传说隋朝开国皇帝曾在成都建一散花楼，供天女散花之用。传说中的天女用花向大地抛洒，以点缀山林草木。《维摩经》记载："维摩室中有一天女，以天花散诸菩萨，悉皆堕落，至大弟子，便着身不堕，天女曰结习未尽，故花著身。""天女散花"又叫"仙女散花"，寓意春满人间，吉庆常在。

八宝吉祥

八宝，指佛事的法物，即法螺、法轮、宝伞、白盖、莲花、宝瓶、金鱼、盘长。因第一件全称法螺妙音吉祥，所以又统称八吉祥，人简称曰："螺轮伞盖，花罐鱼长。"

"八宝吉祥"图案在寺庙建筑装饰纹样用得很多，常作为祈祷吉祥幸福的象征。也有用珠、钱、磬、祥云、方胜、犀角杯、书画、红叶、艾叶、蕉叶、鼎、灵芝、元宝等选择八种组成图案称八宝。

并蒂同心

图案：并蒂莲。

寓意：并蒂莲，也叫并头莲，指一支花梗上长出二朵莲花。并蒂莲用来比喻夫妻相得，共偕连理。《易经》云："二人同心，其利断金。"同心一般指相爱之意，"并蒂同心"寓意夫妻恩爱，生死与共。

和合二仙

图案：和合二仙。

寓意：据传说清朝雍正帝封天台山寒山大士为"和圣"，拾得大士为"合圣"。民间将其二人统称"和合二仙"，并常绘于画中，其中一人手持荷花，一人手持圆盒，盒内盛满珠宝，并飞出一串蝙蝠，寓意财富无穷无尽。

荷、盒与"和合"同音，多比喻夫妻和睦、福禄无穷。民间图案中的"和合二仙"原为两个和尚，后按照中国人的欣赏习惯，逐渐演变成两个童子。这亦与传说相符，因传说中的寒山、拾得二僧自小便在一起玩耍、互相照顾。

和合如意

图案：盒、荷、如意或灵芝。

寓意：盒与"和"同音。荷与"合"同音。
"和合如意"多用以祝愿夫妻和睦、家庭幸福。中
国人素信"家和万事兴"，因此"和合如意"是人
们非常喜爱的吉祥征兆。

喜在眼前

图案：喜鹊、古钱。

寓意：古钱，古时用龟甲、齿贝当货币。商周以
后，改用金属铸钱。有金、银、铜等，铜质货币俗称
铜钱。喜鹊取一"喜"字，钱与"前"同音，"喜在眼
前"，即喜事就在当前！

双喜临门

图案：两位小姐与两只喜鹊在门前流连。

解题：两只喜鹊喻"双喜"。两小姐开门见喜鹊，

心中十分欣喜，一种期待、兴奋又有些羞涩的表情跃然纸上。"双喜临门"形容两种极快乐的事情一齐来到。

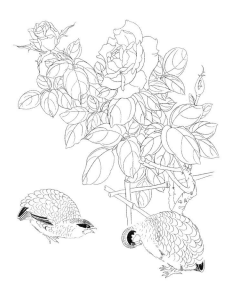

十五
安居乐业

图案：鹌鹑、菊花、枫树。

寓意："鹌"与"安"同音。"菊"与"居"谐音。枫树，秋季落叶一片火红，是赏秋佳景。"落叶"与"乐业"谐音。"安居乐业"，谓安于所居，乐于从业。古人曾云："安居乐业，长养子孙，天下晏然，皆归心于我矣。"

十六
欢天喜地

图案：獾、喜鹊。

寓意：獾，哺乳动物，又称猪獾。头尖、吻长、体毛灰色，有的略带黄色。"獾"与"欢"同音。因喜鹊在天而獾在地，所以借意而成"欢天喜地"。"欢天喜地"形容非常高兴的事情。

旭日东升

图案：太阳从海上升起。

寓意：旭日，初升的太阳。日升始于东。"旭日东升"象征光明与上进，喻事业蒸蒸日上，繁荣昌盛。旭日多以海水纹样为陪衬，表现海阔天空一往无前的气势与境界。

河清海晏

图案：海棠、燕、荷花。

寓意：海棠取"海"字，燕与"晏"同音。晏，安闲，安乐。荷花出淤泥而不染，清丽可人，此图取其"河清"意。河清，《拾遗记》："黄河千年一清，清则圣人生于时也。""河清海晏"寓意时世升平，天下大治。

龙凤呈祥

图案：龙凤呈祥。

寓意：龙与凤都是中国古代传说中的神物。龙象征皇权，凤凰风姿绰约高贵，二者都是人们心目中吉祥幸福的化身。"龙凤呈祥"象征高贵、华丽、祥瑞、喜庆、幸运。

五福自天来

图案：童子捕捉飞舞的五只蝙蝠。

寓意：五只蝙蝠喻五福。蝙蝠自天空飞舞而降，象征"福从天降"。童子捕捉蝙蝠，意即追求幸福。此图案反映了人们渴望幸福生活的心情。现代以此图案赠送亲友，无疑是上乘的礼品。

一路连科

图案：鹭、莲花、芦苇。

寓意：鹭，水鸟名，翼大尾短，颈、腿长，活动于江湖边或水田沼泽。常见有白鹭、苍鹭等。

"鹭"与"路"同音。"莲"与"连"同音。芦苇生长，常是棵棵相连，聚成一片，故谐音"连科"取意。旧时科举考试，连续考中谓之"连科"。"一路连科"寓意应试成功，仕途顺遂。又有一只鹭与蝙蝠、寿星组成的图案，叫"一路福星"，祝愿远行的人此去幸运。

周王八骏图

　　传说周穆王有良马八匹，乘之周游天下而得名"八骏"。关于"八骏"，《玉堂丛书》因其毛色而得名曰："赤骥、盗骊、白义、逾轮、山子，渠黄、骅骝、绿耳"。《拾遗记》则记载："王驭八龙之骏；一名绝地，足不践土；二名翻羽，行越飞禽；三名奔霄，夜行万里；四名超影，逐日而行；五名逾辉，毛色炳耀；六名超光，一形十影；七名腾雾，乘云而奔；八名挟翼，身有肉翅。"古代常以骏马比喻人才，如"千里马""伯乐相马"，皆是赞美人才和举荐人才的贤士之典。

三星拱照

图案：寿星老人、鹿、蝙蝠、蟠桃。

寓意：三星，即指福、禄、寿三星。因"蝠"与"福"同音，古人多将蝙蝠喻福星。"鹿"与"禄"同音。古代称官吏的薪俸为禄，喻财富。三星高照，寓意人生吉运畅通，幸福、富裕、长寿。

三元及第

图案：三个元宝。

寓意：元宝，古时硬通货，用金银等铸成锭子，形状如一只船内扣个大圆球。三元，封建科举制之乡试、会试、殿试，第一名分别称解元、会元、状元，合称"三元"。明朝亦以廷试前三名为"三元"，即状元、榜眼、探花。这里用三只元宝喻三元。及第即榜上有名。"三元及第"寓意榜上有名，且名列前茅。现代则可用来祝福友人事业有成，工作顺利。

二十五

连中三元

图案：荔枝，桂圆及核桃。

寓意：荔枝、桂圆、核桃，果实都是圆形，圆与"元"同音。画三样东西，喻"连中三元"。即夺得旧时科举考试中乡试、会试、殿试的第一名。现代可用此鼓励高考在即的青年学生，百尺竿头，更进一步。

二十六

金榜题名

图案：猪图。

寓意：猪蹄子的蹄与"题"同音。据传自唐代始，殿试及第的进士们相约，如有出任将相的，就要请同科的书法家用"朱书"，即红笔题名于雁塔。"猪"与"朱"同音。猪成为青年学子金

榜题名的吉兆物。每当有人赶考，亲友们都赠送红烧猪蹄，预祝"朱笔题名"。后来这种习惯逐渐扩大，亲友们在过年时互赠火腿，因为火腿就是用猪蹄烤制而成的。民间还有一说"肥猪拱门"，猪被当作传送福气的使者而极受欢迎。至于玉石上所雕刻的猪，也是极受人欢迎的配饰品。

二十七
指日高升

图案：天官人指太阳或日出时仙鹤高飞。

寓意：据古书记载：上元为天官赐福之辰，中元为地官赦罪之辰，下元为水官解厄之辰。可见天官是赐福禄给人间的神仙。"指日高升"，指在屈指可数的短时间内升官的意思。古时天官人指日图案多半被画在官衙的墙壁上，而日出飞鹤图案多半见于画稿中。在太阳下画海波，可题为"海天浴日""旭日东升""如日之升"，寓意都与本题类似。

二十八
青云得路

图案：骑牛小童放风筝，风筝高入云端。

寓意：青云，指高空，也比喻高官显位。风筝，相传春秋时公输般作木鸢以窥宋城。后用纸代

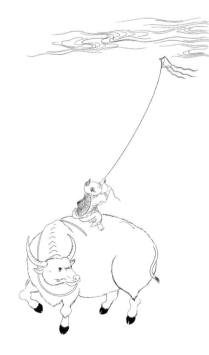

木，称纸鸢。五代时又在纸鸢上系竹哨，风入竹哨，声如
筝鸣，因称"风筝"。"青云得路"亦叫"直上青云"，
比喻仕途得意，步步高升。古典名著《红楼梦》中的人物
薛宝钗曾有诗云："好风凭借力，送我上青云。"

二十九
渔翁得利

图案：渔翁钓鱼。

寓意：《战国策·燕策》载，赵国将要攻打燕
国，苏代为燕国对赵惠王说："今者臣来，过易水，
蚌方出曝，而鹬啄其肉，蚌合而拑其喙。鹬曰：'今
日不雨，明日不雨，即有死蚌。'蚌亦曰：'今日不
出，明日不出，即有死鹬。'两者不肯相舍，渔者
得而擒之。""鹬蚌之争"就是寓意"渔翁得利"。
此语本指侥幸得来的胜利，但此处专用来形容"得
利"。此图案尤受商家的欢迎，在商家喜好的图案
中，把金盆（聚宝盆）叫"招财进宝"，把"金斗"
叫"日进斗金"。

三十
金玉满堂

图案：金鱼数尾。

寓意：金鱼种类繁多，颜色艳丽，
金光四射，颇有喜庆吉祥气氛。金鱼与

"金玉"谐音。代表财富。"金玉满堂"言财富极多。《老子》："金玉满堂，莫之能守。"亦用以称誉才学过人。

富贵平安

图案：花瓶、牡丹花、苹果。

寓意：苹果的苹字与"平"同音。牡丹花插入花瓶中喻"平安"。两个意思连在一起喻"平平安安"。牡丹花又喻富贵，以上三种物品组在一起即表示"富贵平安"。

丹凤朝阳

图案：凤凰、太阳。

寓意：凤凰，传说中的神鸟，百鸟之王。雄为凤，雌为凰。其形为鸡头、蛇颈、燕颔、龟背、鱼尾、五彩色、高六尺许。古人认为其出于东方君子之国，翱翔四海之外，过昆仑、饮砥柱、濯羽弱水，暮宿风穴，见则天下安宁。古来有关凤凰的传说极多，以凤凰为题材的文学、美术作品亦数不胜数。"丹凤朝阳"用来表示人们对光明未来、美好爱情、幸福生活的真诚热爱和向往。

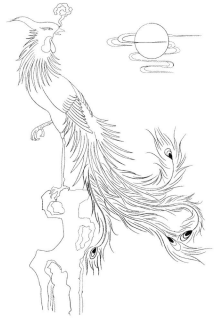

天仙祝寿

图案：天竹、水仙、灵芝及寿石。

寓意：天竹嫩时稍带红色，秋季变紫红，果实攒簇殷红，累累若火珠，状颇美观，此图借"天"字。水仙花发幽香，素为香供佳品，此图借一"仙"字。寿石即石头的雅称，因石之寿长于人之寿，故名。古人用寿石以祝寿。灵芝奇珍，传说食之可长生不老，用以祝寿最受人欢迎。"天仙祝寿"图案，又称为"天仙寿芝"，一向为民间视为吉祥的征兆。

多福多寿

图案：寿星老人、持桃童子、空中飞旋的蝙蝠。

寓意：蝙蝠喻"福"，桃喻"寿"，寿星老人自然代表寿星高照。民间常以此图表示"多福多寿"或"福寿双全"。

蟠桃献寿

图案：在桃树之下仙人持桃侍立。

寓意：蟠桃传说乃西王母娘娘所种之仙果，其枝伸展三千里，三千年始开一次花，再三千年始结一次果。需历时如此久远才长成的蟠桃自然成为献寿佳品。"献寿"是祝福诞生与长寿之意。"蟠桃献寿"适用于生日礼物。

寿山福海

图案：岩石、蝙蝠、灵芝。

寓意：明太祖宰相刘基为"寿山福海"图案作歌曰："寿比南山，福如东海。"民间亦流传"寿比南山不老松，福如东海长流水"的对联。此图案据此而作。岩石寓意长寿。"蝠"与"福"同音。"寿山福海"用于生日礼物，会极受欢迎。

东方朔捧桃

图案：东方朔、桃。

寓意：东方朔，古代传说中的神奇人物。传说西王母娘娘种蟠桃，六千年结一果，吃了长生不老。而东方朔曾三次偷吃西王母的蟠桃，足见其寿之长。传说中的东方朔有上佳口才，汉武帝时，曾拜为郎，常深入浅出，用幽默嬉戏的语言向武帝进言。"东方朔捧桃"用以祝颂有才能或有口才的人的寿辰。

海屋添筹

图案：蓬岛、瑶台、祥云、鹤。

寓意：蓬岛，即蓬莱岛，传说中的仙山。瑶台，指雕饰华丽，结构精巧的楼台。亦指古代想象中的神仙居住处。"海屋添筹"，海屋指蓬莱仙宫，喻新屋落成。旧俗用于新屋落成时，以这个图案或此四字相赠，寓意基业牢固。

长生不老

蟠桃（又叫人参果），吃了蟠桃后与天地同寿，日月同庚。西游记里玉皇大帝派孙悟空看管蟠桃园，土地神有这样一句话，闻一闻蟠桃能活三百六十年，吃一个，能活四万七千年。但是，天地的寿命远不止四万七千年。从另一个角度来看，蟠桃毕竟是长在天上的，有各路天兵天将守护，一般人想吃还真吃不着。

九世同居

图案：鹌鹑、菊花。

寓意：菊花因其素雅高洁，常比之为"君子"。这里借"菊"与"居"谐音。九只鹌鹑喻九世。与菊花组成图案曰"九世同居"。中国人认为"家和万事兴"，主张血亲同居一处，向往大家庭的和睦、安康生活。"九世同居"图案自然成为中国人的吉兆。

子孙万代

图案：蔓、葫芦、石榴或笋。

寓意：蔓，蔓生植物的枝茎，因其滋生不断，且"蔓"与"万"谐音，故"蔓带"喻"万代"。葫芦因其瓜形奇特，在一些文物传记中有神秘色彩。"葫芦"与"福禄"谐音。石榴果内结实多，用其喻子孙众多，如"榴开百子"。笋，竹类的嫩茎、芽。"笋"同"孙"谐音。用以上物品组成的图案，寓意家庭兴旺，子孙昌盛。

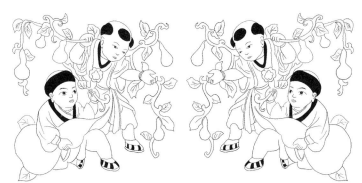

四十二
万事如意

图案：万年青、卍字、灵芝或如意纹饰。

寓意：万年青，百合科，多年生常绿草本植物。开绿白色小花。喻万年、长久。灵芝，菌类植物。赤褐或暗紫色，有云状环纹及光泽。野生灵芝甚难得，向来视作吉祥珍贵之品。如意，用竹、玉、骨等刻制成，头像灵芝或云叶形，柄微曲。供指划或玩赏用。"卍"字可演变成许多图案，如向四端延展，相互连接组成卍字锦，又叫作雷纹，俗称"回纹"。和寿、福字等组合成为"团万寿""富贵长寿"。万年青和柿子组成的图案也叫"万事如意"。

四十三
岁岁平安

图案：花瓶、爆竹、或民间玩具，也有以九个麦穗组成的图案。

寓意：我国民间年节燃放爆竹，由来已久。传说古时有一叫"年"的怪兽，每到腊月三十，就出来伤人。有一次，"年"跑到一个村庄，恰遇两牧童甩鞭子，"年"忽听得半空中响起啪啪声，

吓得扭头就跑。从此，每到"年"出来的时候，人们就燃放鞭炮，以求安宁。麦穗，喻丰收，"穗"与"岁"同音，喻新年、新岁。九穗，九，当多讲，提"岁岁"。"岁岁平安"即年年都和平安宁，生活幸福。

福增贵子

图案：蝙蝠、桂花。

寓意：桂花的桂与"贵"同音，喻"贵子"。旧时人们认为家中添一儿子是福分。如果哪家生一男孩，邻里、亲朋都会前去祝贺，"福增贵子"便是这时所用的吉祥图案。

满堂富贵

图案：牡丹、海棠。

寓意：海棠，取"棠"与"堂"同音。牡丹在中国向来被视为富贵的象征。"满堂富贵"为喜庆吉祥的祝颂词。与此同义的还有"玉堂富贵"。牡丹与芙蓉在一起的图案，则象征"荣华富贵"。

四十六
富贵万代

图案：牡丹、蔓草卷延。

寓意：蔓草，带状藤蔓植物。蔓带与"万代"谐音。

牡丹象征富贵。"富贵万代"喻子子孙孙都过富裕幸福的生活。将"富贵万代"图案赠送给做生意的亲友，常会收到意想不到的效果。

四十七
喜鹊登梅

喜鹊以喜为题材，在我国民间将喜鹊比作为吉祥物。梅花，梅花是春天的使者。象征快乐、幸福、长寿、顺利与平安。喜鹊叫贵人到，象征好运和福气。喜鹊是好运与福气的象征。

传说7月7日晚上所有的喜鹊都会飞到天河，为牛郎和织女架起喜鹊桥相会。"喜鹊登梅"则喜报春光，民间常把"喜鹊登梅"陈列家中，以兆好运。

吉祥成语

1. 龙凤呈祥	2. 二龙戏珠	3. 鱼龙变化	4. 龟鹤齐龄
5. 鹤鹿同春	6. 松鹤延年	7. 岁寒三友	8. 喜上眉梢
9. 喜报三元	10. 福禄寿喜	11. 五福捧寿	12. 多福多寿
13. 福寿双全	14. 福寿三多	15. 三多九如	16. 福在眼前
17. 福至心灵	18. 寿比南山	19. 三星高照	20. 流云百福
21. 平安如意	22. 一路平安	23. 事事如意	24. 诸事遂心
25. 必定如意	26. 岁岁平安	27. 年年有余	28. 八仙过海
29. 太师少师	30. 八宝联春	31. 马上封侯	32. 群仙祝寿
33. 麻姑献寿	34. 万象升平	35. 平升三级	36. 天女散花
37. 嫦娥奔月	38. 四海升平	39. 长命百岁	40. 长命富贵
41. 流传百子	42. 连生贵子	43. 福从天降	44. 麒麟送子
45. 渔翁得利	46. 教子成名	47. 官上加官	48. 玉堂富贵

第十章

翡翠的营销方法与案例

在推销翡翠时，要给顾客当好参谋，一般情况男戴观音女戴佛，而很多人信仰佛教，在佩戴之前部分人要到寺庙中请佛爷开光，或者沾点香灰显点灵气。当然，这些都是迷信，但作为一种精神上的寄托去推销是有意义的。

很多人购买翡翠并不是为了自己佩戴，而是为了传给后代，作为时代的见证物收藏。因为天然翡翠在大自然中形成，要找出一块与之完全一致的翡翠是相当难的，从而确定了它的纪念价值。目前翡翠价格相当混乱，有些人以次充好，要引导顾客到正规商场去买。在推销中要掌握一个原则，喜欢就是爱，爱到深处钱就来了。

欣赏玉器是一种高尚的嗜好，推销玉需要灵活机动的推销技巧。玉石在民间早就存在许多传奇色彩，中国人认为，学识渊博、走南闯北、酷爱艺术的人，对玉石往往有较高的欣赏水平，能品出玉石的情趣，人也就具备高尚品德、宽厚仁慈、道略胆识、为人谦虚、优雅聪慧，充分体现出东方文化的睿智。

玉适用于不同阶层的人，你如果拥有一块质地、色级较好的玉挂件，就如同金色的天鹅插上一对翅膀飞向太阳。玉无论对东方人还是西方人，无论哪种服饰、外表、肤色都能适应，使人羡慕。在香港，一枚极品翡翠戒指成交价为354万美元，一个玉佛成交价为103.2万港元，其价格是惊人的。

目前有很多人还认为云南是生产加工玉石的主产地，这是因为旧时代产玉的地方属于腾冲管辖。历史资料证明，腾冲原来叫云南省永昌府，首次发现玉的人也是一个云南商人。有关资料这样记载的，在13世纪时，一位云南人赶着一群驮骡经过玉石产地，由于驮骡负荷不平衡，他为了平衡驮骡，顺手捡起一块石头装进驮骡的背袋里，回家后才发现，拾回来的石头居然是一块色彩鲜艳的玉石。到14世纪官方派人寻觅，18世纪玉石贸易才渐渐兴盛起来。

在商贸中，玉石行家有句俗语"内行看种，外行看色"，也就是说行家们往往注重玉石结晶颗粒和透明度，其次才是颜色。在销售中要从这方面进行重点解说。

近几年来，差的翡翠品种价格越来越低，这是自然界中差的翡翠产出多的原因，加上人民生活水平不断提高，越来越追求质地好的翡翠。而好的、较好的翡翠价格越来越高，是因为自然界开采出来的翡翠质地较好的少，开采也越来越困难，矿也随着大规模开采而减少。从1995年秋季香港拍卖会上1200万港元成交的一件翡翠手镯来看，1983年瑞丽同样档次的手镯成交价最多也就是4000元人民币。相比之下，其价格在同等质量档次上攀升了3000多倍。

秋天的一个下午，天气晴朗，秋高气爽，一个中年男子和他的妻子一同来到我们珠宝店，看那男子头戴安全帽，满身泥土的样子，好像是刚从哪一个工地赶来。他的夫人的裤脚还没有完全放下，一只高一只低的，脚上还沾着不少泥土，好像是刚从田地里干活回来的。

他们刚进店来时，营业员一个都没有看出来他们是来买珠宝的。他们看了一阵后，用手指着我们当时价格最高的一对玉手镯说："把这只手镯拿来看看。"营业员想他不会买，便说："这手镯很贵的。"他说："能不能拿出来看看。"营业员说："如果要买，是可以的。"他说："那就拿出来看看吧。"这时营业员用奇怪的眼神看了他一眼，才懒洋洋地把那对手镯拿给他看，并告诉他千万要拿好，这对手镯贵。

他又说："能打多少折？"营业员看他那样子好像真的要买，这才注意起来。营业员说："九折。"他说："六折行不行？"营业员和他讨价还价定不了时，营业员说："我叫我们经理来跟你谈。"这时才把我叫了过去，最后以七五折成交。这个事例告诉我们，经营时不可以貌取人啊。

一个夏天，我接待了一个25岁左右的小姑娘，因为我认识她的舅舅，并且在半年前，卖过一只翡翠手镯给她的舅妈，熟人带她来找到我，要卖一只跟她舅妈一样的翡翠手镯给她。我跟她讲，你还小，买一只一般或中等的就可以了，不要买那么贵的。我小看她了，最后她买了一只标价为10万元的翡翠手镯。我认为她的投资有误，不断地劝她放弃，但是，她告诉我……

她是在北京就读经济类的研究生，一年寒假期间，也就是辞鸡迎狗年的春节大喜日子里，年初六那天，他们6位好朋友一起约定好8点去爬长城（八达岭）。他们晚上把车洗好，把汽油加满，把第二天郊游的用具都备齐全，真是万事俱备，只欠东风，只等痛痛快快地玩一天。

第二天早上，她到了其中最要好的一个同学家等车来接。她的同学告诉她：今天早上7点起来时，一不小心把她妈买给她的那只心爱的翡翠手镯摔断了，摔断成好几段。她妈告诉她，今天对她不吉利，叫她今天就不要去爬长城了。她也因为翡翠手镯被摔断心里不舒服所以不想去啦。

因为她俩关系较好，于是她说："如果你不想去，那么我也不去了，我俩逛街购物去。"就这样她俩逛了一天的街，购买了很多喜爱的东西，很晚才回家。

第二天中午得知，去爬长城的另外四位同学昨天在路上出交通事故，翻车了，车子摔下深沟，四位同学三死一伤，伤的那位同学的右手被截肢了，真可怜啊！她俩在万分悲痛的情况下，又感到上帝赐给她们的幸运，这幸运是她妈不让她去呢，还是那一只翡翠手镯……

因为那件事，从来就不喜欢翡翠，也不认识翡翠的她，也想把自己省吃俭用攒下来的钱都取出来买自己心爱的翡翠手镯，并悄悄地跟我讲，买了之后，还要拿到五台山去，叫老和尚开开光才戴上，叫我不要告诉别人。

见闻三
翡翠手镯与拉肚子

某年夏季的一天，我的一位同学打电话来公司，说下午要来买一只翡翠手镯，并说要买3000～4000元的，他很忙，叫我先帮他挑好，他来拿着就走。

我等到下午3点左右，他匆匆赶到我公司跟我说，这翡翠手镯今天非买不可啦，否则，这医药费都受不了，我很纳闷，这翡翠手镯跟病怎么会扯得到一块呢？最后他才告诉我，原来他买了一只翡翠手镯给他爱人，前两个月他爱人上街时不小心，摔了一跤把那只手镯摔断了，后来他爱人一直拉肚子，吃了很多药都没有见效，到现在都还没好。

他爱人说，很可能是因为那只手镯断了的关系，有病乱投医，现在只能买一只手镯戴一戴看一看，是否有效。

最后他爱人也来了，我先帮他挑好的那只她看不上，他俩左挑右选，较好的价格又高，价格低的手镯质量又差看不上，最后总算选中了一只标价在16000元的，我这位同学一贯是很小气的，买这么贵重的翡翠手镯我知道已是不容易了。

他走后，我们认为很可能是他爱人想要新手镯又怕他舍不得花钱找的借口，也有可能是翡翠手镯戴在手上对手三里的穴位起到按摩产生的医学效应吧。

见闻四
翡翠观音

有一天早上，一位顾客来到我公司，要我帮他挑选一件翡翠观音和翡翠佛，并表示非常感谢。

他还说无论价格高低、质地的好坏今天非得要买，不能再等，这阵子他太不顺利了，并且跟我讲述了他最近的遭遇。

他原来戴着一块翡翠观音，最近莫明其妙地掉了。当时也不在意。可是，自从掉了以后一直感觉不顺利。

上个月一家人去农家乐玩，到了半路，前面的车紧急刹车，他来不及刹车撞到前面的车屁股上，后面的车也刹不住又撞了上来，把他的车来了个前后夹击，撞得一塌糊涂差点修不好了。

相隔一个星期后，他下班回家时到菜市场随便买点菜回家，结果踩到葱叶上，一跤摔下去，差点跌成脑震荡，现在后脑部还留下一个大包，至今还未痊愈。所以，想来想去，很可能和他原来戴着的那块翡翠观音丢失有关系。不然，他这阵子怎么这样倒霉?

为了他的平安健康着想，他爱人建议他还是再买一块翡翠观音戴着，今天他也顺便给他爱人也买一块翡翠小佛。但愿从此平平安安。

见闻五
翡翠手镯与头疼

一天，一位处长带来一位同事，要买一只手镯，叫我帮她挑选一只，并且说要中档以上的。我跟她建议要买就买贵一点的，这样，具有保值升值的功能，否则，随便买一只低档的戴一戴算了。

她告诉我，她原来买过一只低档翡翠手镯，戴了好几年了，今年二月份的一天下午，她表哥来到她家，无意之中看到她戴的这一只手镯，毫不留情地打击了她一番，说那只手镯太难看了，太低档了，又不是没钱，戴这么一只低档货有失形象，并强行帮她取了下来。

她也想，戴了好几年了，难看不戴就不戴，等遇到好的合适的买一只再说。结果，自从她表哥把她的那只翡翠手镯取下来以后，她的头左边便痛了起来，开始以为是感冒了，结果是打针吃药都不见效果，医生都没办法了，想来想去怀疑可能是手镯拿下来以后引起的。

如果她把原来的那只低档手镯戴上，又怕别人笑话，所以，想买一只中档以上的翡翠手镯戴上看看，叫我帮她挑选挑选，并问我，这翡翠手镯戴时间长了，是不是有灵性啊。

我告诉她："我是搞自然科学的，大自然的矿物种类太多。我不承认矿物之中会产生什么灵性，翡翠手镯只不过是一种稀少的矿物，也不可能会产生什么灵性。一种可能是你的精神产生了习惯上的错觉，导致你的头痛；另一种可能是你戴手镯的部位有一个手三里的穴位，从医学的角度上讲，是不是翡翠手镯按摩手三里穴位有关，我也讲不清楚。"

见闻六
卖价 8.6 万元手镯顾客为什么不相信

我同学带他朋友到我公司找我说，他的朋友想买一只手镯。已经在我公司把翡翠手镯看好了，叫我按最低的价格卖给他这位好朋友。我当着他的朋友明确表态一定办到。

这天，我在外面办事，我同学打电话硬是把我从外面叫了回来，我来到办公室，我们一起到了批发部，把他朋友看好的那只手镯叫营业员拿了出来，并告诉我，就要这只，问我多少钱卖给他。

我告诉他："这只手镯我前天刚卖出去了两只，每只卖价是8.6万元。如果你要也按这个价行吗？"他一听满脸不高兴地大声说："你们营业员才要我8.6万元，你一个老总又是熟人，和你们营业员一样的价，那么，还找你干啥？"

我怎么解释他们都不相信，并说："如果你不来，我跟你们的营业员谈说不定还要更便宜。"这时他对我是一点信心都没有了，我只有叫他跟我们营业员谈，他又说："你老总现在已经把价格都说定了，营业员还敢再少！"说了半天的气话，生意没做成，我倒成了一个不讲情意的人了。最后只得不欢而散。

原来是这样，那天我不在公司，他已经来到了我公司的批发部，他挑选了一个上午，终于选中了这只翡翠手镯，他觉得不放心，第二天下午又带他爱人来看一遍。他想着营业员告诉他这只手镯的卖价是8.6万只是一般的报价。他想着不贵，只要找到我，再打个对折，4万左右是没有问题的。

因为目前市场都是这样的，报价高打折低已经成为惯例了。殊不知，我们营业员听他说认识我后，马上就把底价告诉他了。营业员也感到受了极大的委屈，他为什么不相信我告诉他的明明就是真实价格呢？

实际上，在营销的过程中，我们的营业员一定要留有一定的讨价还价的空间，这也是营销中的策略，这样也许才能成交。

见闻七
卖得 5 元钱赔了 1800 元

某年，正月十五的爆竹声还响着，一位30岁左右穿着华丽的漂亮女子到珠宝店。她看看这看看那，最后到玉柜的柜台前，掏出她用红线拴着的一个小玉佛，问柜台的营业员，有没有18K的扣子。

营业员告诉她，没有18K的，但是有18K的扣。她说拿来看看，营业员把18K的扣拿了给她，她看了一看，问多少钱一个，营业员告诉她，五元钱一个。她问能不能帮忙安好，营业员告诉她，可以。可是由于玉佛的孔小，营业员不慎把玉佛头部的佛光按坏了。那年轻女子要求赔偿1800元钱。这个事例告诫我们：营业员能安就安，不能安叫她自己安去，不能强求。

见闻八
销售要和气，顾客赌气摔碎 13 万手镯

这事发生在一个春节的时候，大年初五的下午，在昆明世博园门口的一家翡翠商场里，一群外地来昆明旅游客人正在选购一些翡翠饰品作纪念品带回家。

这时一个外地男子和他的妻子走进了翡翠精品区，他的妻子指着一只标价为13万元的翡翠手镯说："服务员，请把这只手镯拿来看看。"

由于客人多，营业员少太忙的原因。营业员便随口说："那只翡翠手镯卖价是13万

元，如果你不买就这样看看吧。"那顾客听营业员这么一说，便不高兴地大声叫起来："你怎么知道我不买，你给我过来，把这只手镯拿出来，今天我非得把你这只手镯买了不可。"

那位营业员便毫不客气又补充了一句，"你买得起吗？"这时顾客更是气上加气，便和营业员吵了起来。这时整个商场的注意力都集中到他们身上，顿时商场里买的也不买了，卖的也不卖了，都看热闹来了，那时他们已经吵得不可收拾了。

经过经理调节，最后顾客还是要求必须由这位营业员向他们道歉，并要她从柜台把那只翡翠手镯拿了出来，那位顾客马上从背包里掏出13万元现金放在柜台上，便指着那位营业员的鼻子说："你点好了，够不够。"拿起那只13万的翡翠手镯对着看热闹的客人大声说："他们说我买不起，你们看好了，我砸给他们看看。"说完便用力往地下一摔，只听见叮当一声清脆声。那只13万元的翡翠手镯被摔得粉碎。那位顾客转身对这位营业员说："不要狗眼看人低。"便扬长而去。

见闻九
营业员的报价使顾客哭笑不得

有一天早上，我到一个专卖店，刚好遇到一位顾客正在店中买翡翠饰品，这位顾客最后选中了一块玉观音，由于价格关系，叫我过去再优惠一点，我给了一定的优惠后，这位顾客满意地付了钱，之后向我投诉了他上个月在我店里发生的不愉快的事。

他告诉我，一个月前，一位营业员接待了他，他让把一块玉观音拿给他看看，并随口问了一句："要多少钱？"营业员回答他说："15000元。"

当他低头看这块玉观音的标价时，发现标签价才1.2万元。这使他哭笑不得，一下就发火了，问营业员为什么标1.2万元要卖他1.5万元，原因何在？并且跟营业员争吵起来，另外一位营业员马上过来接待了他，由于他很喜欢这块玉观音，最后也成交了。那位营业员同时也对他表示歉意。

之后这位顾客告诉我，你公司聘用这样的营业员会对公司形象造成很坏的影响。做企业不容易，干好一个企业也就难上加难。

见闻十

2.2 万元 18k 玻璃种玉戒指错标 2200 元再打九折卖出

一件很可笑的事件，2.2万元18k金镶玻璃种玉石戒指错标2200元还打九折卖出。真是哭笑不得。

事情的经过是这样的。在开业前，公司认为这个商场是一个新商场。为了吸引顾客，把商品的价格标到最低线，营业员不允许打折，商场经理只允许打九折。由于货品较多，部分商品来不及打标签，就用手写标签。

开业的第一个星期天。一位顾客便来到柜台前，叫营业员把这枚戒指拿来看看，他随便看了看戒指。又叫营业员把这枚戒指鉴定证书拿来看了看，问营业员打几折，营业员告诉他不打折。他说，九折卖不卖。营业员看他非常有诚意。并说请你等一下，我请示一下经理。营业员急忙跑去向值班经理说了一遍。值班经理也没去看，便说可以卖了。谁也没发现戒指价格标错了，少写一个0。

等到顾客走了才发现这枚戒指卖错了。营业员急忙打电话给顾客，并跟他道歉说："由于我们工作失误，把这枚戒指的价格标错了。能不能把这枚戒指还给公司，并如数退还您的全部金额，还给您1000元的酬谢费。"那位顾客回答说："那枚戒指买来后送给我老婆，我老婆很快就转手卖掉了。"就这样2.2万元的18k玻璃种玉戒指错标2200元再打九折1980元卖给了顾客。

通过这件事说明：营业员业务能力不强，相差近十倍的商品都不认识。标价格的人不认真，没有人进行核对和检查。

第十一章

营业员岗位培训规程

不敬业，必失业；不爱岗，必下岗。今天工作不努力，明天努力找工作。

我常面带微笑，因为我热爱我的工作；

我会淡妆打扮，因为这是基本的礼貌；

我必服装整齐，因为这是形象的塑造；

我的态度亲切，因为我喜欢我的客人；

我肯轻声细语，因为这是专业的服务；

我常关心别人，因为我懂得照顾自己；

我很乐于助人，因为都是我的好朋友；

我能传播快乐，因为没人会拒绝快乐。

说话轻一点，微笑露一点；做事多一点，理由少一点；关心多一点，嘴巴甜一点；行动快一点，效率高一点；肚量大一点，脾气小一点。

当顾客进入珠宝首饰店后，关注购物人的心理，分析购物的动机，刺激购物的行为；大家都会经过注视 —— 兴趣 —— 联想 —— 欲望 —— 比较 —— 信心 —— 行动 —— 满足 —— 购买等几个心理阶段，营业员要把握时机，刺激顾客购买欲望达到推销的目的。

第一节　总　则

第一条　为了搞好营业员的在岗培训，特制定本程序。

第二节　营业员礼仪及心理培训

第二条　待客销售的心态与基本技术。努力塑造个人良好的气质与风度，气质（素质） —— 风度（美姿） —— 容纳他人 —— 承认他人 —— 重视他人 —— 赞扬他人 —— 获得成功。

1. 以"诚意、热意、创意" 3 意从事工作

（1）经常发挥创意。

（特征）

这首饰的特征是…

如何用简单的介绍使顾客产生兴趣…

想想看！想想看！想想看！

（2）用热情从事工作。

以各种方式说明

热情的表情和语言

受其热情所感动

（3）诚意的态度与说明。

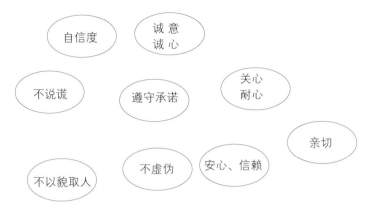

2. 销售员不可欠缺的七项意识

◆不可有消极懒散的待客态度，要有明确的销售意识。

（1）何谓工作的意识：经常可听到"无意识的行为"或"以惰性从事工作"等言行，像这种不假思索、马马虎虎的工作态度，绝不会获得成果，经常思考如何处理工作，"有意识的工作态度"是获得成果、提高工作兴趣所不可欠缺的心态。

（2）销售员不可欠缺的"7大意识"：良好的销售活动必须具有下列各项意识

① 目的（目标）意识；　　　　② 利益（成本）意识；

③ 顾客意识；　　　　　　　　④ 品质意识；

⑤ 问题（改善）意识；　　　　⑥ 规律意识；

⑦ 合作意识。

以上这7种意识称为"销售员的7大意识"。

（3）以顾客的意识为出发点；

正如（没有销售就没有事业）这句话所说，不能得到顾客的支持就无法经营，因此，销售员应以顾客的意识为出发点，经常思考"为满足顾客，我该怎么做？今天我接待的顾客为什么没成交，我哪一句话说错啦等等。"从"无意识的行为"中跳脱，彻底地进行有意识的工作。

3. 理解顾客购买心理的 7 个阶段

以购买钻石为例，具体说明上页所述"购买心理的7个阶段"

购买心理的7个阶段	顾客的心理流程
第1阶段　留意	看见陈列的钻石 "啊！好漂亮的钻石首饰！"
第2阶段　感兴趣	听见店员介绍钻石特性及保值功能"高贵、宝值、永恒的饰品""钻石恒久远，一颗永留传"
第3阶段　联想	联想自己还是应该拥有 人生最可贵，价值
第4阶段　产生欲望	会有强烈的购买欲望，拥有该多好啊！ "好想买啊！"
第5阶段　比较	把价格、品质和以前的商品或其他商店比较 "我喜欢这款钻石，这里会不会比别的店铺更贵呢？"
第6阶段　信任	听店员的详细说明，介绍连锁网络的分布、售后服务的承诺、技术监督局认证，多种考虑以后"如店员所说，我能相信"
第7阶段　决定	表示决心购买的意识 "好吧！我决定买这个"

注：有如上表一步一步进行的情况，也有从"欲望"直接发展到"决定"的，还有从"比较"后就成不喜欢的情形。顾客的心理总是存着"一进一退"的念头。

4. "购买心理的7个阶段"至"销售过程的5个阶段"以及"销售员的任务"

购买心理	销售过程	过程中销售员的任务
（第1阶段） 留意	（第1阶段） 等待机会	1. 等待接近顾客的机会（问候）
（第2阶段） 感兴趣	（第2阶段） 接近	2. 把握机会跟顾客说话
（第3阶段） 联想 （第4阶段） 欲望	（第3阶段） 说明商品	3. 简洁说明商品的特征，描绘商品 4. 发现顾客的喜好，推荐适合的商品 5. 实际演练，说明实例
（第5阶段） 比较 第6阶段 信任	（第4阶段） 建议、说明	6. 从各种角度进行比较（同品质贵可来退） 7. 对顾客的询问给出适当地回答 8. 以资料和实例获得依赖
（第7阶段） 决定	（第5阶段） 总结	9. 根据顾客的情况抓住总结的机会 10. 以总结的技巧促使顾客下决心 11. 争取顾客的购买最大化

5.正确的站立、走路、鞠躬的方式

（1）正确的站姿：

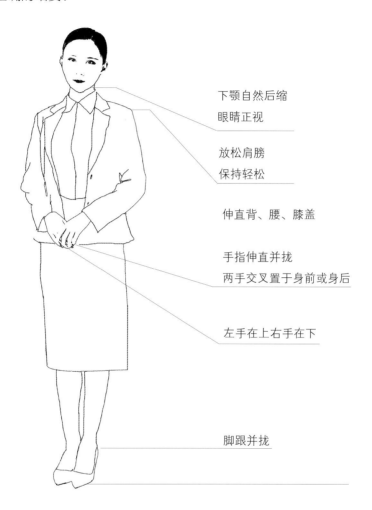

下颚自然后缩
眼睛正视

放松肩膀
保持轻松

伸直背、腰、膝盖

手指伸直并拢
两手交叉置于身前或身后

左手在上右手在下

脚跟并拢

◆不良站姿：① 双手抱胸；② 双脚打开；③ 斜靠。

（2）正确的走路方法：① 伸直背肌；② 敏捷、迅速。

（3）鞠躬三种类

对顾客与领导的礼貌问候	
低头角度	15°
低头时间	1秒
鞠躬时的应对	请稍等　欢迎光临　谢谢　欢迎下次光临

6. 良好的应对用语

（1）拒绝顾客时

◆ 非常不巧

◆ 真对不起

◆ 不得已，没有办法

◆ 非常对不起

（2）麻烦顾客时

◆ 可能会增添您的麻烦

◆ 真感到抱歉

◆ 是否请您再考虑

◆ 如果您愿意，我会感到很高兴

（3）提到顾客自己明白的事情时

◆ 您也知道的

◆ 不必我说您也知道

◆ 如您所知的

（4）顾客问自己所不了解的事情时

◆ 现在我请负责人与您详谈，请稍等

◆ 我不太清楚，请承办员为您解说

（5）金钱收受时

◆ 谢谢，一共是4800元

◆ 收您5000元

◆ 找您200元

◆ 请您过目、点清

◆ 正好收您4800元

7. 良好的应对用语

（1）听取顾客抱怨时

◆ 如您所说

◆ 真对不起

◆ 对不起，给您添麻烦了

◆ 我马上查，请稍等

◆ 浪费您很多时间

◆ 今后我们将多注意

◆ 感谢您的指教

（2）顾客要求会面时

◆ 欢迎光临

◆ 对不起，您是哪位

◆ 请稍等，我马上去请

◆ 他现在不在位子上

◆ 是，我知道了，他回来后，我一定转告

◆ 真对不起，可以留您的姓名及电话吗?

◆ 我来引导您，这边请

（3）请顾客坐下时

◆ 请坐

请坐着稍等一下

8. 营业员待客细节

（1）在有响声惊吓到客人时，必须对客人说：对不起，是XXX原因。

（2）营业员在接待客人时，如果有事需要离开，请另一位店员接替时，必须对客人说："不好意思，请这位营业员来接待您。"

（3）在客人面前，如果需要同事帮助，也切忌在客人前用很大幅度的动作向同事示意，可用简单手势轻轻示意。

（4）不容许两位营业员在客人面前 交头接耳，说悄悄话或大笑。

（5）在做清洁时，如果有客人到来，一定要把清洁用具迅速拿到客人视线以外。

（6）不要在店吃味道浓郁的食品，用餐时，要打开大门，使空气流通；口内有食物时，不要与客人交谈。

（7）店员用水杯不要放在客人视线可及的地方，可放在饮水机下的柜子里或休息间内，饮水机上不要放杂物。

（8）店员接听电话，要站在柜台内接，不要在柜台外背对客人和大门；站立时，一手放于身后，一手接听电话；不可蹲着，躲在柜台下面接听；接电话时，如果不方便向走向柜台的新顾客打招呼，可用一只手做请的手势，或点头微笑示意。

（9）无休息间的店面，女店员在涂口红时，必须回避客人。

（10）店员外发宣传单时，要向客人说：欢迎光临××珠宝店。不要一言不发送给客人。客人接受时，必须说谢谢。

（11）只有是在接待客人时，可以不出声地向客人点头微笑；如果没有接待客人，任何店员对于进门的顾客都必须站起来打招呼。对出门的顾客，店员也必须站起身道别。包括当时在做账、登记通知或用餐的店员。

（12）倒水与拿椅子给客人时，面带微笑，眼睛注视对方，说：您请XX。

（13）顾客离开时，要注意提醒其随身携带的物品：先生，您的XX别忘记了。

（14）在不忙碌时，送别顾客，直到他的身影离开你的视线。

（15）接待投诉时，男店员接待女顾客，女店员接待男顾客。

9. 待客说话的 7 原则

	原则与说话例句
1	不以否定型，而以肯定型说话 × "没有××商品" —— 否定型 ○ "现在只售□□商品" —— 肯定型
2	不用命令型，而使用请求型 × "请打电话给我" —— 命令型 ○ "能不能打个电话给我" —— 请求型
3	以语尾表示尊重 × "您很适合" —— 前面尊重 ○ "很适合您，不是吗？" —— 后面尊重
4	拒绝时先说："对不起"后加请求型语句 × "不能兑换" ○ "真对不起，请您到银行兑换"

续表

	原则与说话例句
5	不断言，请顾客自己决定 × "这个比较好" —— 断言 ○ "我想，这个可能比较好" —— 建议
6	在自己的责任领域内说话 × "您确实是这样说的" —— 强调顾客的责任 ○ "是我确认不够" —— 认为是自己的责任
7	多说感谢和赞美的话 × "这是好商品" —— 没有赞美 ○ "您的眼光真好，这是好商品" —— 加入赞美的语言

◆先说负面，再说正面。

品质优良　　　　　价格高　　　　　　好贵

●品质优质，但价格很高 ＝ 高价的印象；

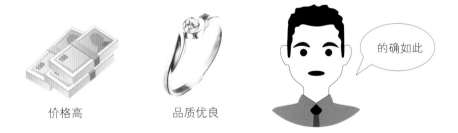

价格高　　　　　品质优良　　　　　的确如此

●虽然高价，品质却很好 ＝ 品质优良的印象；

●累积小创意、技巧，是完成整体成功的职业才干；

（才能优秀的销售员）　　　　（无才干的销售员）

接近时机　　　　○　　　　　接近时机　　　　X

站立位置　　　　○　　　　　站立位置　　　　△

说话方法　　　　○　　　　　说话方法　　　　X

说明商品　　　　○　　　　　说明商品　　　　＾

访问的方法　　　○　　　　　访问的方法　　　X

……………　　○　　　　　………………　　△

整体来说成功　　◎　　　　　整体来说失败　　X

同样的商谈时间，若能累积小成功，便可达成整体的成功。

10. 赞美顾客 7 项秘诀

（1）赞美与奉承的区别：

赞美话	奉承话
事实	口是心非
诚心	有口无心
具体	抽象
心的交流	只留下空虚

（2）赞美方法7项原则

赞美方法	具体的秘诀
① 努力发现长处	发现小孩、携带物、服装、仪容等长处
② 只赞美事实	以自信的态度对所发现的长处进行赞美
③ 以自己的语言赞美	不要使用引用的言语，而以自己的言语进行赞美
④ 具体地赞美	具体表示"何处？何种程度"的赞美
⑤ 适时地赞美	设法在说话的段落，适时地加以赞美
⑥ 由衷地赞美	为克服"害羞的情绪"要对赞美的方法进行练习
⑦ 于对话中加入赞美语	在向顾客回答问题或做商品说明时，对顾客加以赞美

第三条　待客销售的实践技巧

1. 询问方法 5 原则：

（1）不连续发问，连续发问会给人产生在调查的感觉；

（2）获得顾客的回答后，再以回答相关问题来做商品说明；

（3）先问顾客易回答的问题；

容易回答的问题 ＞ 难以回答的问题

（4）研究促进购买心理的询问方法；

（5）利用询问达到让顾客说话的目的；

2. 学习讨价还价的应对方法

◆ 如果考虑信用第一，要以不轻易减价为原则

（1）对减价的基本看法：价格牌上所标示的价格是有正常的根据的，因此，必须知道"随易减价会伤害信用"。随易减价会使顾客怀疑"是不是一开始就定高价"，同时也降低对商店和销售员的信赖度，对于不要求减价的顾客亦是失礼。

（2）减价的应对方法：当顾客要求减价时，要以何种方法应对才好呢？下页标示着从各种角度的说明，大多数的顾客应该能接受，但此时的销售员必须以谦虚的态度，由衷地说"真对不起"。

（3）答应减价要求的情况：在诚意地说明后，若顾客仍要求减价，此时销售员要以"我真佩服您的口才"来应对。但是，要在自己许可的减价范围内才行，若顾客过分地要求减价，要有勇气但谦虚的态度拒绝说"减到这种程度是不可能的"。

3. 收取金额的 7 阶段

① 结束商谈	① 客"就买这个吧" ② 销"谢谢（鞠躬），一共 ×× 元"
② 收取金额	（以双手收取金额） ③ 销"谢谢，收您 ×× 元，请稍等一下" "谢谢，正好收您 ×× 元，请稍等"

③ 确　认	（在顾客面前确认金钱数目） （以双手郑重处理金额）
④ 进款手续	（将收取金额交到收银台） （销售员将金额交收银员） ④ 销"A 号 ×× 元，收取 ×× 元" （为使收银员清楚，交予金额时先区分钞票种类）
⑤ 包　装	（迅速地包装）
⑥ 找　钱	（向收银员领取找钱数） ⑤ 销"让您久等了，一共 ×× 元，收您 ×× 元，现在找您 ×× 元，请确定数目" （交予发票和加找金额）
⑦ 交予商品	（确认顾客放入钱包后） ⑥ 销"谢谢" （交予商品）

◆交予商品，欢送顾客。

1. 先找回钱数和发票；

2. 确认顾客收进钱包；

3. 双手交给商品。

这家商店在收到金额之后态度仍然很好

送客是最后的服务机会

让人感到愉快的店，下

次再来……

4. 各种顾客类型的应对方法

类型	应对重点
悠闲型（慎重选择的顾客）	◆慎重地听，自信地推荐　◆不焦急或强制顾客
急躁型（易发怒的顾客）	◆慎重的言语和动作　◆动作敏捷不要让顾客等候
沉默型（不表示意见的顾客）	◆观察顾客表情、动作　◆以具体的询问来诱导
饶舌型（爱说话的顾客）	◆不打断顾客话题，耐心地听　◆把握机会及时回复
博识型（知识丰富的顾客）	◆"您懂得好多"等赞美　◆发掘顾客的喜好并推荐商品
权威型（傲慢的顾客）	◆在态度和言语上特别慎重 ◆一边赞美其携带物一边进行商谈
猜疑型（疑心病的顾客）	◆以询问把握顾客的疑问点　◆明确说明理由与根据
优柔寡断型（欠缺决断力的顾客）	◆对准销售重点，让顾客进行比较 ◆"我想这个比较好"的建议
内向型（性格软弱的顾客）	◆以冷静沉着的态度接近 ◆配合顾客的步调，使其具有信心
好胜型（不服输的顾客）	◆尊重顾客的心情和意见来推荐 ◆若顾客要求建议，要具有自信
理论型（注重理论的顾客）	◆条理井然地说明　◆要点简明，明确地说明根据
嘲弄型（爱讽刺的顾客）	◆以稳重的心情接待应对　◆以"真会开玩笑"带过嘲讽

5. 处理抱怨的心态

阶段	顺序	销售员的态度、技术	注意点
第1阶段	1	感谢顾客的抱怨	对商店失望的顾客不会有抱怨
	2	仔细将抱怨听到最后	不用"不过""但是"等打断顾客谈话
	3	理解对方的情绪与事件，坦诚地道歉	冷静，不受对方情绪影响
第2阶段	4	询问、确认现有物品，明确知道抱歉情形	冷静询问"何时""谁"等问题
	5	思考处理抱怨的方法	分清楚抱怨的种类，是对"商品"还是对"销售员"
	6	实行方法：① 站在对方的立场 ② 以不指责顾客投诉错误或误会为原则 ③ 努力由衷地理解	由衷、诚实、迅速地处理，难以判断时，及早请上司处理
第3阶段	7	以"今后仍请多多指教"来做总结	不管是对"商品"或是"销售员"都能获得理解

注意事项：各式各样的抱怨

1. 有因商店的抱怨，也有在因顾客本身的抱怨

2. 有因商品的抱怨，也有因心理伤害的抱怨

7. 卖场上的各种禁忌

场面	禁忌
等待时机	双手交叉于胸、翘二郎腿、斜靠在陈列柜上、手插口袋、读杂志 销售员们聚集聊天、打私人电话、嬉笑等 盯着顾客、看不起的态度、窃窃私语
接近	皮笑肉不笑、窃笑 让顾客久等、大摇大摆地接近 不说"欢迎光临"也不鞠躬
商谈	不用敬语、言语粗俗 对于委托修理感到厌烦 不郑重说明商品 表现出焦急的状态 表现出晦暗的脸、心情不好、疲倦的状态 不慎重处理商品 强制推销、匆忙总结 不让顾客看包装上的"贺纸" 信用卡金额栏上，未记入金额便要顾客签名 单手交付找回金额，或将钞票置于陈列台上
送客	（17）站在顾客面前却背对顾客 （18）不说"谢谢"也不送客

8. 处理抱怨 3 变法

（1）改变人物来处理应对事件；

我是店长××，对部属的失礼深感抱歉

☆在情绪上变成"讨厌的人"时有效。

（2）改变场所对话；

☆边走路边冷静思考，可能思考出解决的方法！

（3）改变时间商谈；

☆隔一段冷却时间，可调查、检讨。

注意事项：① 巧妙地处理就能获得顾客的信赖，笨拙的处理方式会闹得鸡犬不宁；② 抱怨的内容是珍贵的情报。

9. 记住顾客的姓名与容貌

（1）商谈中多称呼顾客的姓名

（2）顾客离店后，在心中默念3次顾客姓名

（3）记住商谈过程中的关联事项

| 电视的商谈 | ×× 球迷 | ×× 小姐 |

☆在电视的商谈中说自己是××球迷的××小姐。

（4）列举顾客的特征来记忆

| 修长 | 戴眼镜 | ×× 小姐 |

特征①　　　　　　　　　　　特征②　　　　　　　　　　姓名

☆身材修长、戴眼镜的××小姐

10. 没有顾客、闲暇时的应有状态

（1）闲暇时更要忙碌地活动；

（2）认真整理柜台的饰品，注意什么饰品摆放在什么地方；

（3）熟悉饰品的价格和种类

（4）清扫柜台的卫生

11. 案例十五：凡是首饰维修，告诉客人：

先检查，如小问题很快就可取（正常一、二天内），问题较大的饰品，明确告诉顾客，如一、二天内不能修好或证实问题严重，征求客人意见，修好后马上通知顾客，并留下顾客通讯方式，以便通知。

第三节　新营业员岗位培训工作规程

为加快新营业员的成长速度，使新营业员尽快适应环境、进入角色，特制定本规程：

1. 部门经理的工作

（1）新入职或转入正式职员时，部门经理根据总部给部门经理权限签发"录用通知书"，凭身份证原件认真办理录用手续。

（2）新营业员上岗后，部门经理首先要热情接待，并把新营业员介绍给大家，并向新员工介绍本门市的基本概况、人员结构等，然后安排一位老营业员对其进行具体指导、培训；

（3）部门经理必须给新营业员阅读的资料有《黄金、珠宝与营销》，黄金、珠宝、玉石等价格表，近期总部下发的通知、规定等；

（4）部门经理在新营业员上岗后

第一周考核其首饰价格和首饰种类分布位置，

第二周至第三周考核《黄金、珠宝与营销》上的业务知识；

第四周考核销售技巧，并将考核结果上报总部。

2. 具体培训内容

（1）首先要从打扫卫生学起，要学会怎样给老营业员做助手；

（2）培训新营业员如何与顾客打招呼，礼貌待客。例如：先生您好，请坐下，喜欢什么款式，什么款式首饰适合你等等。

（3）培训如何接电话。例如：接电话时须报出店名"您好，某某珠宝欢迎你"。

（4）培训怎样给客人端茶送水；

（5）新营业员在上岗后

第一周要培训营业员认识首饰品牌、款式、价格及服务维修承诺，

第二周至第三周培训《黄金、珠宝与营销》中的业务知识；

第四周培训销售技巧，并将培训结果上报总部。

（6）教会新营业员怎样填写质量保证单、内部质量保证等。

（7）培训新营业员简单鉴定首饰常用方法，首饰保养、清洗、维护知识等。

（8）在熟悉半个月时间后，要让新营业员接待顾客，老店员在一旁辅导，非特殊情

况不得单独接待顾客；

（9）培训新营业员《黄金、珠宝与营销》。（员工培训资料）

（10）培训新营业员盘点工作应注意事项和问题；

（11）培训新营业员组织纪律性、团结协作精神。

3. 见习营业店员工作须知

（1）每天上班，值班经理首先检查仪容仪表、工牌、发型、着装等是否符合公司要求；

（2）上岗后，服从部门经理的工作安排，以最快的速度完成上级交办的任务；

（3）对于店内脏乱的地方，及时发现并主动处理；

（4）认真、主动请教店长有什么业务资料可阅读，并主动请教不懂的问题，加快进入角色的速度；

（5）不能急于求成，在最基础的业务、价格还未熟悉的情况下，不可单独接待顾客，一定要跟从老营业员学习接待顾客；

（6）在老营业员销售的时候，新店员从旁观察销售技巧，不懂或模棱两可的问题不可乱插话，同时应及时给顾客倒水、拿烟盅等，如顾客需要其他首饰时，要及时送到老营业员或顾客手中；

（7）销售结束后，主动向部门经理、老营业员请教不懂或模棱两可的问题，直到弄懂弄通；

（8）与顾客交谈时，一定要在公司业务程序允许的范围内进行推销，不可无根据乱讲，以免引起不必要的投诉；

（9）不能同时给客人拿出两件以上的首饰，如果拿出第三件首饰给顾客时要收回第一件首饰，顾客手中只能保持两件首饰，营业员视线不可离开首饰以防发生其他事故；

（10）销售成功后，收回其他首饰，认真填写清楚的《质量保证单》和货款单，必须签名、验收，再将顾客联和商品交给顾客。

注：本规程所有营业员必须认真阅读，每一位营业员都有培训新营业员的义务和责任，如果你被确定为新营业员的"辅导员"，请参照培训内容认真教导，部门经理要根据《新营业员岗位培训工作规程》要求认真考核。公司坚决反对老营业员摆架子、论资排辈的思想作风，对培训新营业员不出力或敷衍塞责的营业员，公司要给予必要批评和适当处罚。

第十二章

中华人民共和国国家质量标准

第一节　首饰、贵金属纯度的规定及命名方法

前　言

本标准为强制性标准。

本标准非等效采用ISO 9202:1991（E）《首饰、贵金属纯度的规定》。本标准代替GB/T11887—2000 《首饰、贵金属纯度的规定及命名方法》。

本标准与GB/T 11887—2000的主要区别如下：

　　—— 取消了原标准4.3中关于"铂和钯总含量不得小于950‰"的内容，与ISO 9202:1991（E）保持一致。

　　—— 将原标准4.4中关于"含镍量应小于0.3%"的规定改为等同采用"欧共体欧洲议会和理事会94/97/CE号指令"。

本标准由中国轻工业联合会提出。

本标准由全国首饰标准化技术委员会归口。

本标准起草单位：国家首饰质量监督检验中心。

本标准主要起草人：沈沣、范积芳、李武军、李玉鹍。

本标准于1989年12月首次发布，2004年4月第一次修订，本次为第二次修订。

引　言

GB/T 11887—2000《首饰、贵金属纯度的规定及命名方法》于2000年4月发布，并于2000年9月1日实施。该标准是对GB/T 11887—1989《贵金属、首饰纯度的命名方法》进行的第一次修订。《首饰、贵金属纯度的规定及命名方法》是首饰行业的一个重要基础标准，对促进我国首饰行业的发展、保证首饰产品的质量起到重要的作用。为不断完善标准，使标准更具有可操作性，有利于推动首饰行业的发展和规范市场，对标准进行了第二次修订。在本次修订中，将原标准4.3中关于"铂和钯含量不得少于950‰"的内容取消，不对贵金属成分（不含有害元素）进行规定，与ISO 9202:1991（E）保持一致；将原标准4.4中关于"含镍量应小于0.3‰"的规定改为等同采用"欧共体欧洲议会和理

事会94/27/CE号指令"，并同时实行两年过渡期的办法，即从标准发布之日起两年后，所有销售到最终消费者的商品都必须完全符合标准要求。具体过渡期如下：

自标准发布之日起至发布后半年2003年止 —— 生产企业和所有经销商清理库存中不符合本标准的产品；自标准发布之日起至发布后一年2004年止 —— 生产企业和所有供应商提供不符合本标准产品的最后期限；自标准发布之日起至发布后两年止 —— 所有销售商销售不符合该标准产品的最后期限。

1. 范围

本标准规定了首饰中贵金属的纯度范围（不包括焊药成分，但成品含量不得低于规定的纯度范围）、印记、测定方法和贵金属首饰的命名方法。

本标准适用于首饰行业和国内生产及销售的首饰。

2. 规范性引用文件

下列文件中的条款通过本标准的引用而成为本标准的条款。凡是注日期的引用文件，其随后所有的修改单（不包括勘误的内容）或修订版均不适用于本标准，然而鼓励根据本标准达成协议的各方研究是否可使用这些文件的最新版本。凡是不注日期的引用文件，其最新版本适用于本标准。

GB/T 9288　　首饰含金量分析方法（neq ISO 11426:1993）

GB/T 11886　　首饰含银量化学分析方法

GB/T 16552　　珠宝玉石　　名称

GB/T 16553　　珠宝玉石　　鉴定

GB/T 16554　　钻石分析

QB/T 1656　　铂首饰化学分析方法　　钯、铑、铂量的测定

QB/T 1689　　贵金属饰品术语

3. 术语和定义

下列术语和定义适用于本标准。

3.1 纯度 Fineness

贵金属元素的最低含量，以贵金属的含量千分数计量。

4. 纯度范围

纯度以最低值表示，不得有负公差。

4.1 贵金属及其合金的纯度范围见表1。

表1

贵金属及其合金	纯度千分数最小值	纯度的其他表示方法
金及其合金	375	9K
	585	14K
	750	18K
	916	22K
	990	足金
	999	（千足金）
铂（白金）及其合金	850	足铂（足白金）
	900	
	950	
	990	
银及其合金	800	足银
	925	
	990	
注：1. 不在括弧内的值将优先考虑。2.24K 理论纯度为百分之百。		

4.2 足金首饰因使用需要，其配件含金量不得低于750‰。

4.3 贵金属及其合金首饰中所含元素不得对人体健康有害。含镍首饰（包括非贵金属首饰）应符合以下规定。

4.3.1 用于耳朵或人体的任何其他部位穿孔，在穿孔伤口愈合过程中摘除或保留的制品，其镍在总体含量中的含量必须小于0.5‰；

4.3.2 与人体皮肤长期接触的制品如：

—— 耳环；

—— 项链、手镯和手链、脚链、戒指；

—— 手表表壳、表链、表扣；

—— 按扣、搭扣、铆钉、拉链和金属标牌（如果不是钉在衣服上）。

这些制品与皮肤长期接触部分的镍释放量必须小于0.5微克/厘米^2/星期；

4.3.3 4.3.2条中所指定的制品如表面有镀层，其镀层必须保证与皮肤长期接触部分在正常使用的两年内，镍释放量小于0.5微克/厘米^2/星期。

4.3.4 除了上述4.3.1、4.3.2、4.3.3中所列明白，其他同类制品必须达到同样要求，否则不得进入市场。

5. 首饰印记

贵金属首饰的印记是指打印在首饰上的标识。

5.1 印记的内容

印记内容应包括：厂家代号、纯度、材料以及镶钻首饰主钻石（0.10克拉以上）的质量。例如：北京花丝镶嵌厂生产的18K金镶嵌0.45克拉钻石的首饰印记为：京A18K金0.45ct（D）。

5.2 纯度的表示方法

按表1的规定打印记，或按实际含量打印记。

5.2.1 金首饰以纯度千分数（K数）前冠以金、Au或G。例：金750、Au750、G18K。

5.2.2 铂首饰以纯度千分数前冠以铂（白金）或Pt。例：Pt900、Pt990或足铂（足白金）。

5.2.3 银首饰以纯度千分数前冠以银、Ag或S。例：银925、Ag925、S925。

5.2.4 当采用不同材质或不同纯度的贵金属制作首饰时，材料和纯度应分别表示。

5.2.5 当首饰因过细过小等原因不能打印记时应附有包含印记内容的标识。

6. 贵金属首饰纯度的测定方法

应采用被认可的方法进行测定，当测试结果出现分歧时，采用GB/T 9288、GB/T 11886、QB/T1656的方法进行仲裁。

7. 命名规则

7.1 贵金属首饰应按纯度、材料、宝石名称、品种的内容命名。

例如：18K金红宝石戒指。

7.2 贵金属首饰品种的命名依据QB/T 1689的规定。

7.3 镶嵌宝石的鉴定及命名按照GB/T 16552、GB/T 16553、GB/T 16554进行。镶嵌首饰上的宝石的品质分级作为参考级别。

珠宝玉石名称

前　言

本标准参考了国际珠宝首饰联合会（CIBJO）制定的《钻石、宝石、珍珠手册》（1997，英文版），以及美国宝石贸易协会（AGTA）制定的《宝石优化处理手册》（2000，英文版）和日本全国宝石协会制定的《宝石及装饰品的定义命名法则的制定》（1992，日文版）。

本标准自实施之日起代替GB/T 16552—1996。

本标准与GB/T 16552—1996版本相比主要变化如下：

　　—— 养殖珍珠可简称为珍珠；

　　—— 优化处理定名规则中关于处理宝石增加了宝石的名称描述方法；

　　—— 仿宝石增加了天然宝石仿制品内容；

　　—— 珠宝玉石基本名称内容有所增加。

本标准与GB/T 16553《珠宝玉石　鉴定》标准配套使用。

本标准的附录A和附录B为规范性附录。

本标准由中华人民共和国国土资源部提出。

本标准由全国地质矿产标准化技术委员会归口。

本标准由国家珠宝玉石质量监督检验中心负责起草。

本标准主要起草人：张蓓莉、高岩、王曼君。

本标准于1996年10月首次发布。

本次为首次修订。

本标准委托国家珠宝玉石质量监督检验中心负责解释。

1. 范围

本标准规定了珠宝玉石的类别、定义、定名规则及表示方法；

本标准适用于珠宝玉石的定名。

2. 规范性引用文件

下列文件中的条款通过本标准的引用而成为本标准的条款。凡是注日期的引用文件，其随后所有的修改单（不包括勘误的内容）或修订版均不适用于本标准，然而，鼓励根据本标准达成协议的各方研究是否可使用这些文件的最新版本。凡是不注日期的引用文件，其最新版本适用于标准GB/T 16553《珠宝玉石　鉴定》。

3. 定义及定名规则

下列定义及定名规则适用于本标准。

3.1 珠宝玉石 gems

3.1.1 定义：珠宝玉石是对天然珠宝玉石（包括天然宝石、天然玉石和天然有机宝石）和人工宝石（包括合成宝石、人造宝石、拼合宝石和再造宝石）的统称，简称宝石。

3.1.2 定名总则：各种珠宝玉石的定名必须以附录A中所列基本名称为基础，按标准中规定的各类定名规则及附录B确定。

附录A基本名称中未列入的其他名称在使用时必须加括号并在其前注册附录A中所列出的同种矿物（岩石）或材料的珠宝玉石名称。

附录A未列入的其他矿物（岩石）名称可直接作为珠宝玉石名称。

"珠宝玉石""宝石"不能作为具体商品的名称。

3.2 天然珠宝玉石 natural gems

3.2.1 定义：由自然界产出，具有美观、耐久、稀少性，具有工艺价值，可加工成装饰品的物质统称为天然珠宝玉石。包括天然宝石、天然玉石和天然有机宝石。

3.3 天然宝石 natural gemstones

3.3.1 定义：由自然界产出，具有美观、耐久、稀少性，可加工成装饰品的矿物的单晶体（可含双晶）。

3.3.2 定名规则：直接使用天然宝石基本名称或其矿物名称。无需加"天然"二字，如"金绿宝石""红宝石"等。

a. 产地不参与定名，如"南非钻石""缅甸蓝宝石"等。

b. 禁止使用由两种天然宝石名称组合而成的名称，如："红宝石尖晶石""变石蓝宝石"等，"变石猫眼"除外。

c. 禁止使用含混不清的商业名称，如："蓝晶""绿宝石""半宝石"等。

3.4 天然玉石 natural jades

3.4.1 定义：由自然界产出的，具有美观、耐久、稀少性和工艺价值的矿物集合体，少数为非晶质体。

3.4.2 定名规则：直接使用天然玉石基本名称或其矿物（岩石）名称。在天然矿物或岩石名称后可附加"玉"字；无需加"天然"二字，"天然玻璃"除外。

a.不用雕琢形状定名天然玉石。

b.不允许单独使用"玉"或"玉石"直接代替具体的天然玉石名称。

c.附录A表A2中列出的带有地名的天然玉石基本名称，不具有产地含义。

3.5 天然有机宝石　natural organic substances

3.5.1 定义：由自然界生物生成，部分或全部由有机物质组成，可用于首饰及装饰品的材料为天然有机宝石。养殖珍珠（简称"珍珠"）也是属于此类。

3.5.2 定名规则：

a.直接使用天然有机宝石基本名称，无需加"天然"二字，"天然珍珠""天然海水珍珠""天然淡水珍珠"除外。

b.养殖珍珠可简称为"珍珠"，海水养殖珍珠可简称为"海水珍珠"，淡水养殖珠可简称为"淡水珍珠"。

c.不以产地修饰天然有机宝石名称，如"波罗的海琥珀"。

3.6 人工宝石 artificial products

3.6.1 定义：完全或部分由人工生产或制造用作首饰及装饰品的材料统称为人工宝石。包括合成宝石、人造宝石、拼合宝石和再造宝石。

3.7 合成宝石 synthetic stones

3.7.1 定义：完全或部分由人工制造且自然界有已知对应物的晶质或非晶质体，其物理性质，化学成分和晶体结构与所对应的天然珠宝玉石基本相同。

3.7.2 定名规则：必须在其所对应天然珠宝玉石名称前加"合成"二字，如："合成红宝石""合成祖母绿"等。

a.禁止使用生产厂、制造商的名称直接定名，如："查塔姆（Chatham）祖母绿""林德（Linde）祖母绿"等。

b.禁止使用易混淆或含混不清的名词定名，如："鲁宾石""红刚玉""合成品"

等。

3.8 人造宝石 artificial stones

3.8.1 定义：由人工制造且自然界无已知对应物的晶质或非晶质体称人造宝石。

3.8.2 定名规则：必须在材料名称前加"人造"二字，如："人造钇铝榴石""玻璃""塑料"除外。

a. 禁止使用生产厂、制造商的名称直接定名。

b. 禁止使用易混淆或含混不清的名词定名，如："奥地利钻石"等。

c. 不允许用生产方法参与定名。

3.9 拼合宝石 composite stones

3.9.1 定义：由两块或两块以上材料经人工拼合而成，且给人以整体印象的珠宝玉石称拼合宝石，简称"拼合石"。

3.9.2 定名规则：

a. 逐层写出组成材料名称，在组成材料名称之后加"拼合石"三字，如"蓝宝石、合成蓝宝石拼合石"；或以顶层材料名称加"拼合石"三字，如"蓝宝石拼合石"。

b. 由同种材料组成的拼合石，在组成材料名称之后加"拼合石"三字，如："锆石拼合石"。

c. 对于分别用天然珍珠、珍珠、欧泊或合成欧泊为主要材料组成的拼合石，分别用拼合天然珍珠、拼合珍珠、拼合欧泊或拼合合成欧泊的名称即可，不必逐层写出材料名称。

3.10 再造宝石 reconstructed stones

3.10.1 定义：通过人工手段将天然珠宝玉石的碎块或碎屑熔接或压结成具整体外观的珠宝玉石。

3.10.2 定名规则：在所组成天然珠宝玉石名称前加"再造"二字，如："再造琥珀""再造绿松石"。

3.11 仿宝石 imitation stones

3.11.1 定义：用于模仿天然珠宝玉石的颜色、外观和特殊光学效应的人工宝石以及用于模仿另外一种天然珠宝玉石的天然珠宝玉石可称为仿宝石。"仿宝石"一词不能单独作为珠宝玉石名称。

3.11.2 定名规则：

a.在所模仿天然珠宝玉石名称前冠以"仿"字，如："仿祖母绿""仿珍珠"等。

b.应尽量确定给出具体珠宝玉石名称，且采用下列表示方式，如："玻璃"或"仿水晶（玻璃）"。

c.当确定具体珠宝玉石名称时，应遵循本标准规定的其他各项定名规则。

3.11.3 使用含义

3.11.3.1 仿宝石不代表珠宝玉石的具体类别。

3.11.3.2 当使用"仿某种珠宝玉石"（例如"仿钻石"）这种表示方式作为珠宝玉石名称时，意味着该珠宝玉石：

a.不是所仿的珠宝玉石（如"仿钻石"不是钻石）。

b.具体模仿材料有多种可能性（如"仿钻石"：可能是玻璃、合成立方氧化锆或水晶等）。

3.12 特殊光学效应 optical phenomena

3.12.1 猫眼效应 chatoyancy

3.12.1.1 定名规则：可在珠宝玉石基本名称后加"猫眼"二字，如："磷灰石猫眼""玻璃猫眼"等，只有"金绿宝石猫眼"可直接称为"猫眼"。

3.12.2 星光效应 asterism

3.12.2.1 定名规则：可在珠宝玉石基本名称前加"星光"二字，如："星光红宝石""星光透辉石"。具星光效应的合成宝石定名方法是，在所对应天然珠宝玉石基本名称前加"合成星光"四字，如："合成星光红宝石"。

3.12.3 变色效应 colour changing

3.12.3.1 定名规则：可在珠宝玉石基本名称前加"变色"二字，如"变色石榴石"。具变色效应的合成宝石定名方法，是在所对应天然珠宝玉石基本名称前加"合成变色"四字，如"合成变色蓝宝石"。

3.12.4 其他特殊光学效应 other optical phenomena

3.12.4.1 定义：除星光效应、猫眼效应和变色效应外，在珠宝玉石中所出现的所有其他特殊光学效应。如：砂金效应、晕彩效应、变彩效应等。

3.12.4.2 定名规则：具其他特殊学效应的珠宝玉石，其特殊光学效应不参加定名，可以在备注中附注说明。

3.13 优化处理 enhancement

3.13.1 定义

3.13.1.1 优化处理 enhancement

除切磨和抛光以外，用于改善珠宝玉石的外观（颜色、净度或特殊光学效应）、耐久性或可用性的所有方法。分为优化和处理两类。

3.13.1.2 优化 enhancing

传统的、被人们广泛接受的、使珠宝玉石潜在的美显示出来的优化处理方法。

3.13.1.3 处理 treating

非传统的、尚不被人们接受的优化处理方法。

3.13.2 常见方法

3.13.2.1 优化方法：热处理、漂白、浸蜡、浸无色油、染色玉髓、玛瑙类。

3.13.2.2 处理方法：浸有色油、充填（玻璃充填、塑料充填或其他聚合物等硬质材料充填）、浸蜡（绿松石）、染色、辐射、激光钻孔、覆膜、扩散、高温高压处理。

3.13.3 定名规则

3.13.3.1 优化的珠宝玉石定名

a.直接使用珠宝玉石名称；

b.珠宝玉石鉴定证书中可不附注说明。

3.13.3.2 处理的珠宝玉石定名

a.在所对应珠宝玉石名称后加括号注明"处理"二字或注明处理方法，如："蓝宝石（处理）""蓝宝石（扩散）""翡翠（处理）""翡翠（漂白、充填）"；也可在所对应珠宝玉石名称前描述具体处理方法，如："扩散蓝宝石""漂白、充填翡翠"。

b.在珠宝玉石鉴定证书中必须描述具体处理方法。

c.在目前一般鉴定技术条件下，如不能确定是否经处理时，在珠宝玉石名称中可不予表示，但必须加以附注说明且采用下列描述方法，如："未能确定是否经过×××处理"或"可能经过×××处理"，如："托帕石，备注：未能确定是否经过辐射处理"，或"托帕石，备注：可能经过辐照处理"。

d.经处理的人工宝石可直接使用人工宝石基本名称定名。

附录 A
（规范性附录）

珠宝玉石名称

表 A1. 天然宝石名称

天然宝石基本名称	英文名称	矿物名称
钻　石	Diamond	金刚石
红宝石	Ruby	刚　玉
蓝宝石	Sqpphire	
金绿宝石	Chrysobery	金绿宝石
猫　眼	Chrysobery cat's-eye	
变　石	Alexandrite	
变石猫眼	Alexandrite cat's-eye	
祖母绿	Emerald	绿柱石
海蓝宝石	Aquamarine	
绿柱石	Beryl	
碧　玺	Tourmaline	电气石
尖晶石	Spinel	尖晶石
锆　石	Zircon	锆　石
托帕石	Topaz	黄　玉
橄榄石	Peridot	橄榄石
石榴石	Garnet	石榴石
镁铝榴石	Pyrope	镁铝榴石
铁铝榴石	Almandite	铁铝榴石
锰铝榴石	Spessartite	锰铝榴石
钙铝榴石	Grossularite	钙铝榴石
钙铁榴石	Andradite	钙铁榴石
翠榴石	Demantoid	翠榴石
黑榴石	Melanite	黑榴石
钙铬榴石	Uvarovite	钙铬榴石

续表 A1

天然宝石基本名称	英文名称	矿物名称
石 英	Quartz	石 英
水 晶	Rock crystal	
紫 晶	Amethyst	
黄 晶	Citrine	
烟 晶	Smoky quartz	
绿水晶	Green quartz	
芙蓉石	Rose Quartz	
长 石	Feldspar	长 石
月光石	Moonstone	正长石
天河石	Amazonyte	微斜长石
日光石	Sunstone	奥长石
拉长石	Labradorite	拉长石
方柱石	Scapolite	方柱石
柱晶石	Kornerupine	柱晶石
黝帘石	Zoisite	黝帘石
坦桑石	Tanzanite	
绿帘石	Epidote	绿帘石
堇青石	Iolite	堇青石
榍 石	Sphene	榍 石
磷灰石	Apatite	磷灰石
辉 石	Pyroxene	辉 石
透辉石	Diopside	透辉石
普通辉石	Augite	普通辉石
顽火辉石	Enstatite	顽火辉石
锂辉石	Spodumene	锂辉石
红柱石	Andalusite	红柱石
空晶石	Chiastolite	
矽线石	Sillimanite	矽线石
蓝晶石	Kyanite	蓝晶石
鱼眼石	Apophyllite	鱼眼石
天蓝石	Lazulite	天蓝石
符山石	Idocrase	符山石

续表 A1

天然宝石基本名称	英文名称	矿物名称
硼铝镁石	Sinhalite	硼铝镁石
塔菲石	Taffeite	塔菲石
蓝锥矿	Benitoite	蓝锥矿
重晶石	Barite	重晶石
天青石	Celestite	天青石
方解石 冰洲石	Calcite Iceland spar	方解石
斧　石	Axinite	斧　石
锡　石	Cassiterite	锡　石
磷铝锂石	Amblygonite	磷铝锂石
透视石	Dioptase	透视石
蓝柱石	Euclase	蓝柱石
磷铝钠石	Brazilianite	磷铝钠石
赛黄晶	Danburite	赛黄晶
硅铍石	Phenakite	硅铍石

表 A2. 天然玉石名称

天然玉石基本名称	英文名称	主要组成矿物
翡　翠	Jadeite, Feicui	硬玉、绿辉石、钠铬辉石
软　玉 闪石玉 和田玉 白　玉 青白玉 青　玉	Nephrite Nephrite Nephrite, Hetian Yu Nephrite Nephrite Nephrite	透闪石、阳起石（以透闪石为主）
欧　泊 黑欧泊 火欧泊	Opal Black opal Fire opal	蛋白石

续表 A2

天然玉石基本名称	英文名称	主要组成矿物
玉　髓 玛　瑙	Chalcedony Agate	玉　髓
木变石 虎睛石 鹰眼石	Tiger's-eye Tiger's-eye Hawk's-eye	石　英
石英岩 东陵石	Quartzite Auenturine Arartz	石　英
蛇纹石 岫　玉	Serpentine Perpentine, Xu Yu	蛇纹石
独山玉	Dushan Yu	斜长石—黝帘石
查罗石	Charoite	紫硅碱钙石
钠长石玉	Albite jade	钠长石
蔷薇辉石 京粉玉	Rhodonite Rhodonite	蔷薇辉石、石英
阳起石	Actinolite	阳起石
绿松石	Turquoise	绿松石
青金石	Lapis lazuli	青金石
孔雀石	Malachit	孔雀石
硅孔雀石	Chrysocolla	硅孔雀石
葡萄石	Prehnite	葡萄石
大理石 蓝田玉	Marble Lantian Yu	方解石、白云石
菱锌矿	Smithsonite	菱锌矿
菱锰矿	Rhodochro site	菱锰矿
白云石	Dolomite	白云石
萤　石	Fluorite	萤　石
水钙铝榴石	Hydrogrossular	水钙铝榴石
滑　石	Talc	滑　石
硅硼钙石	Datolite	硅硼钙石
羟硅硼钙石	Howlite	羟硅硼钙石
方钠石	Sodalite	方钠石

续表 A2

天然玉石基本名称	英文名称	主要组成矿物
赤铁矿	Hematite	赤铁矿
天然玻璃 火山玻璃 玻璃陨石 黑曜岩	Natural glass Valcanic glass Moldavite Obsidian	天然玻璃 火山玻璃 玻璃陨石 黑曜岩
鸡血石	Chicken-blood stone	辰砂、地开石、高岭石、叶蜡石
寿山石 田　黄	Larderite Tian Huang	地开石、高岭石、珍珠陶土
青田石	Qingtian stone	叶蜡石、地开石、高岭石

表 A3. 天然有机宝石名称

天然有机宝石基本名称	英文名称	材料名称
天然珍珠 天然海水珍珠 天然淡水珍珠	Natural pearl Seawater natural pearl Freshwater natural pearl	天然珍珠
养殖珍珠、珍珠 海水养殖珍珠（海水珍珠） 淡水养殖珍珠（淡水珍珠）	Cultured pearl Seawater cultured pearl Freshwater cultured pearl	养殖珍珠
珊　瑚	Coral	贵珊瑚
琥　珀	Amber	琥　珀
煤　精	Jet	褐　煤
象　牙	Ivory	象　牙
龟　甲 玳　瑁	Tortoise shell	龟　甲
贝　壳	Shell	贝　壳
硅化木	Pertrified wood	硅化木
＊　根据相关法律，象牙及其制品禁止非法拍卖、销售。		

附录 B

（规范性附录）

优化处理珠宝玉石

表 B1. 常见珠宝玉石优化处理方法及类别

珠宝玉石基本名称	优化处理方法	效　　果	优化处理类别
钻　石	激光钻孔	改善净度	处理
	覆膜	改善颜色	处理
	充填	改善净度	处理
	辐照（附热处理）	改善颜色	处理
	高温高压处理	改善颜色	处理
红宝石	热处理	改善颜色	优化
	浸有色油	增色	处理
	染色	增色	处理
	充填	增加透明度	处理
	扩散	增色或产生星光效应	处理
蓝宝石	热处理	改善颜色	优化
	扩散	增色或产生星光效应	处理
	辐照	改变颜色	处理
猫　眼	辐照	改善光线和颜色	处理
绿柱石	热处理	去除杂色、产生粉红色	优化
	辐照	产生黄色、蓝色	处理
	覆膜	产生绿色外观	处理
祖母绿	浸无色油	改善外观	优化
	浸有色油	增色	处理
	聚合物充填	改善颜色、耐久性	处理

续表 B1

珠宝玉石基本名称	优化处理方法	效　　果	优化处理类别
海蓝宝石	热处理	产生纯正蓝色	优化
碧　玺	热处理	改善净度	优化
	浸无色油	改善颜色	优化
	浸有色油	改善颜色	处理
	充填	改善颜色	处理
	辐照	改变颜色	处理
	染色	改变颜色	处理
锆　石	热处理	改变颜色	优化
托帕石	热处理	产生粉红色	优化
	辐照	产生绿色、黄色、蓝色	处理
	扩散	产生蓝色等	处理
石　英	热处理	产生黄色、无色	优化
	辐照	产生紫色、烟色	优化
	染色	用于仿宝石	处理
长　石	覆膜	改善外观	处理
	浸蜡	改善外观	处理
	辐照	产生颜色	处理
方柱石	辐照	产生紫色	处理
坦桑石	热处理	产生紫蓝色	优化
锂辉石	辐照	产生紫色、绿色	处理
红柱石	热处理	改善颜色	优化
方解石	染色	产生各种颜色	处理
	浸蜡或充填	改变净度、防裂开	处理
	辐照	产生颜色	处理
蓝柱石	辐照	产生黄色	处理

续表 B1

珠宝玉石基本名称	优化处理方法	效　果	优化处理类别
翡　翠	漂白、浸蜡	改变外观	处理
	漂白、充填	改变外观	处理
	热处理	产生红色、黄色	优化
	覆膜	产生绿色	处理
	染色	产生鲜艳颜色	处理
软　玉	浸蜡	改善外观	优化
	染色	产生鲜艳颜色	处理
欧　泊	浸无色油	改善外观	优化
	染色	加强变彩	处理
	充填	改善外观、耐久性	处理
	覆膜	改善变彩	处理
玉髓（玛瑙）	热处理	产生鲜艳颜色	优化
	染色	产生鲜艳颜色	优化
石英岩	染色	用于仿宝石	处理
蛇纹石	浸蜡	改善外观	优化
	染色	产生鲜艳颜色	处理
绿松石	浸蜡	加深颜色	处理
	染色	加深颜色	处理
	充填	改善颜色、耐久性	处理
青金石	浸蜡	改善外观	优化
	浸无色油	改善外观	优化
	染色	改善外观	处理
蓝柱石	辐照	以产生蓝色	处理
孔雀石	浸蜡	改善外观	优化
	充填	改善耐久性	处理
大理石	染色	用于仿宝石	处理
萤　石	热处理	改善颜色	优化
	充填	改善外观、防裂开	处理
	辐照	改变颜色	处理

续表 B1

珠宝玉石基本名称	优化处理方法	效　　果	优化处理类别
滑　石	染色	产生各种颜色	处理
	覆膜	改善外观、掩盖裂隙	处理
羟硅硼钙石	染色	增色	处理
鸡血石	充填	增加红色	处理
	覆膜	改善外观、增加红色	处理
寿山石	热处理	改善或改变颜色	优化
	染色	产生黄、红至棕红色	处理
	覆膜	改变外观	处理
天然珍珠	漂白	改善外观	优化
	染色	产生黑色、灰色	处理
养殖珍珠（珍珠）	漂白	改善外观	优化
	染色	产生粉红色、蓝色、黑色、灰色等	处理
	辐射	产生蓝色、灰色、黑色等	处理
珊　瑚	漂白	改善外观	优化
	浸蜡	改善外观	优化
	充填	改善颜色、耐久性	处理
	染色	产生红色	处理
琥　珀	热处理	加深颜色	优化
	染色	加深颜色	处理
象　牙	漂白	去除杂色	优化
	浸蜡	改善外观	优化
	染色	用于艺术品	处理
贝　壳	覆膜	产生珍珠光泽仿珍珠	处理
	染色	产生各种颜色	处理

* 　根据相关法律，象牙及其制品禁止非法拍卖、销售。

第二节　钻石分级

前　言

本标准参考了国际标准化组织公布的ISO/FDIS 11211—1《抛光钻石分级　第1部分 术语及分类》（2002年英文版）、ISO/FDIS 11211—2《抛光钻石分级　第2部分　检测方法》（2002年英文版）中的有关技术内容。

本标准自实施之日起代替GB/T 16554—1996。

本标准与GB/T 16554—1996版本相比主要修订内容如下：

　　—— 未镶嵌钻石和镶嵌钻石的起始分级质量修订为0.0400g（0.20ct）。

　　—— 对因优化处理而不被分级的样品范围进行了限定。

　　—— 增加了"规范性引用文件"。

　　—— 颜色级别中去除了中文描述。

　　—— 切工分级中增加了"测量项目和测量方法"。

　　—— 质量称量准确度提高至0.0001g。

　　—— 对附录A中"激光痕"的概念进行了扩充。

　　—— 附录B中删除镶嵌钻石品质级别。

　　—— 附录B中钻石颜色分级分为：D～E、F～G、H、I～J、K～L、M～N、<N。

　　—— 附录B中增加镶嵌钻石切工分级内容。

本标准的附录A为资料性附录，附录B为规范性附录。

本标准由中华人民共和国国土资源部提出。

本标准由全国地质矿产标准化技术委员会归口。

本标准由国家珠宝玉石质量监督检验中心负责起草。

本标准主要起草人：张蓓莉、柯捷、田晶、郭涛。

本标准于1996年10月首次发布。

本次为首次修订。

本标准委托国家珠宝玉石质量监督检验中心负责解释。

1. 范围

1.1 适用范围

1.1.1 本标准规定了天然的未镶嵌及镶嵌抛光钻石的分级规则。

1.1.2 本标准适用于天然的未镶嵌及镶嵌抛光钻石的分级。

1.2 样品的适用条件

1.2.1 当样品同时满足以下条件时，本标准适用。

1.2.1.1 未镶嵌抛光钻石质量大于等于0.04g（0.2ct）；镶嵌抛光钻石质量在0.04g（0.2ct，含）至0.2g（1.00ct，含）之间。

1.2.1.2 未镶嵌及镶嵌抛光钻石的颜色为无色至浅黄（褐、灰）色系列。

1.2.1.3 未镶嵌及镶嵌抛光钻石的切工为标准圆钻型。

1.2.1.4 未镶嵌及镶嵌抛光钻石未经覆膜、裂隙充填等优化处理。

1.2.2 质量小于0.04g（0.2ct）的镶嵌及未镶嵌抛光钻石分级可参照本标准执行。

2. 规范性引用文件

下列文件中的条款通过本标准的引用而成为本标准的条款。凡是注日期的引用文件，其随后所有的修改单（不包括勘误的内容）或修订版均不适用于本标准，然而，鼓励根据本标准达成协议的各方研究是否可使用这些文件的最新版本。凡是不注日期的引用文件，其最新版本适用于本标准。

GB/T 16552 珠宝玉石　名称

GB/T 16553 珠宝玉石　鉴定

GB/T 18303 钻石色级比色目视评价方法

3. 术语

下列术语适用于本标准。

3.1 钻石 diamond

是主要由碳元素组成的等轴（立方）晶系天然矿物。摩氏硬度10，密度3.52（+0.01）g/cm^3，折射率2.417，色散0.044。

使用"钻石"名词不考虑产地。

3.2 钻石分级 diamond grading

从颜色（colour）、净度（clarity）、切工（cut）及质量（carat）四个方面对钻石进行等级划分，简称4C分级。

3.3 颜色分级 colour grading

采用比色法，在规定的环境下对钻石颜色进行等级划分。

3.3.1 比色石 diamond master set

一套已标定颜色级别的标准圆钻型切工钻石样品。依次代表由高至低连续的颜色级别。

3.3.2 比色灯 diamond light

色温在5500~7200K范围内的日光灯。

3.3.3 比色板、比色纸 white background

用作比色背景的无明显定向反射作用的白色板或白色纸。

3.3.4 荧光强度 fluorescence degree

钻石在长波紫外光照射下发出的可见光强弱程度。

3.3.5 荧光强度对比样品 masterstone of fluorescence degree

一套已标定荧光强度级别的标准圆钻型切工的钻石样品，由3粒组成，依次代表强、中、弱三个级别的下限。

3.4 净度分级 clarity grading

在10倍放大镜下，对钻石内部和外部的特征进行等级划分。

3.4.1 钻石的内部特征 internal characteristics

包含在或延伸至钻石内部的天然包裹体、生长痕迹和人为造成的缺陷（详见附录表A.1）。

3.4.2 钻石的外部特征 external characteristics

暴露在钻石外表的天然生长痕迹和人为造成的缺陷（详见附录表A.2）。

3.5 切工分级 cut grading

通过测量和观察，从比率和修饰度两个方面对钻石加工工艺完美性进行等级划分。

3.5.1 标准圆钻型切工 round brilliant cut

由57或58个刻面按一定规律组成的圆形切工（见图1）。标准圆钻型切工各部分名称见图2、图3。

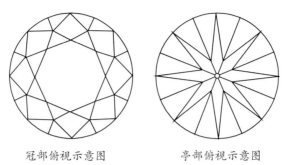

冠部俯视示意图　　　　亭部俯视示意图

图 1　标准圆钻型切工冠部、亭部俯视示意图

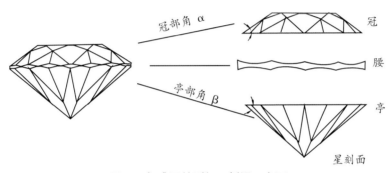

图 2　标准圆钻型切工侧视示意图

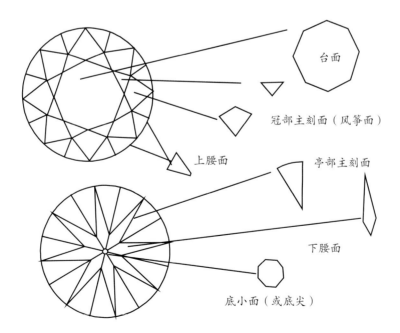

图 3　标准圆钻型切工各刻面名称示意图

3.5.2 直径 diameter

钻石腰部圆形水平面的直径。其中最大值称为最大直径，最小值称为最小直径，1/2（最大直径+最小直径）值称为平均直径。

3.5.3 全深 total depth

钻石台面至底尖之间的垂直距离。

3.5.4 腰 girdle

钻石中直径最大的圆周。

3.5.5 冠部 crown

腰以上部分。有33个刻面。

3.5.6 亭部 pavilion

腰以下部分。有24或25个刻面。

3.5.7 台面 table facet

冠部八边形刻面。

3.5.8 冠部主刻面（风筝面）upper main facet

冠部四边形刻面。

3.5.9 星刻面 star facet

冠部主刻面与台面之间的三角形刻面。

3.5.10 上腰面 upper girdle facet

腰与冠部主刻面之间的似三角形刻面。

3.5.11 亭部主刻面 pavilion main facet

亭部四边形刻面。

3.5.12 下腰面 lower girdle facet

腰与亭部主刻面之间的似三角形刻面。

3.5.13 底尖（或底小面）culet

亭部主刻面的交汇点，呈点状或呈小八边形刻面。

3.5.14 冠部角 α crown angle α

冠部主刻面与腰部水平面的夹角。

3.5.15 亭部角 β pavilion angle β

亭部主刻面与腰部水平面的夹角。

3.5.16 比率 proportion

各部分相对于平均直径的百分比。包括以下要素（详见图4）。

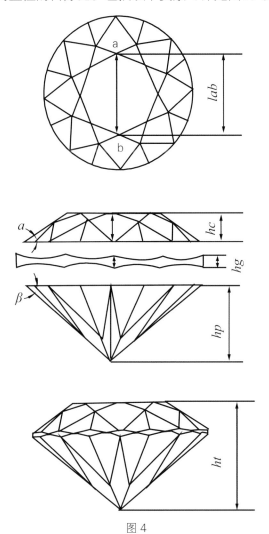

图 4

3.5.16.1 台宽比 table

台面宽度相对于平均直径的百分比，计算公式见式（1）。

$$台宽比＝\frac{台面宽度（lab）}{平均直径}×100\% \quad \cdots\cdots\cdots\cdots\cdots（1）$$

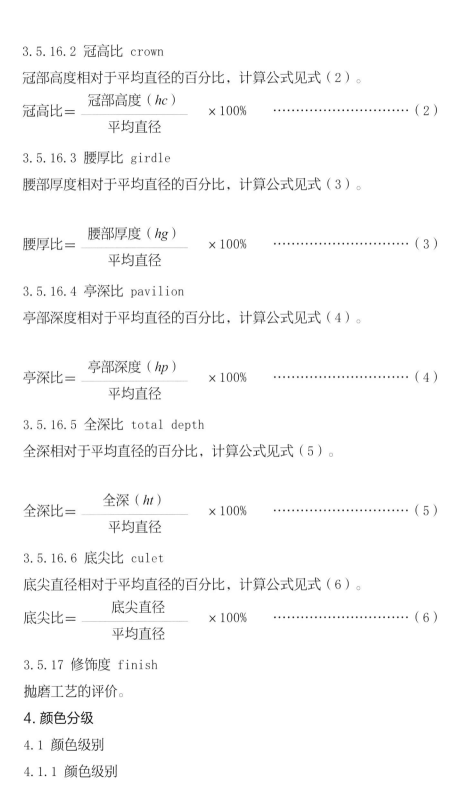

3.5.16.2 冠高比 crown

冠部高度相对于平均直径的百分比，计算公式见式（2）。

$$冠高比 = \frac{冠部高度（hc）}{平均直径} \times 100\% \quad\cdots\cdots\cdots\cdots\cdots（2）$$

3.5.16.3 腰厚比 girdle

腰部厚度相对于平均直径的百分比，计算公式见式（3）。

$$腰厚比 = \frac{腰部厚度（hg）}{平均直径} \times 100\% \quad\cdots\cdots\cdots\cdots\cdots（3）$$

3.5.16.4 亭深比 pavilion

亭部深度相对于平均直径的百分比，计算公式见式（4）。

$$亭深比 = \frac{亭部深度（hp）}{平均直径} \times 100\% \quad\cdots\cdots\cdots\cdots\cdots（4）$$

3.5.16.5 全深比 total depth

全深相对于平均直径的百分比，计算公式见式（5）。

$$全深比 = \frac{全深（ht）}{平均直径} \times 100\% \quad\cdots\cdots\cdots\cdots\cdots（5）$$

3.5.16.6 底尖比 culet

底尖直径相对于平均直径的百分比，计算公式见式（6）。

$$底尖比 = \frac{底尖直径}{平均直径} \times 100\% \quad\cdots\cdots\cdots\cdots\cdots（6）$$

3.5.17 修饰度 finish

抛磨工艺的评价。

4. 颜色分级

4.1 颜色级别

4.1.1 颜色级别

按钻石颜色变化划分为12个连续的颜色级别，用英文字母D、E、F、G、H、I、J、K、L、M、N、<N代表不同的色级。亦可用数字表示，详见表1。

表1　钻石级别对照表

钻石颜色级别		钻石颜色级别	
D	100	J	94
E	99	K	93
F	98	L	92
G	97	M	91
H	96	N	90
I	95	<N	<90

4.1.2 颜色级别划分规则

4.1.2.1 待分级钻石与某一比色石颜色相同，则该比色石的颜色级别为待分级钻石的颜色级别。

4.1.2.2 待分级钻石颜色介于相邻两粒连续的比色石之间，则以其中较低级别表示待分级钻石颜色级别。

4.1.2.3 待分级钻石颜色高于比色石的最高级别，仍用最高级别表示该钻石的颜色级别。

4.1.2.4 待分级钻石颜色低于"N"比色石，则用<N表示。

4.2 荧光强度级别

4.2.1 荧光强度级别

按钻石在长波紫外光下发光强弱划分为"强""中""弱""无"4个级别。

4.2.2 荧光强度级别划分规则

4.2.2.1 待分级钻石的荧光强度与荧光强度比对样品中的某一粒相同，则该样品的荧光强度级别为待分级钻石的荧光强度级别。

4.2.2.2 待分级钻石的荧光强度介于相邻的两粒比对样品之间，则以较低级别代表该钻石的荧光强度级别。

4.2.2.3 待分级钻石的荧光强度高于比对样品中的"强"，仍用"强"代表该钻石的荧光强度级别。

4.2.2.4 待分级钻石的荧光强度低于比对样品中的"弱"，则用"无"代表该钻石的荧光强度级别。

4.3 分级要求

4.3.1 客观条件

颜色分级应在无阳光直射的室内环境中进行，分级环境色调应为白色或灰色。分级时采用专用的比色灯，并以比色板或比色纸为背景。

4.3.2 人员要求

从事颜色分级的技术人员应受过专门的技能培训，掌握正确的操作方法。由2~3名技术人员独立完成同一样品的颜色分级，并取得统一结果。

5. 净度分级

5.1 净度级别

分为LC、VVS、VS、SI、P五个大级别，又细分为LC、VVS_1、VVS_2、VS_1、VS_2、SI_1、SI_2、P_1、P_2、P_3十个小级别。

对于质量低于（不含）0.0940g（0.47ct）的钻石，净度级别可划分为五个大级别。

5.2 净度级别的划分规则

5.2.1 LC级

在10倍放大镜下，未见钻石具内外部特征。下列情况仍属LC级：

5.2.1.1 额外刻面位于亭部，冠部不可见。

5.2.1.2 原始晶面位于腰围内，不影响腰部的对称，冠部不可见。

5.2.1.3 内部生长线无反射现象，不影响透明度。

5.2.1.4 钻石内、外部有极轻微的特征，轻轻微抛光后可去除。

5.2.1.5 上述情况对以下级别划分不产生影响。

5.2.2 VVS级

在10倍放大镜下，钻石具极微小的内、外部特征，细分为VVS_1、VVS_2。

5.2.2.1 钻石具有极微小的内、外部特征，10倍放大镜下极难观察，定为VVS_1级。

5.2.2.2 钻石具有极微小的内、外部特征，10倍放大镜下很难观察，定为VVS_2级。

5.2.3 VS级

在10倍放大镜下，钻石具细小的内、外部特征，细分为VS_1、VS_2。

5.2.3.1 钻石具细小的内、外部特征，10倍放大镜下难以观察，定为VS_1级。

5.2.3.2 钻石具细小的内、外部特征，10倍放大镜下比较容易观察，定为VS_2级。

5.2.4 SI级

在10倍放大镜下，钻石具明显的内、外部特征，细分为SI_1、SI_2。

5.2.4.1 钻石具明显内、外部特征，10倍放大镜下容易观察，定为SI_1级。

5.2.4.2 钻石具明显内、外部特征，10倍放大镜下容易观察，定为SI_2级。

5.2.5 P级

从冠部观察，肉眼可见钻石具内、外部特征，细分为P_1、P_2、P_3。

5.2.5.1 钻石具明显的内、外部特征，肉眼可见，定为P_1。

5.2.5.2 钻石具很明显的内、外部特征，肉眼易见，定为P_2。

5.2.5.3 钻石具极明显的内、外部特征，肉眼极易见，定为P_3。

5.3 分级要求

5.3.1 环境要求

在10倍放大镜下分级，采用比色灯照明。

5.3.2 人员要求

从事净度分级的技术人员应受过专门的技能培训，掌握正确的操作方法。由2~3名技术人员独立完成同一样品的净度分级，并取得统一结果。

6. 切工分级

6.1 测量项目

6.1.1 规格

单位：毫米（mm），精确至0.01。

6.1.1.1 最大直径。

6.1.1.2 最小直径。

6.1.1.3 全深。

6.1.2 比率

比率测量取整数，必要时精确至0.5。

6.1.2.1 台宽比。

6.1.2.2 冠高比。

6.1.2.3 腰厚比。

6.1.2.4 亭深比。

6.1.2.5 全深比。

6.1.2.6 底尖比。

6.1.3 冠角

单位：度（°），精确至0.5。

6.2 测量方法

6.2.1 仪器测量法

使用钻石比例镜、全自动切工测量仪以及各种微尺、卡尺，直接对各测量项目进行测量。

6.2.2 10倍放大镜目测法

使用10倍放大镜目测各测量项目。

6.3 比率分级

6.3.1 比率级别

分为：很好、好、一般三个级别。

6.3.2 比率级别划分规则

各部分比率级别划分详见表2，比率级别由全部测量项目中的最低等级表示。

表 2　比率分级表

级别 测量项目	一般	好	很好	好	一般
台宽比	≤ 50.0	51.0~52.0	53.0~66.0	67.0~70.0	≥ 71.0
冠高比	≤ 8.5	9.0~10.5	11.0~16.0	16.5~18.0	≥ 18.5
腰厚比	0~0.5 （极薄）	1.0~1.5 （薄）	2.0~4.5 （适中）	5.0~7.5 （厚）	≥ 8.0 （极厚）
亭深比	≤ 39.5	40.0~41.0	41.5~45.0	45.5~46.5	≥ 47.0
底尖比			<2.0（小）	2.0~4.0（中）	> 4.0（大）
全深比	≤ 52.5	53.0~55.5	56.0~63.5	64.0~66.5	≥ 67.0
冠　角	≤ 26.5°	27.0°~30.5°	31.0°~37.5°	38.0°~40.5°	≥ 41.0°

6.4 修饰度分级

6.4.1 修饰度级别

在10倍放大镜下分为：很好、好、一般三个级别。

6.4.2 影响修饰度的要素

6.4.2.1 钻石刻面留有抛光纹。

6.4.2.2 钻石腰围不圆。

6.4.2.3 冠部与亭部刻面尖点未对齐。

6.4.2.4 刻面尖点不够尖锐。

6.4.2.5 同种刻面大小不均等。

6.4.2.6 台面和腰部不平行。

6.4.2.7 腰呈波浪形。

6.4.3 修饰度级别划分规则

6.4.3.1 无6.4.2项所列各项或仅有轻微6.4.2.1项，为很好。

6.4.3.2 仅有6.4.2.1和6.4.2.2两项或仅有6.4.2.2一项，为好。

6.4.3.3 除上述两种情况之外，均为一般。

6.5 分级要求

6.5.1 采用仪器测量法测量时， 所用仪器应满足各测量项目的精度要求。

6.5.2 技术人员应受过专业技能培训，正确掌握仪器测量和10倍放大镜目测的方法和技巧。

6.5.3 采用10倍放大镜目测法测量比率时，应由2～3名技术人员独立完成同一样品的比率测量，并取得统一结果。

7. 钻石的质量

7.1 质量单位

钻石的质量单位为克（g）。准确度为0.01。钻石贸易中仍可用"克拉（ct）"作为质量单位。

1.00g = 5.00ct。

钻石的质量表示方法为：在质量数值后的括号内注明相应的克拉值。例0.2g（1ct）。

7.2 质量的称量

用准确度是0.0001g的天平称量。质量数值保留至小数点后第4位。换算为克拉值时，保留至小数点后第2位。克拉值小数点后第3位逢9进1，其他忽略不计。

8. 钻石分级证书

8.1 钻石分级证书的基本内容

基本内容是钻石分级证书中必须具备的内容。

8.1.1 证书编号。

8.1.2 质量。

8.1.3 规格。

表示方法：最大直径×最小直径×全深。

8.1.4 颜色级别及荧光强度级别。

8.1.5 净度级别。

8.1.6 切工。

比率：应有最大直径、最小直径、全深、台宽比、腰厚比、亭深比、底尖比的测量值。

修饰度级别。

8.1.7 净度素描图。

8.1.8 签章和日期。

8.2 其他

钻石分级证书中可选择的内容。如：比率级别、颜色坐标、净度坐标、备注等。

附录 A
（资料性附录）

常见钻石内、外部特征类型

表 A　1. 常见钻石内部特征类型符号表

编号	符　号	名　称	说　明
01	•	点状包体	钻石内部极小的天然包裹物
02		云状物	钻石中朦胧状、乳状、无清晰边界的天然包裹物
03		浅色裹体	钻石内部的浅色或无色天然包裹物
04		深色包裹体	钻石内部的深色或黑色天然包裹物
05		内部纹理	钻石内部的天然生长痕迹
06		内凹原始晶面	凹入钻石内部的天然结晶面
07		羽状纹	钻石内部或延伸至内部的裂隙，形似羽毛状
08		须状腰	腰上细小裂纹深入内部的部分

续表

编号	符 号	名 称	说 明
09		空洞	大而深的不规则破口
10	∧	破口	腰部边缘破损的小口
11	✗	击痕	受到外力撞击留下的痕迹
12	⊙	激光痕	用激光和化学品去除钻石内部深色包裹物时留下的痕迹。管状或漏斗状痕迹称为激光孔。可被高折射率玻璃充填

表 A 2. 常见钻石外部特征类型符号表

编号	符 号	名 称	说 明
01	 N	原始晶面	为保持最大质量而在钻石腰部或近腰部保留的天然结晶面
02	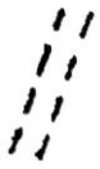 ∥	表面纹理	钻石表面的天然生长痕迹
03		抛光纹	抛光不当造成的细密线状痕迹，在同一刻面内相互平行
04		划伤	表面很细的划伤痕迹

续表

编号	符 号	名 称	说 明
05	B	烧痕	抛光不当所致的糊状疤痕
06		额外刻面	规定之外的所有多余刻面
07	∧	缺口	腰或底尖上细小的撞伤
08	/	棱线磨损	棱线上细小的损伤，呈磨毛状

附录 B
（规范性附录）

镶嵌钻石分级规则

B.1 镶嵌钻石的颜色等级

B.1.1 镶嵌钻石颜色采用比色法分级，分为7个等级，与未镶嵌钻石颜色级别的对应关系详见表B.1。

表 B 1. 镶嵌钻石颜色等级对照表

镶嵌钻石颜色等级	D ~ E		F ~ G		H	I ~ J		K ~ L		M ~ N		<N
对应的未镶嵌钻石颜色级别	D	E	F	G	H	I	J	K	L	M	N	<N

B.1.2 镶嵌钻石颜色分级应考虑金属托对钻石颜色的影响，注意加以修改。

B.2 镶嵌钻石的净度等级

B.2.1 在10倍放大镜下，镶嵌钻石净度分为：LC、VVS、VS、SI、P五个等级。

B.3 镶嵌钻石的切工测量与描述

B.3.1 对满足切工测量的镶嵌钻石，采用10倍放大镜目测法或仪器测量法，测量台宽比、亭深比等比率要素。

B.3.2 对满足切工测量的镶嵌钻石，采用10倍放大镜目测法，对影响修饰度的要素加以描述。

第十三章

珠宝首饰营业员
国家职业标准

根据2001年10月30日中国黄金报第6版刊登营销大赛《关于珠宝首饰营业员国家职业标准》要求对初级、中级、高级技能要求依次递进，高级也包括低级要求如下：

第一节　珠宝首饰初级营业员国家行业标准

初级职能标准如下：

一、接待

工作内容：

（一）接待准备

技能要求：1.能够做好营业环境准备；2.能够做好营业用具准备；3.能够做好个人仪容仪表仪态准备。

相关知识：1.环境美常识；2.营业用具准备的注意事项；3.仪容、仪表、仪态常识；4.语言应用基本常识；5.柜台服务常识。

（二）接待礼仪

技能要求：1.能够正确使用商业服务用语；2.能够主动、热情地接待顾客。

相关知识：同（一）。

二、销售

（一）商品介绍与咨询

技能要求：1.能够正确应用珠宝玉石品种名称；2.能够正确介绍常见珠宝玉石的主要物理化学性质；3.能够正确介绍首饰品种款式；4.能够正确解释宝石鉴定证书、镶嵌钻石分级证书。

相关知识：1.珠宝玉石定义、分类、品种、名称知识；2.珠宝玉石的物理化学性质及鉴定知识；3.首饰定义、分类、品种知识；4.鉴定证书知识。

（二）商品展示

技能要求：1.能够用常规仪器展示珠宝首饰；2.能够正确展示不同款式的珠宝首饰；3.能够用道具、自身佩戴、顾客佩戴方式展示珠宝首饰。

相关知识：1.常规鉴定仪器应用知识；2.不同款式首饰展示要求及注意事项；3.道具展示及人员佩戴展示的注意事项。

（三）商品推荐

技能要求：能够根据顾客性别、年龄、脸型、手型等身体特征推荐相应的珠宝首饰。

相关知识：珠宝首饰佩戴的基本知识。

（四）沟通与成交

技能要求：1.能够适时介绍珠宝首饰文化、内涵、激发顾客购买欲望；2.能够揣摩顾客心理，适时抓住成交机会。

相关知识：1.珠宝首饰人文知识；2.适时成交的技巧。

（五）商品交付

技能要求：1.能够熟练完成礼品包装；2.能够准确填写并辨别销售凭据、发票；3.能够正确辨认货币、信用卡；4.能够辨认支票等票据。

相关知识：1.包装知识；2.票据知识；3.货币、信用卡知识；4.支票识别及使用注意事项。

三、售后服务

工作内容：

（一）保持客户关系

技能要求：1.能够按照要求建立顾客档案，并根据顾客要求进行相应服务；2.能够主动了解商品使用情况并反馈到有关部门。

相关知识：1.顾客档案知识；2.信息收集常识。

（二）维护与质量保修

技能要求：1.能够指导顾客清洗与保养珠宝首饰；2.能够根据有关规定受理顾客的商品保修要求。

相关知识：1.首饰保养与清洁知识；2.企业质量保修规定的理赔程序。

四、保管与交割

工作内容

（一）保管

技能要求：1.能够识别并正确进行珠宝首饰商品编号；2.能够正确进行柜台样品的保管工作。

相关知识：1.商品编号知识；2.珠宝首饰柜台防火、防盗等知识。

（二）交割

技能要求：1.能够准确无误地照单进行数量和质量的验收；2.能够正确记录柜台账；3.能够照章完成交接班的手续。

相关知识：1.柜台验收知识；2.柜台台账；3.柜台交接班规范。

五、商务活动

技能要求：能够按照要求合理摆放珠宝首饰，布置柜台。

初级营业标准参考如下：

例一
百问不厌难不倒 尽心竭力服务好

姚××：男；安徽省某商城营业员。

进入商城已四年了，在刚踏入工作岗位的那段日子里，整天面对琳琅满目的黄金珠宝饰品及众多顾客，由于缺乏丰富的专业知识和娴熟的服务技巧，他显得非常无奈，后来在部门经理的亲自带领下共同学习了首饰的专业知识及售货艺术，此外，为了增长自己的见识，拓宽知识面，他还从书刊、报纸上收集资料，时刻不忘给自己加压充电，通过不懈地努力学习，目前已经能够为不同类型的顾客选购适合他们的首饰，此举受到广大消费者的一致好评，同时他也拥有了一大批稳定的消费群体。

主要业绩：在销售方面，由于他不断地努力学习，在介绍商品时，他始终把顾客的利益放在首位，在他的柜台前每天都迎来一大批购物者，所以连续三年获得柜组销售排行第一的业绩。由于工作认真踏实，几年来他先后被部门、商城、公司授予"先进个人""优秀柜组长""先进工作者"等荣誉称号。

先后被部门评为"销售能手""服务标兵""服务明星"的荣誉称号。

我叫姚××，是某商城的一名营业员。虽然我从事黄金首饰销售工作已经有四年了，但我仍然觉得要站好三尺柜台，需要有很深的学问，需要不断地去学习、去探讨。我认为销售黄金珠宝首饰的营业员，不仅是首饰的推销者，同时也是美的传播者和享受者。营业员在销售的过程中不仅能提高自己的修养和对首饰文化的鉴赏能力，同时也把这种美传给了顾客，因此可以这么说，我们就是首饰文化的代言人。

那么，如何做一名成功的传播者和推销者呢？

我认为，首先要掌握丰富的专业知识，具有一定的鉴定技术，只有在顾客面前成为一个问不倒的营业员，才能更清楚、详细地介绍首饰的专业知识和佩戴常识。四年来我充分利用周六、周日早晨时间，在部门经理王建军的指导下，共同学习了首饰专业知识及售货艺术。为适应激烈的市场竞争，增长见识，拓宽知识面，更好地服务于每一位顾客，我还通过各种途径广泛收集相关资料，丰富自己的专业知识，通过不断地学习和探索，根据不同顾客的性格、年龄、气质、服饰为他们挑选喜欢的首饰。

我曾遇到一位年轻的女顾客，她在我的柜台前来回走动，当时我并没有急忙上前打招呼，经验告诉我，她这时正在想着什么。大约两三分钟后，她在男式戒指柜台前停了下来，我一看机会来了，就立刻上前与她交谈。谈话中她询问了戒指的产地、特点、含金量等。通过交谈，才得知在此之前她已经转过了本市三家金店，想为远在老家的爱人买一枚黄金戒指。于是我就先后从柜台内为她拿出7枚款式不一的男式戒指，我耐心地为她介绍每一款式的优点及戒指图案所代表的含义。通过我详细的介绍和耐心的解释，最后她选择了一枚价值2350元的男士戒指。临走前她笑着对我说："在你这里购物我不比价格，因为价格都差不多，我比的是哪家金店最专业，哪家营业员专业知识的宣传最能接受，最受消费者欢迎。"我这时才明白过来，难怪她在购买前问了我好多关于黄金方面的专业知识。

其次，还要尽力把握顾客购买心理，针对不同类型的顾客，帮助他们挑选合适的首饰。

在实际工作中我总结了一些经验，城市青年喜好购买能够展示自我的首饰，领导则喜欢简单得体的首饰，农村消费者则偏好纯金的、朴实大方的首饰，但这些也不是绝对的，因为不同类型的顾客购买首饰的目的不同，有的是为了表达爱情，有的是追赶潮流，有的是为了表现身份地位，有的是为了馈赠亲友等。黄金首饰市场竞争激烈，一样的质量，一样的款式，一样的价格，由于服务方式和态度不同，就会产生不一样的效果。在帮助顾客挑选首饰时，最忌讳的是小瞧顾客的购买能力，这样将会直接挫伤顾客的购买欲望。

细心观察顾客，与顾客交谈沟通，了解顾客，抓住顾客的购买心理，消除顾客在购买过程中的疑虑，是销售成功的关键。记得有一位顾客是名做生意的中年男子，来到柜台前想购买一条40克的手链，于是我就从柜台内拿出一条43克的手链，放在他的手腕上，让他试戴，但是长度不够，接着我又从柜台内拿出一条58克重的马鞭手链，让他试戴，当时他就想把它买下来，但是又觉得太重，这时我耐心地为他解释马鞭手链的优点，说马鞭手链的牢固性是其他任何手链都无法相比的，这种款式的手链戴在手上，得体大方，同时能显示出男人的毅力，象征着事业上的成就。当时他说要到其他几家金店去看一下。半个小时后，他又回到我的柜台前，笑着对我说："其实其他几家金店，也有同样款式的手链，但我就是下不了决心购买，与几家金店相比，我还是觉得你的服务热情周到，介绍商品也实事求是，不夸大，我还是比较相信你，所以我决定买你为我介绍的那条手链。"最后他在我的柜台内购买了一条价值6000多元的手链。

每一次成功的交易都能够给我带来快乐。

在每售出一件商品的同时，我都认真地为顾客填写一份信誉卡，并告诉他在佩戴过程中应注意的问题，同时为顾客提供一个精美的首饰盒，这样一来，就会让顾客感觉到在我们这里购物，买得舒心，用得放心，以后顾客就会乐意光顾本店，并为我们带来越来越多的顾客源。这样，不但取得了良好的社会效益和经济效益，也大大提高了我们店的信誉度和知名度。

随着时代的发展，人们的知识文化水平不断提高，在服务过程中，顾客对于专业知识、业务技能、服务技巧的要求也越来越高，我们要充分认识到为顾客提供优质服务的使命感和责任感，着力营造"放心在国贸，满意在黄金"的购物环境，形成良好的社会氛围。

俗话说："三百六十行，行行出状元。"

我们既然选择了这一行，就应该加倍努力，热爱本职工作，乐于奉献。在实际工作中，想顾客之所想，急顾客之所急，全心全意为顾客服务。

我坚信在平凡的岗位上一样可以创造出不平凡的业绩。

例二
要求不断地学习　迎来不断的顾客

谢××：女；安徽省阜某商城营业员。

在某年的元旦，她由一名刚毕业的学生成了一名营业员，第一次接触黄金饰品，她就不由自主地喜欢上了它。但由于对商品知识缺乏了解，在面对顾客时显得有些力不从心。经过领导同事的帮助和自己的努力学习，她逐渐掌握了商品的专业知识，还经常从报纸、书刊上收集关于黄金珠宝方面的知识，并到上海参观学习，开了眼界，长了见识。为了更好地服务于顾客，她经常加压充电，利用业余时间研究顾客心理学，从而更好地接待不同类型的顾客，为他们选购喜爱的商品，受到了顾客的一致好评，赢得了许多回头客，建立了稳定的顾客群。

主要业绩：在三年多的时间里，由于她工作认真，多次受到公司、领导的表扬和奖励。先后被评为"销售冠军"。"优秀营业员""先进个人""服务明星""优秀记账员"。

首先非常感谢大赛组委会给我这次机会，能够和大家共同来学习和交流经验。我是安徽阜阳国贸商城的一名普通员工。

光阴似箭，日月如梭，转眼间，我从事首饰销售工作已经有三年了。在这三年的时间里，领导和同事们给了我很大的支持和帮助，我自己也学习了丰富的专业知识，提高了自己的业务水平，今天借此机会，和大家共同交流一下心得体会。

改革开放以来，随着社会主义建设事业的飞速发展，市场竞争也愈演愈烈，大型商场、小型商场经营首饰的比比皆是，我们要想在市场上站稳脚跟，就得以服务求发展，向服务要效益。

现在人们的生活水平提高了，购物观念也发生了变化，他们不仅需要情感服务，更趋向于智能型、知识型服务，这就需要在销售服务上成为一名多面手，能以主动热情的服务，丰富的专业知识，娴熟的业务技能，去接待好每一位顾客，在顾客光临你的柜台时，要主动地、恰到好处地上前与之交谈，在谈话中了解顾客的购买意向，把握顾客的购买心理，这样才能更好地服务于顾客。上海劳模代万莉曾经说过："服务要讲求贴心、周全，要站在顾客的角度上。为顾客着想，顾客才会信任你。"

这不，前几天，我就遇到这样的事。

那天下午，我正在柜台内整理商品，这时有两位青年男女和一位中年妇女向我走来，从衣着上看，像是从乡下来的，我忙迎上前，笑着说："你们要看些什么，看中了我拿出来。你们可以试一试。"那男孩对女孩说："你喜欢什么就选什么。"那女孩脸一红，不好意思转过头去。站在女孩旁边的中年妇女说："她想买一条项链、一副耳环、一枚戒指。你帮我挑挑。"我说："可以。"随后拿了一条13克的胸花项链给她介绍。这位妇女没有看中，最后她选了一条23克的项链，让那女孩试一下，这次感觉挺合适的，就说："就要这一条。"之后我又陪着她选了戒指和耳环，都是克数比较大的。那男孩在旁边想说什么又不敢说，神情看起来很紧张。三件首饰加在一起30多克，共计要3000多元。这在农村可是一笔不小的数目。就在我要开票时，男孩忍不住对女孩说："你再选小一点的吧，我带的钱还要买其他东西，你选的那么大，我带的钱不够用。"那中年妇女一听可就不乐意了，说："就要这一套，别的不好看，带的钱不够，下次再买其他的东西。"男孩一听，脸涨得通红，额头也冒汗了。两人就这样僵持不下。我看得出那男孩挺为难的，于是笑着对女孩说："要么你再选一下别的，像刚才你试的14克和15克的项链都很不错，花型很秀气挺适合你的，你再试一下吧。"说着我拿出项链给她试戴。看得出她很喜欢，就接着说："你人很苗条，长得也秀气，如果项链过大，就不太合适了，这条项链的花形、大小和你挺相配的。"那女孩点头。那中年妇女还要说什么，女孩向她说了几句，也就同意了。那男孩用感激的眼神看着我。一一开票，付过钱后，他对我说："谢谢你，今天如果不是你，我真不知道该怎么办好，我们乡下人，娶媳妇不容易，到结婚的时候，请你吃喜糖。"我连忙说："谢谢，谢谢，不用客气。欢迎你下次再来。"

在接待顾客时，不但要有耐心，有时碰见特殊情况还要不怕脏。前一段时间，有一位年轻的妇女抱着一个约有9个月的小男孩儿，来选铂金戒指，那位年轻的妇女为方便试戒指，把小孩放在柜台上，我正低头为她选戒指，忽然听到一声："哎呀，不好。"我抬头一看，宝贝尿了一柜台，妈妈不好意思地说："对不起，对不起。"我忙说："不要紧，没有关系。"说着从包里拿出纸巾擦拭。我笑着说："你抱着宝贝，我来就行了。"我看着男孩笑着说："宝贝好可爱呀，帮着阿姨洗柜台呢！是吧？"我一说，那位年轻的妇女也释怀地笑起来。就这样，彼此的距离拉近了许多，气氛也变得融洽了。最后她选了一枚花戒，对我说："你的服务态度真好，本来没有我看中的，就冲这，我也得买一枚。"我说："如果你不喜欢，下次再买也一样，没关系的。"这笔生意虽然没有做成，但我们却成了朋友。她后来为我们介绍了很多新的客户。

作为一名新时代的营业员，要随时了解顾客的需求，解决顾客的需要，以情感服务赢得销售，以优质服务创造品牌。要做到顾客的要求就是我们的追求。在服务上要做有心人，学习别人的好经验，弥补自己的不足，不断完善自己，提高自己。

俗话说："三百六十行，行行出状元。"营业员工作虽然普通，虽然平凡，但同样能在这普通、平凡的岗位上实现为人民服务的伟大理想，我们就是要在这花样年华里努力学习，把握现在，接受新的挑战。

第二节　珠宝首饰中级营业员国家行业标准

中级职能标准如下：

一、接待

工作内容：

（一）礼仪

技能要求：1.保持良好的仪容仪表；2.具备良好的语言表达能力，热情与顾客沟通。

相关知识：1.仪容仪表知识；2.商业礼仪中的语言表达艺术；3.商业礼仪中的接待艺术。

（二）接待

技能要求：能够根据顾客特点，进行针对性的接待服务。

相关知识：同（一）。

二、销售

工作内容：

（一）商品介绍与咨询

技能要求：1.能够正确介绍宝石的人工合成及人工优化处理；2.能够介绍宝石产地及不同产地的品种特征；3.能够介绍宝石的琢型款式及特点；4.能够介绍首饰镶嵌工艺

类型及质量特点；5.能够介绍贵金属首饰的材质印记、质量特点；6.能够对比介绍珠宝首饰的品种、品牌、价格。

相关知识：1.合成宝石、人工优化处理宝石的基础知识；2.宝玉石产地知识；3.宝石加工知识；4.首饰金属工艺知识；5.贵金属首饰知识；6.首饰品牌知识。

（二）商品推荐

技能要求：1.能够根据顾客肤色、发型、服饰等特点，推荐合适的珠宝首饰；2.能够根据顾客气质特点推荐合适的珠宝首饰；3.能够按顾客所需佩戴环境场合，推荐合适的珠宝首饰。

相关知识：1.珠宝首饰与发型、服饰等搭配知识；2.珠宝首饰与气质搭配知识；3.珠宝首饰的佩戴环境知识。

（三）沟通与成交

技能要求：1.能够正确介绍珠宝首饰的设计风格、流行趋势，并引导顾客的购买兴趣；2.能够正确介绍珠宝首饰的价值特征；3.能够协助初级珠宝首饰销售人员处理销售中出现的问题，活跃销售气氛，完成销售任务。

相关知识：1.珠宝首饰设计知识；2.珠宝首饰的投资；3.顾客提出的常见异议及其处理办法。

三、保管

技能要求：1.能够按企业的有关规章制度完成样品的盘点工作；2.能够根据柜组销售情况，提出柜台货品调配建议。

相关知识：1.商品损益知识；2.柜组货品调配知识。

四、商务活动

工作内容：

（一）商品陈列

技能要求：能够按要求进行橱窗布置，强化商品陈列的宣传效果。

相关知识：1.橱窗设计中的构图及色彩知识；2.橱窗设计中的广告应用及专业知识的普及要求；3.橱窗设计中的灯光及温湿条件。

（二）市场调查

技能要求：1.能够按企业市场调查要求统计柜组珠宝首饰商品的销售量等资料；

2.能够准确解释本企业制定的简单的市场调查表，并能指导初级珠宝首饰营业员。

相关知识：1.市场调查基础知识；2.市场调查表格式与内容。

（三）柜组核算

技能要求：1.能够进行柜组核算，初步确定和核算柜组经济；2.能够进行简单的计算机输入操作。

相关知识：1.柜组核算的基本概念及内容；2.计算机输入操作基本知识。

（四）商业应用文

技能要求：1.能够撰写请假条、留言条、收条等条据；2.能够撰写柜组工作计划；3.能够撰写启事、申请书、礼仪文书。

相关知识：1.条据写作要求；2.工作计划写作要求；3.启事、申请书、礼仪文书写作要求。

中级营业标准参考如下：

例一
顾客的好参谋　销售的好能手

蔡××，女；安徽省某商城营业员。

主要业绩：由于平时认真工作，服务热情，受到了公司领导的多次表扬：

某年被评为"销售能手""销售能手""先进个人""服务明星""优秀柜组长"。

我叫蔡××，是安徽阜阳国贸商城黄金首饰部的一名营业员，从事营业工作已经有四个年头了。在这四年的销售工作中我始终本着顾客满意的原则，赢得了许多顾客的好评。

四年的销售工作让我从中学习到了不少知识，总结了很多销售经验。营业员看似一个普通的岗位，但是要站好这三尺柜台，在这三尺柜台内做到让每个顾客都满意，并不是件容易的事，随着时代的发展，消费者不仅需要我们提供商品，还需要我们提供有关商品的知识，以及优质的服务，让他们的购物过程成为一种身心愉悦的享受，这就要求我们及时把握顾客的消费心理，不断充实服务的方式和内容。作为黄金首饰的营业员，如何才能更好地为顾客提供优质服务呢？

首先，我们必须具备过硬的业务技能。黄金首饰是一种专业性很强的商品，这就要求我们掌握它的性能、特点和保养方法，我参加了单位组织的知识培训班，并从中学习到了不少有关黄金首饰的知识和服务技巧。为了更好地满足消费者的需求，我还利用业余时间去研究顾客的消费心理，了解不同顾客的购物心理和特点。例如：来自农村的顾客讲究纯金的质量和牢固性；城市工薪阶层对工艺性强、简单大方的金首饰特别欣赏；年轻人则喜爱新潮、款式比较新颖的首饰。另外，我还深入地了解市场行情和趋势，留心生活当中所见到的首饰款式，观察顾客的购买趋势，总结出什么样的顾客适合戴什么样的首饰。在销售工作中，我就针对不同顾客因人而异地介绍商品，不仅赢得顾客的好评，还可以使今天的看客成为明天的买客。就说去年秋天的一个下午，一位中年妇女在柜台前看了老半天，却似乎不好意思让营业员拿出来看，看到这种情况，我连忙上前打招呼："您好，您想看哪种款式的首饰，我拿给您看看，没关系的。"这位顾客有点不好意思地说："我想先看看。""没关系的，您喜欢那种款式，我拿给您看看，相中了以后再买也可以。现在可以做个参考嘛。"我这么一说，她就选了五条项链进行比较。为了更好地让她选择适合自己的款式，我还介绍了各种款式的特点，最后她选了一个单链配一个吊坠，佩戴起来既大方得体，又不失贵气。她觉得很满意，但又不好意思地说："真不好意思，麻烦你这么长时间帮我选，我今天只想看看的。""不要紧，这次不买没关系的，欢迎您以后再来。"几个星期后这位顾客又来到柜台："你好，还记得我吗？上次不好意思，麻烦你那么久，这次我特地来买项链的，就要上次的那个款式吧。"于是我就帮她选了一条和上次款式一样的，说："您要不要再试戴一下？""不用了，我相信你，其实，我刚才也去过其他几家商场，总觉得他们介绍的没有你专业、周到、实惠，总觉得不称心，最后我还来你这买，这不是花钱多少的问题，主要是图个放心。"从那时起，她就成为我的老顾客，并且经常给我介绍一些新的顾客来。

其次，要为顾客当好参谋。作为一名营业员，最重要的是，要像朋友一样为顾客选购合适的首饰，真心实意地为顾客着想，介绍商品知识也要实事求是，不夸大，不隐瞒。这样不仅能够取信于顾客，还可以拉近与顾客的情感距离。记得今年四月份，有一位年轻的男士，为女朋友选购一枚订婚戒指，由于意义重大，所以比较慎重，一连选了好几枚都不满意，后来我帮顾客选了一枚仿钻戒指，并且介绍说："这枚戒指选型别致，光泽度也好，仿钻式的戒指象征着你们的爱情独一无二，戴起来也比较时尚，您看合适吗？"他仔细看一下，觉得很满意，说："还是您眼光好，就要这一枚。"随后，我又向他介绍戒指的佩戴方法和保养常识等注意事项："这种戒指是活扣的，仿钻的旁边焊接比较细，工艺比较精致，佩戴时注意不要用手经常活动指环，否则，容易断裂。如果您愿意，可以带您的女朋友来这里，量好指圈，让师傅焊接好，这样，佩戴方便，又不容易开。"顾客满意地说："想不到，这样一枚小戒指还有如此的学问。谢谢你，等我要办婚礼时，还请你帮我挑选首饰。我觉得你对我们顾客比较负责，介绍商品很实在，让我们买得放心。还能够学到不少知识呢。"另外，还要求我们要做到良好的售后服务。让顾客满意就要让顾客始终如一地满意，无论售前、售中还是售后。特别是售后服务，如果做不好，会带来很大的负面影响，让顾客购买时的满意变成购买后的埋怨，甚至从此就不再光顾。因此我在售出每一件商品时都会给顾客开出一张信誉卡，并且介绍商品的保养知识，佩戴注意事项和售后服务项目，同时还登记一份顾客档案，定期进行回访，询问首饰佩戴情况，是否要清洗维修，并细心听取顾客的反馈意见，以便在以后的工作中加以改正。

营业员的岗位很平凡，但我们既然选择了它，就要全心全意热爱它。正所谓：干一行、爱一行，专一行、精一行。

作为一名营业员，也许我们做了很多，但做一名优秀的营业员，我们做得还不够。正如劳模张秉贵所说："当一名普通的售货员很容易，当一名出色的售货员却很难。"在以后的工作中，我会时刻以张秉贵劳模的话来作为我奋进的动力。

例二
用真心换"你"心

马××，女；安徽省某商城营业员。

主要业绩：先后多次被评为"销售冠军""销售能手"的光荣称号，多次被授予"先进个人""进步员工"等荣誉称号。

我来自安徽阜阳国贸商城，是钻石专柜的营业员。通过四年的首饰销售工作，我总结出了一些工作经验。

一是接待礼仪，提升服务水准。阜阳国贸商城是一家大型的购物商场，其硬件设施是一流的，每天光临国贸商场的顾客有一万多人，所以我们就更应该注意自己的形象。

如上班时化淡妆，站时必须双手放在前面，接待顾客时大方得体，语言文明，举止优雅等。以点带面，我们的服务形象就是国贸的形象，这样不仅为企业带来知名度，而且也能够为企业带来较好的经济效益。

大型商场越来越多，购买力分流是必然的。如何在激烈的商战中站稳脚跟呢？这就需要我们营业员做好优质服务。时代在变，服务已经不单单只是微笑待客、真诚待客、主动、耐心、热情、周到等内容了，顾客在购物时也不再是单纯的购物了，他们也要享受营业员所提供的温馨购物氛围。提升服务水准，也就包含服务技巧的提升和语言技巧的提升。

记得有一次，我与同事接待了几位特殊的顾客。他们所购买的首饰不是自己佩戴，而是给死者佩戴。事情是这样的：一对夫妻为一件小事吵嘴，女的一时想不开，服药自杀了。在料理后事时女方的亲人逼着男方为死者买一条价值四千元的项链。四千元的项链对家在农村的男方来说，可是一笔不小的数目，双方的父母在我们的柜台前争执起来。同事了解情况后，思考片刻，对女方家人说："俗话说'一日夫妻百日恩'，两口子在一块，吵嘴肯定是有的，怕的就是一时想不开做出傻事，看在他俩以往的情分上，我们就不要为难他们了。您看这款四百元的项链与那四千元的项链款式是一样的，既大方，款式又好，你们认为如何呢？"女方的父母想了一会，沉重地点了一下头。等女方的父母走了以后，男方的父母一把拉住同事的手，哭着说："孩子，多亏了你呀！真要是买了那四千的，我们到哪去借钱呀。等丧事办完了我们再来找你们领导说一声。"同事对大爷说："不用了，回去忙吧。"现代社会卖商品更卖服务，服务的好坏取决于服务的技巧和语言的技巧，更取决于我们是不是真正地站在顾客的立场上，为顾客设身处地地着想。

其次，引导顾客消费，当好参谋。因为钻石的款式多种多样，有富贵的豪华款式，含蓄的包边款式，时尚的迫镶款式，这就需要我们为顾客当好参谋，顾客所佩戴的应当符合顾客的手形、性格、职业等。比如稍胖的顾客，应佩戴四周有花色及豪华款式钻戒；稍瘦的佩戴简洁大方、秀气一点的戒指。当顾客买了戒指而不知道保养时，我们应该为顾客介绍钻戒的保养方法，如钻石的亲油性比较强，不宜在做饭和化妆时佩戴。因铂金的硬度比较高，不宜和黄金混合佩戴，以防染色等。

要为顾客当好参谋，就要做服务的有心人。一次，我接待了一位二十多岁的时尚女孩，经过多次筛选，相中了两种款式，豪华款和迫镶款。但是根据女孩的年龄和性格、身材等，就应该选迫镶款戒指，看上去比较时尚、高雅，比较适合她衣着。我向她介绍了情况，她想了一会说："先买这个豪华型吧，给家人看一下，不合适，再来换。"我笑着说可以。过了几天，她又来了，很抱歉地对我说："小姐，我想调换那枚戒指，另外，我还想买一条钻石项链，你帮我挑选一条吧。"根据她的脸型我帮她选了一条价值四千元的钻石项链，她戴上后非常满意。虽然戒指是一种很小的东西，但在人际交往中，通过人的外在形象，能够判断一个人的身份、地位、性格等。因此给顾客当好参谋，让顾客放心应该是我们营业员永远追求的一个目标。

时代在发展，做好一个新时期的营业员，不仅要求我们做到礼仪待客，提供高水准服务，还要求我们要掌握各种专业知识。仅在实践中摸索还不够，还要增加自己在理论方面的知识，除了借鉴他人的经验，还要从书本上获得，并理论联系实际，努力提高自己的服务技巧和服务技能，为我们的国贸商城贡献一份微薄之力。

各种宝石特征一览表

类	亚类	品种	序号	晶系	常见宝石颜色	已知最优闪光情况	硬度	产出特征及产地	宝石等级
自然元素类宝石	金刚石	净水钻	1	等轴系	无色	灿星状七彩金刚闪光	10	金伯利岩岩浆矿床；砂矿；世界主要产地是扎伊尔、南非（阿扎尼亚）、巴西、俄罗斯、中国、印度	最贵重
		水火钻	2	等轴系	无色、带淡淡的纯蓝				很贵重
		艳钻	3	等轴系	艳红、粉红、金、棕、绿、黑				
		各种色级钻石	4	等轴系	不同程度的黄				
氧化物类宝石	刚玉	红宝石	5	三方系	红、大红	闪亮宝光	9	碱性岩岩浆矿床；碱性伟晶岩矿床；片麻岩等高铝质岩石变成矿床及矿砂矿；产于缅甸、斯里兰卡、泰国、柬埔寨、澳大利亚、美国、津巴布韦（罗得西亚）、中国台湾	很贵重
		蓝宝石	6	三方系	天蓝、阳青色				
		鸽血红	7	三方系	血红				
		石榴籽	8	三方系	淡红				
		各色星光宝石	9	三方系	红、蓝、棕、白、金、黑	六射星光			
	蛋白石	澳洲猫眼石	10	非晶质	黑、黄、棕、褐、黑变形	猫眼闪光	5.5~6.5	低温热液矿床；火山喷发沉积层；第三纪湖相沉积物夹层；砂砾；产于澳大利亚、墨西哥、捷克、匈牙利	贵重
		闪山石	11	非晶质	浓的蓝、红、紫、褐、靛、黑变形				中级
		欧泊	12	非晶质	淡的黄、乳黄白、红棕、橘黄变形				
		勒子石	13	非晶质	淡黄棕	勒光			一般
	玛瑙	大红玛瑙	14	三方或六方	大红		7~7.5	低温热液矿床；火山喷发沉积及火山岩气孔中；残坡积及砂矿；产于澳大利亚、印度、俄罗斯、美国、西南非、墨西哥、中国	中级
		红黄玛瑙	15	三方或六方	金鱼黄、金鱼红				一
		缟玛瑙	16	三方或六方	红、白等条带相同				贵重
		缠丝玛瑙	17	三方或六方	红白纹相同				
	水晶	紫晶	18	三方或六方	紫红、紫罗兰、紫葡萄色		7	花岗伟晶岩矿床；热液矿床；阿尔卑斯式脉；砂矿；产于巴西、印度、斯里兰卡、美国、马达加斯加、西南非、美国、俄罗斯、朝鲜及中国	中级
		金黄水晶	19	三方或六方	金鱼黄、橘黄、淡黄、黄褐				
		玫瑰水晶	20	三方或六方	石竹色、玫瑰色、金黄色	有六射星光			一
		褐水晶	21	三方或六方	褐、棕、淡黄棕、金黄褐				贵重
	金绿宝石	金绿猫眼	22	斜方系	金黄绿、黄绿、蜜黄	猫眼闪光	8.5	花岗质伟晶岩矿床；产于斯里兰卡、巴西、俄罗斯、津巴布韦（罗得西亚）	很贵重
含杂氧化物类宝石	翠绿宝石	翠绿宝石	23	斜方系	绿灰褐、蓝绿（日光下）紫（灯光下）				
	尖晶宝石	红晶宝石	24	等轴系	红、浅红		7.5~8.5	接触带；结晶片岩；片麻岩中；产于缅甸、斯里兰卡	中级
		蓝晶宝石	25	等轴系	蓝、淡蓝、灰蓝				

续表

类	亚类	品种	序号	晶系	常见宝石颜色	已知最优闪光情况	硬度	产出特征及产地	宝石等级
硅酸盐类矿物宝石	绿柱石	祖母绿	26		祖母绿色	有猫眼(少)星线(少)		花岗伟晶岩中及高温矿床中；残坡积矿床等 产于西伯利亚、哥伦比亚、克什米尔、巴西、美国及中国	很贵重
		水蓝宝石	27	六方系	深湖水绿	雪星光	7.5		贵重
		金色绿宝石	28		黄、绿黄、橘黄	有猫眼(少)			贵重
		红色绿宝石	29		石竹色、淡橙红色、深玫瑰色				
		纯绿宝石	30		无色				中级
	石榴石	紫牙乌	31		血红、大红、紫红、深紫酱色			超基性岩、金伯利岩产紫牙乌，蛇纹岩产翠榴石、黄榴石；本类多宝石产于结晶片岩、灰岩、片麻岩等变质岩系中及接触变质带中。各种砂矿中产于南非(阿扎尼亚)、美国、巴西、坦桑尼亚、澳大利亚、捷克、俄罗斯等许多国家均产本类宝石，中国亦有产出	中级—贵重
		镁铝榴石	32		淡石竹、淡紫色、浓紫酱色	六射星光			
		翠榴石	33		鲜艳浓绿				
		钙铁榴石	34		绿、淡绿、淡黄、褐		6.5～7.5		
		黄榴石	35	等轴系	黄、绿				
		黑榴石	36		黑				
		贵榴石	37		深红	六射星光			
		铁铝榴石	38		淡褐红、紫罗兰				
		加利福尼亚石	39		中等绿				
		钙铝榴石	40		无色、灰、黄、黄绿、石竹等				
		钙铬榴石	41		祖母绿				
		锰铝榴石	42		橙红、红、黄、褐、淡红褐				
硅酸盐类矿物宝石	长石	钠长石	43	三斜系或单斜系	无色、黄、石竹、灰、淡绿	有猫眼		伟晶岩及火成岩晶洞中 产于斯里兰卡、缅甸、马达加斯加、加拿大、澳大利亚、美国、巴西及中国	中级
		拉长石	44		淡蓝、浅绿、浅黄(具变形)				
		正长石	45		黄、无色	有猫眼	6		
		月光石	46		淡蓝绿、碧绿(具变形)				
		日光石	47		金黄、灰红				

续表

类	亚类	品种	序号	晶系	常见宝石颜色	已知最优闪光情况	硬度	产出特征及产地	宝石等级
硅酸盐类矿物宝石	辉石角闪石	翡翠	48		翠绿、苹果绿			变质矿床；超基性基性火成岩中翡翠是缅甸的特产（中亚细亚也有少量），别的宝石产地相当多，如印度、美国、巴西、马达加斯加、加拿大等	很贵重
		透辉石	49	斜方系或单斜系	无色、浓绿、灰、褐红、黄	有猫眼、四射星光	6		中级
		顽火辉石	50		无色、灰、绿、黄、褐	四射星光			
		紫苏辉石	51		绿、褐、浅灰、黑				
		古铜辉石	52		绿、褐、红				
		锂辉石	53		淡黄、浅绿、淡紫、翠绿、紫丁香				
		透闪石	54		紫红、紫红绿、蓝绿	有猫眼			
		阳起石	55		带绿黝黑、暗绿、绿黑	有猫眼（少）			贵重
	绿帘石	坦桑石	56	斜方系	蓝紫罗兰、青莲		6	接触变质带、基性岩热液蚀变产物。区域变质岩中产于坦桑尼亚、缅甸、墨西哥、肯尼亚、马达加斯加、加拿大、斯里兰卡、俄罗斯、日本、澳大利亚、美等国	中级
		黝帘石	57		蓝紫、褐、石竹、淡黄				
		绿帘石	58	单斜系	深绿、草绿				
		红帘石	59		淡红褐、玫瑰红、黑				
		锶帘石	60		淡褐、黑				
	电气石	碧玺	61	三方系	红、绿、玫瑰、黑、褐、紫等	有猫眼	7~7.5	花岗伟晶岩及高温热液产于中国、斯里兰卡、缅甸、俄罗斯、巴西、坦桑尼亚等	中级
		红碧玺	62		红、玫瑰、大红				
		绿碧玺	63		绿、浅绿				贵重
	锆石	风信子石	64	正方系	红、蓝、紫、石竹、淡黄、绿、褐		7~8	花岗伟晶岩碱性伟晶岩为主；砂矿产于缅甸、泰国、斯里兰卡、澳大利亚、俄罗斯、朝鲜、德国、巴西等	中级
		红锆石	65		红、石竹				
		蓝锆石	66		蓝、天蓝				
	方钠石	青金石	67	等轴系	天蓝、翠蓝、鲜茄色		6.5~6	碱性岩碱性伟晶岩、接触变质带产于阿富汗、智利、巴基斯坦、意大利	中级
		方钠石	68						贵重

续表

类	亚类	品种	序号	晶系	常见宝石颜色	已知最优闪光情况	硬度	产出特征及产地	宝石等级
硅酸盐类矿物宝石		红柱石	69		石竹、玫瑰、绿、带红的褐	有猫眼	7～7.5	矽卡岩接触带	
		黄晶	70	斜方系	黄、酒黄、淡黄、浅玫瑰、橙		7～5.5	气成高温热液矿床	
		橄榄石	71		绿、淡黄、琥珀褐	有猫眼（少）	6.5～7	超基性火成岩中	
	其他硅酸盐	榍石	72	单斜系	无色、黄、绿、褐、蓝、玫瑰红		5.5	碱性伟晶岩中、接触带中、结晶片岩中	中级
		柱石	73	正方系	无色、淡蓝灰、灰、淡紫、黄	有猫眼	6	接触变质、高温方柱石化带	—
		鱼眼石	74		无色、淡青、稻草黄、绿、淡红		5	玄武岩等火山岩孔洞中与沸石共生	贵重
		硅酸钡钛矿	75	六方系	蓝、紫、石竹色、无色		6～6.5	火山岩气孔中与沸石共生	
		堇青石	76	斜方系	无色、浅紫、淡蓝、灰、黄、蓝	有四射星光石（少）	7～7.5	变质矿物，见于变质较深的岩系中	
		蓝晶石	77	三斜系	蓝、青、绿、无色		6	变质矿物，见于变质较深的岩系中	
其他矿物宝石		磷灰石	78	六方系	绿、白、黄、紫罗兰、石竹、褐	有猫眼	5	伟晶矿床及高温汽热矿床	中级
		磷铝石	79	三斜系	无色、黄、淡石竹、浅绿、蓝		6	花岗伟晶岩中与锂辉石等共生	—
		方解石	80	三方系	金黄、玫瑰红、大红、紫、绿		3	热液矿床	贵重
	其他含氧盐	菱锌石	81	三方系	白、褐红、蓝绿、黄、淡红		5	表生	
		重晶石	82	斜方系	淡灰、淡黄、褐、蓝、绿、浅红、金		3.5	热液矿床中与锂辉石等共生	欣赏石
		孔雀石	83	单斜系	孔雀绿		3.5	表生	
		白铅矿	84	斜方系	无色、灰褐、浅黄、绿、浅绿	有猫眼（少）	3.5	表生	
		绿松石	85		蓝、绿		5	表生	中级

续表

类	亚类	品种	序号	晶系	常见宝石颜色	已知最优闪光情况	硬度	产出特征及产地	宝石等级
其他矿物宝石	金属矿物	白钨矿	86	正方系	白、灰、橙色、淡绿、紫罗兰、石竹		5	砂卡岩矿床、高中温热液矿床	
		锡石	87	正方系	黄、灰、淡红褐		6.5	砂卡岩矿床、高中温热液矿床、砂矿	欣赏石
		赤铁矿（乌刚石）	88	正方系	钢黑		5.5	内生铁矿床中	
		闪锌矿	89	等轴系	深红、绿、黄褐、黄、金		3.5	砂卡岩矿床、热液矿床	
	其他化合物	萤石	90	等轴系	绿、蓝、黄、紫石竹、棕、红褐		4	热液矿床	欣赏石